태어난
김에

의학
공부

IN GRAPHICS: HUMAN ANATOMY
ⓒ UniPress Books 2022
All rights reserved.

Korean translation ⓒ 2025 by Will Books Publishing Co.
Korean translation rights arranged with UniPress Books Limited
through EYA Co.,Ltd.

이 책의 한국어판 저작권은 EYA Co., Ltd.를 통해 UniPress Books Limited와
독점 계약한 (주)윌북이 소유합니다.
저작권법에 의하여 한국 내에서 보호를 받는 저작물이므로
무단 전재 및 복제를 금합니다.

태어난 김에 의학 공부

그림으로 과학하기

한번 보면 결코 잊을 수 없는
필수 해부 개념

켄 애시웰
지음

고호관
옮김

원북

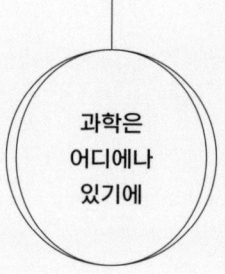

과학은
어디에나
있기에

나는 책을 좋아하는 어린이였다. 어머니는 내가 글자를 깨친 뒤에는 항상 책을 읽고 있었다고 했다. 내 최초의 기억도 어느 순간 책에 파묻혀 있던 것과, 너무 빨리 읽어버리는 아들 때문에 헌책방에서 가장 글자 수가 많은 전집을 고르시며 한숨을 쉬던 어머니였다. 책을 좋아한 데는 별다른 이유는 없었다. 세상에 대한 호기심이 많았고, 책은 다른 세계를 엿볼 수 있는 유일한 창이었기 때문이다. 덕분에 초등학교 고학년까지 집 책장에 꽂혀 있는 모든 활자를 읽었다. 가끔 부모님의 말씀이 어떤 책에서 나왔는지 지적하는 얄미운 어린이였던 것도 같다.

활자를 좋아했다고 활자만 읽은 것은 아니었다. 솔직히 유년 시절에는 만화나 그림책이 더 좋았다. (몰래 보는 재미도 있었다.) 그림책은 한 번 읽는 걸로 끝나지 않고 두고두고 펼쳐보는 매력이 있었다. 그래서인지 당시 접한 그림책 속 주인공의 표정이나 사소한 농담을 지금까지도 기억할 수 있다.

그중에서도 나는 유독 과학책을 좋아했다. 다른 세상을 보고 싶어 책을 선택했기에, 기왕이면 조금 더 낯선 세상을 알려주는 책이 좋았다. 게다가 과학책을 이해할 때는 정말 머리가 '다른 방식'으로 돌아가는 느낌이었다. 과학책들은 세상에 내가 알지 못하는 영역이 많으며, 무한히 창조적인 세계가 있다는 사실을 알려주었다. 그 대표적인 것이 해부학이다. 해부는 그 자체로 다른 우주였다.

'그림으로 과학하기' 시리즈는 어린 시절 나에게 건네주고 싶은 그림책이다. 밖으로 드러나지 않는 몸 안의 세계는 얼마나 많은 비밀을 숨기고 있는지 놀랍지 않은가! 의대생도 해부를 배우면서 본격적으로 의학에 첫발을 내딛고, 그때 그림책의 결정적인 가호를 받는다. 의사를 꿈꾸는 학생이 있다면 이 책으로 해부 공부를 시작해보길 권한다. 인체는 복잡한 우주이고, 해부는 끝없이 깊은 학문이지만 쉽고

시원스러운 그림과 함께라면 즐겁게 헤쳐 나아갈 수 있을 테니까.

'그림으로 과학하기'가 담고 있는 지식은 초등학생부터 대학생까지 누구나 보고 즐길 수 있을 만큼 스펙트럼이 넓다. 과학 교양을 쌓고자 하는 독자들을 만족시키는 것은 물론이다. 페이지를 덮으면 생각할 거리를 던지는 시대의 교양이자 세상을 확장시키는 도구라고 할 수 있다. 그 도구가 이렇게 친절하고 다정하다니. 어린 시절로 돌아가 이 책을 건네며 이렇게 말해주고 싶다. 여기 네가 흥미로워할 모든 것이 다 있다고.

남궁인 (이화여대부속목동병원 응급의학과 교수, 『몸, 내 안의 우주』 저자)

차례

서문	8

1 몸 전체 둘러보기 — 10
- 우리 몸의 기초 — 11
- 골격계 — 12
- 근육계 — 14
- 신경계와 감각 — 16
- 순환계와 혈액 — 20
- 호흡계 — 22
- 소화계 — 24
- 비뇨계 — 26
- 생식계 — 27
- 면역계 — 28
- 내분비계 — 29
- ✓ 다시 보기 — 30

2 세포와 피부의 구조 — 32
- 세포와 세포가 생성하는 물질 — 33
- 세포의 구조와 세포 소기관 — 34
- 세포분열: 유사분열과 감수분열 — 36
- 해부학적 자세와 평면 — 38
- 피부, 손발톱, 털 — 41
- ✓ 다시 보기 — 44

3 뼈와 관절 — 46
- 골격의 구성 — 47
- 관절과 움직임 — 48
- 뼈의 구조 — 50
- 몸통뼈대의 뼈 — 52
- 상지의 뼈 — 54
- 하지의 뼈 — 56
- 관절 — 58
- ✓ 다시 보기 — 62

4 근육계 — 64
- 힘줄 — 65
- 머리와 얼굴 근육 — 66
- 목과 몸통 근육 — 68
- 상지 근육 — 70
- 하지 근육 — 74
- ✓ 다시 보기 — 76

5 신경계와 감각 — 78
- 뉴런의 구조 — 79
- 신경계의 기능적 구조 — 80
- 뇌의 구조와 기능 — 82
- 대뇌 겉질의 기능 — 84
- 뇌줄기와 소뇌 — 86
- 척수의 구조와 기능 — 88
- 머리와 목 신경 — 92
- 어깨와 상지의 신경 — 94
- 궁둥이와 하지의 신경 — 96
- 눈과 시각 — 98
- 귀와 청각 — 100
- 미각 — 102
- 후각 — 104
- ✓ 다시 보기 — 106

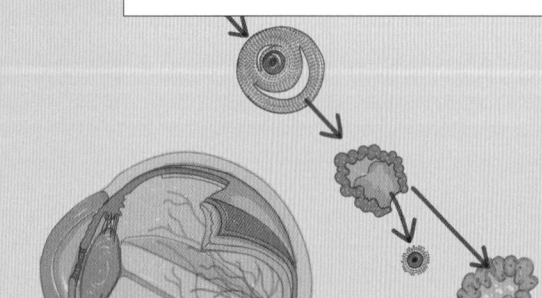
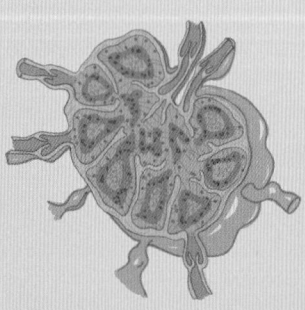
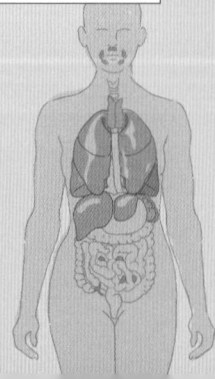

6 심혈관계	**108**
순환계	109
순환계의 혈관	110
심장 구조와 심장근육	112
동맥과 정맥	114
모세혈관	121
혈액의 기능과 성분	123
✓ 다시 보기	126

7 면역·림프계	**128**
림프계 둘러보기	129
림프절과 림프 통로	130
선천면역과 적응면역	132
가슴샘, 편도, 지라	134
✓ 다시 보기	136

8 호흡계	**138**
호흡계 둘러보기	139
코안과 코곁동굴	140
후두	142
기관, 기관지, 폐	143
✓ 다시 보기	146

9 소화계	**148**
소화관	149
침샘	150
식도와 위	151
작은창자와 큰창자	152
간, 쓸개, 외분비이자	154

✓ 다시 보기	156

10 비뇨계	**158**
요로	159
콩팥	160
요관, 방광, 요도	162
✓ 다시 보기	164

11 생식계	**166**
초기 성세포	167
남성 생식계	168
여성 생식계	171
✓ 다시 보기	176

12 내분비계	**178**
내분비샘	179
뇌하수체앞엽과 호르몬	180
뇌하수체뒤엽과 호르몬	182
갑상샘과 부갑상샘	183
내분비이자	184
부신겉질과 속질	185
생식샘과 생식 호르몬	186
✓ 다시 보기	188

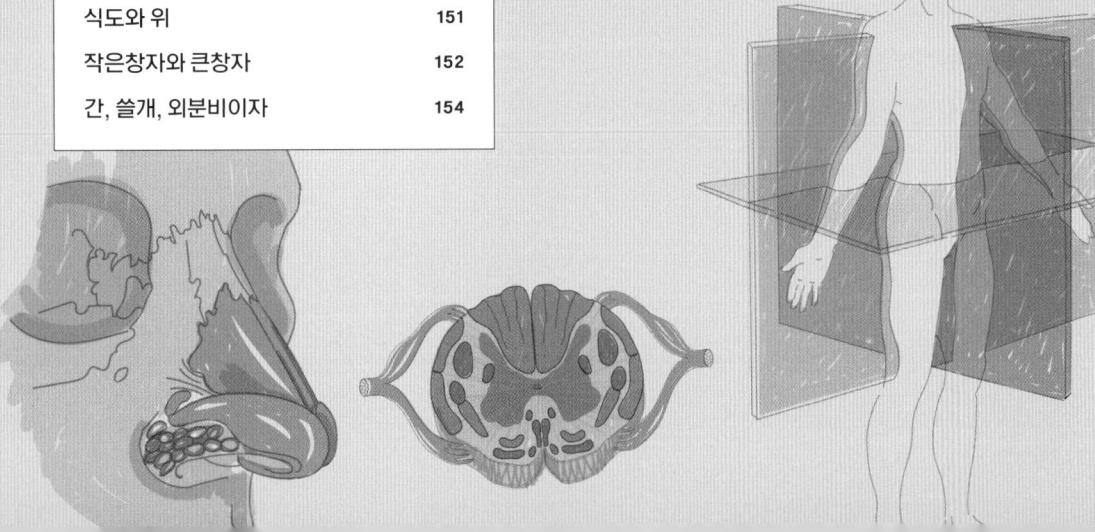

해부학은 인체 내부의 구조를 설명하는 학문입니다.

우리 몸은 50조 개가 넘는 작은 세포들로 이루어져 있고,
장기들은 우리가 살아갈 수 있게끔 필요한 기능을 수행하고 있습니다.
멋진 그림들을 통해 신비로운 인체의 세계를 탐험해보세요.

이 책에서는 기초의학의 하나인 해부학에 집중해 우리 몸 전체를 공부할 것입니다. 해부학을 뜻하는 영단어 anatomy가 '조각내다'라는 뜻의 그리스어 단어에서 유래했다는 사실을 알고 있나요? 비슷하게, 다른 해부학 단어인 절개를 뜻하는 영단어 dissection은 '가르다'라는 뜻의 그리스어 단어에서 유래했지요. 물론 자르는 건 해부의 시작입니다. 몸을 자르고, 관찰하고, 육안으로 보이는 장기와 부위를 묘사하는 것이지요. 17세기에 광학현미경이 등장했을 때도 해부학자들은 여전히 날카로운 칼로 몸을 얇게 썰어 세포와 조직의 세부적인 모양을 관찰했습니다. 20세기에 전자현미경이 등장하면서부터는 더욱 세밀하게 표본을 관찰할 수 있게 되었습니다. 오늘날에는 강력한 레이저현미경으로 인체 조직을 광학적으로 얇게 떠 볼 수 있습니다.

즉, 해부학이란 몸을 절개하고 그 안을 더 자세히 보고 이해하는 학문입니다. 최초의 정밀한 인체 해부는 르네상스 시대 초기에 시작되었습니다. 안드레아스 베살리우스Andreas Vesalius 같은 과학적 해부학의 선구자는 거둘 사람이 없는 시신을 해부하고 눈으로 본 것을 정확하게 기록했습니다.

머리뼈에는 코곁동굴이 있다.

순환계는 기체와 영양소, 단백질, 노폐물 등이 몸 안에서 순환하게 한다.

베살리우스가 1543년에 쓴 책『인체의 구조에 관하여』는 위대한 과학적 업적입니다. 그 이전의 인체에 관한 지식 대부분은 로마 제국의 황제 마르쿠스 아우렐리우스의 시의였던 갈레노스Galenos 이후로 돼지나 원숭이, 개 따위를 해부하기 시작하면서 얻은 것이었습니다. 갈레노스의 학설은 아무런 의문 없이 전해 내려왔으며, 수많은 오류로 과학적인 의술과 외과 수술의 발전을 방해했습니다. 그런데 베살리우스는 세밀한 그림과 해부학 지식을 융합해 고대의 제약을 벗어버렸던 겁니다.

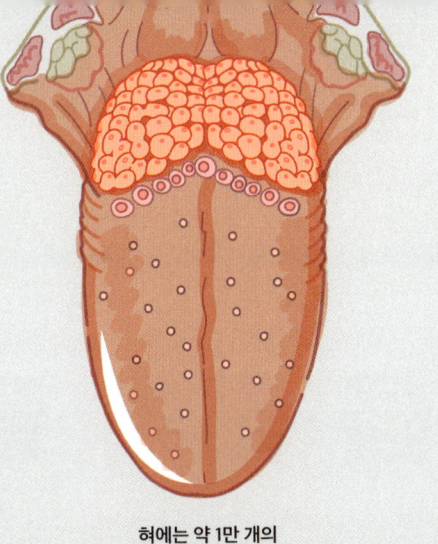

혀에는 약 1만 개의 맛봉오리가 있다.

감수분열로 생식세포가 만들어진다.

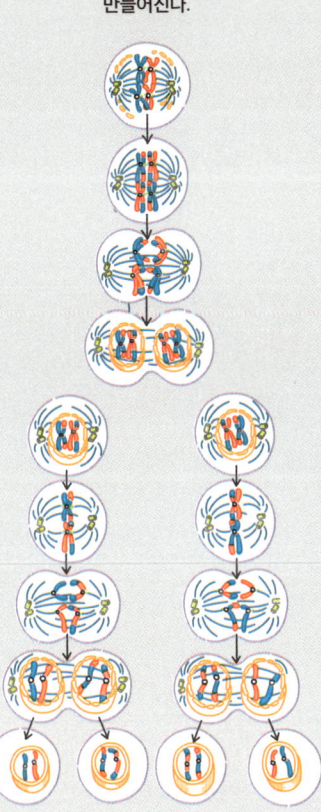

해부학은 시각적인 과학입니다. 따라서 이 책에서도 선명한 색채와 간결한 표현으로 인체 구조의 핵심 요소를 강조하고 있습니다. 한눈에 들어오는 그림과 표를 이용해 지식을 깊이 새기고자 한다면, 이 책은 특히 유용합니다. 신체 각 부위의 모양만 보지 말고 다른 구조와 어떤 관계를 맺고 있는지를 살펴보세요. 2차원 평면에서 관계를 모두 파악할 수 있다면 층을 이루고 있는 그림을 통해 더 높은 차원에서 생각해보세요. 처음에는 그림을 보고 따라 그리다가 나중에는 기억만으로 다시 그릴 수 있도록 연습해보세요. 베살리우스가 그러했듯이 훌륭한 과학자는 자기 자신의 눈으로 관찰해야 합니다. 이 책의 그림과 여러분의 몸을 연결해보세요. 피부 바로 아래에는 여러 뼈와 근육, 혈관, 신경이 있으니까요. 만지거나 관찰해 위치를 확인할 수 있습니다. 여러분의 몸이 곧 선생님이고, 이 책은 안내원이 되는 거예요.『태어난 김에 의학 공부』에 오신 것을 환영합니다!

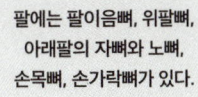

팔에는 팔이음뼈, 위팔뼈, 아래팔의 자뼈와 노뼈, 손목뼈, 손가락뼈가 있다.

1장

몸 전체 둘러보기

우리 몸은 50조 개 이상의 세포로 이루어져 있습니다.
세포는 모여 조직을 이루고, 조직은 모여 장기를 이루며,
장기는 함께 기능하며 계를 이룹니다.
공동으로 특정 기능을 수행하는 장기의 모임을 계라고
부릅니다. 예를 들어, 소화, 운동, 면역, 생식 등의 기능을
수행하는 계가 있지요.
인체 해부학에서는 피부계, 골격계, 근육계, 신경계, 순환계,
소화계, 비뇨계, 생식계, 면역계·림프계, 내분비계를 다룹니다.

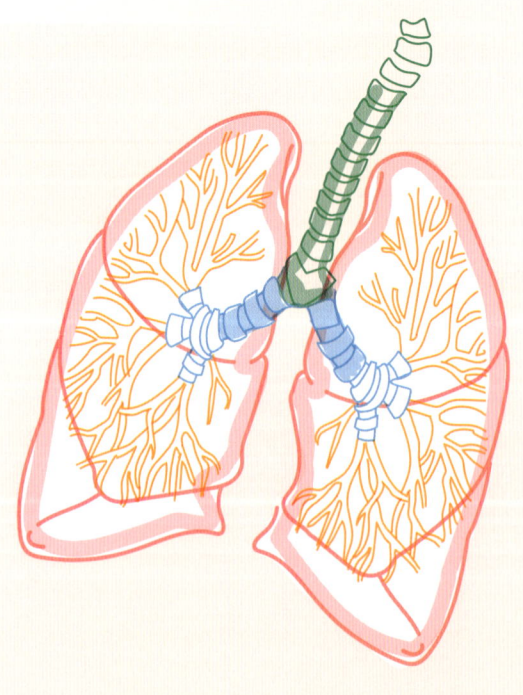

우리 몸의 기초

신체의 구성 요소에는 뇌나 심장, 간처럼 큰 것도 있고 면역 세포처럼 작은 것도 있습니다.

항상성

우리 몸의 계는 모든 동물에게 공통으로 필요한 기본 기능을 수행합니다. 그중 하나가 바로 항상성입니다. 몸의 내부 환경을 일정하게 유지하는 기능이지요. 우리가 살아가려면 몸의 각 계가 서로 협력하여 내부의 상태가 일정 범위에서 벗어나지 않도록 유지해야만 하므로 항상성은 매우 중요합니다. 항상성을 유지하려면 내부의 상태(혈당, 혈압, 이온 균형 등)를 감지하고, 영양 저장분을 동원하거나 폐 환기를 늘리거나 혈관 또는 창자 민무늬근육을 수축하거나 분비샘을 활성화하는 등의 수단을 이용해 변화에 대응해야 합니다.

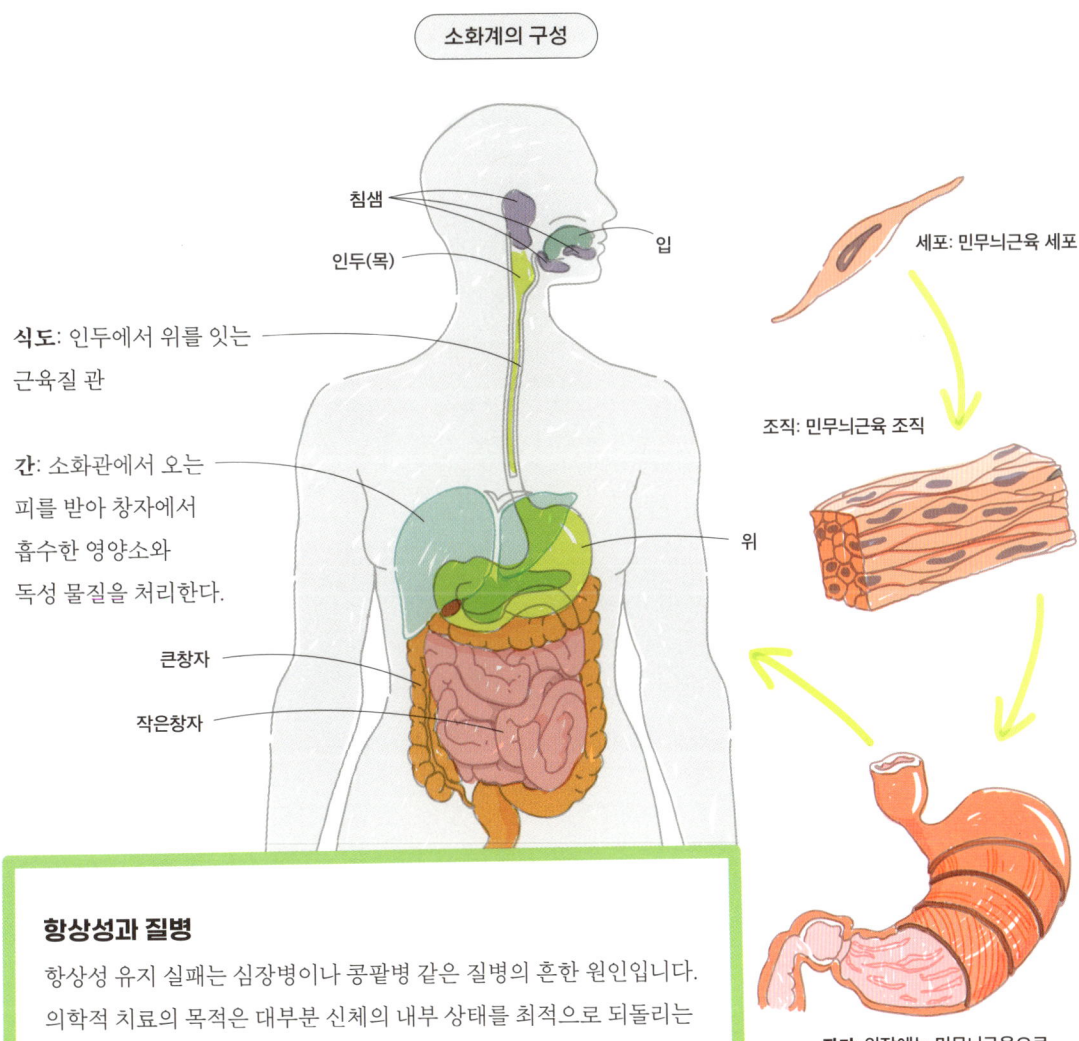

항상성과 질병

항상성 유지 실패는 심장병이나 콩팥병 같은 질병의 흔한 원인입니다. 의학적 치료의 목적은 대부분 신체의 내부 상태를 최적으로 되돌리는 것입니다. 외부의 간섭으로 신체 체계를 정상으로 되돌리는 것이지요.

골격계

골격계는 뼈와 뼈 사이의 관절로 이루어져 있습니다. 성인 인간의 몸에는 206~213개의 뼈가 있습니다. 수가 일정하지 않은 건 힘줄에 들어 있는 참깨처럼 작은 종자뼈의 수 때문입니다.

뼈

뼈는 합성 물질이라는 점에서 철근콘크리트나 유리섬유와 비슷합니다. 유기 섬유 성분(주로 1형 콜라겐)과 세포 성분(뼈세포)이 **수산화인회석**이라 불리는 인산칼슘 광물 결정 사이에 끼어 있는 형태라는 뜻입니다. 광물 성분은 단단함을 제공하고, 유기 섬유 성분은 탄성을 제공해 잘 부서지지 않게 해줍니다. 광물을 제거한 갈비뼈는 묶을 수 있을 정도로 유연하지요.

뼈는 인장력(잡아당기는 힘)이나 전단력(반대 방향으로 평행하게 작용하는 두 힘)보다 압축력에 훨씬 더 강합니다. 따라서 대부분의 골절은 뼈의 긴 방향과 수직으로 힘이 작용할 때 일어나지요. **넙다리뼈**(대퇴골)는 같은 크기의 나무보다 압축력에 약 4배 더 강합니다. 넙다리뼈 같은 긴뼈는 무게를 최소화하면서 강도를 최대화하기 위해 속이 비어 있습니다.

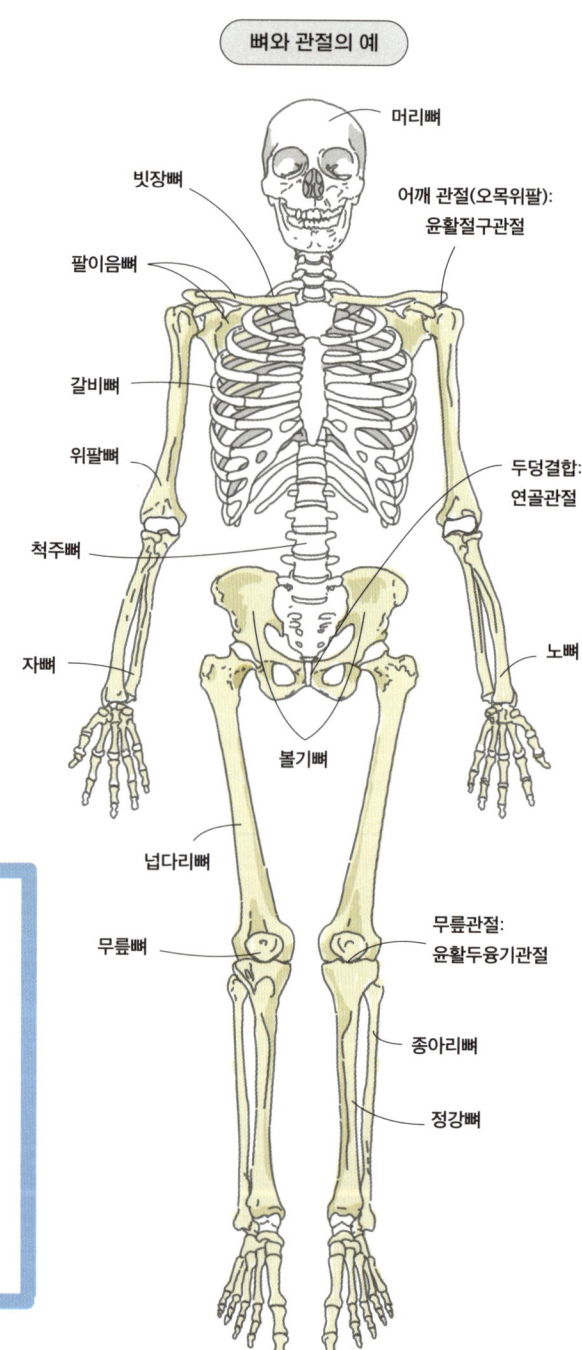

뼈와 관절의 예

- 머리뼈
- 빗장뼈
- 어깨 관절(오목위팔): 윤활절구관절
- 팔이음뼈
- 갈비뼈
- 위팔뼈
- 두덩결합: 연골관절
- 척주뼈
- 자뼈
- 노뼈
- 볼기뼈
- 넙다리뼈
- 무릎뼈
- 무릎관절: 윤활두융기관절
- 종아리뼈
- 정강뼈

골격계의 기능
- 몸의 형태를 유지합니다.
- 근육이 붙습니다.
- 내부 장기를 보호합니다.
- 필수 광물(칼슘과 인 등)을 저장합니다.
- 적색골수(적혈구와 백혈구, 혈소판을 만든다)를 제공합니다.
- 황색골수(지방을 저장한다)를 제공합니다.

뼈의 모양은 다양합니다. 긴뼈, 짧은뼈, 납작뼈, 종자뼈, 불규칙뼈 등이 있습니다.

많은 긴뼈가 뼈발생중심의 형성으로 연골 틀 안에서 발생합니다(연골속뼈발생). 하지만 아래턱뼈와 머리뼈 같은 일부 납작뼈는 막 내부에서 광물화가 이루어지면서 발생합니다(막속뼈발생).

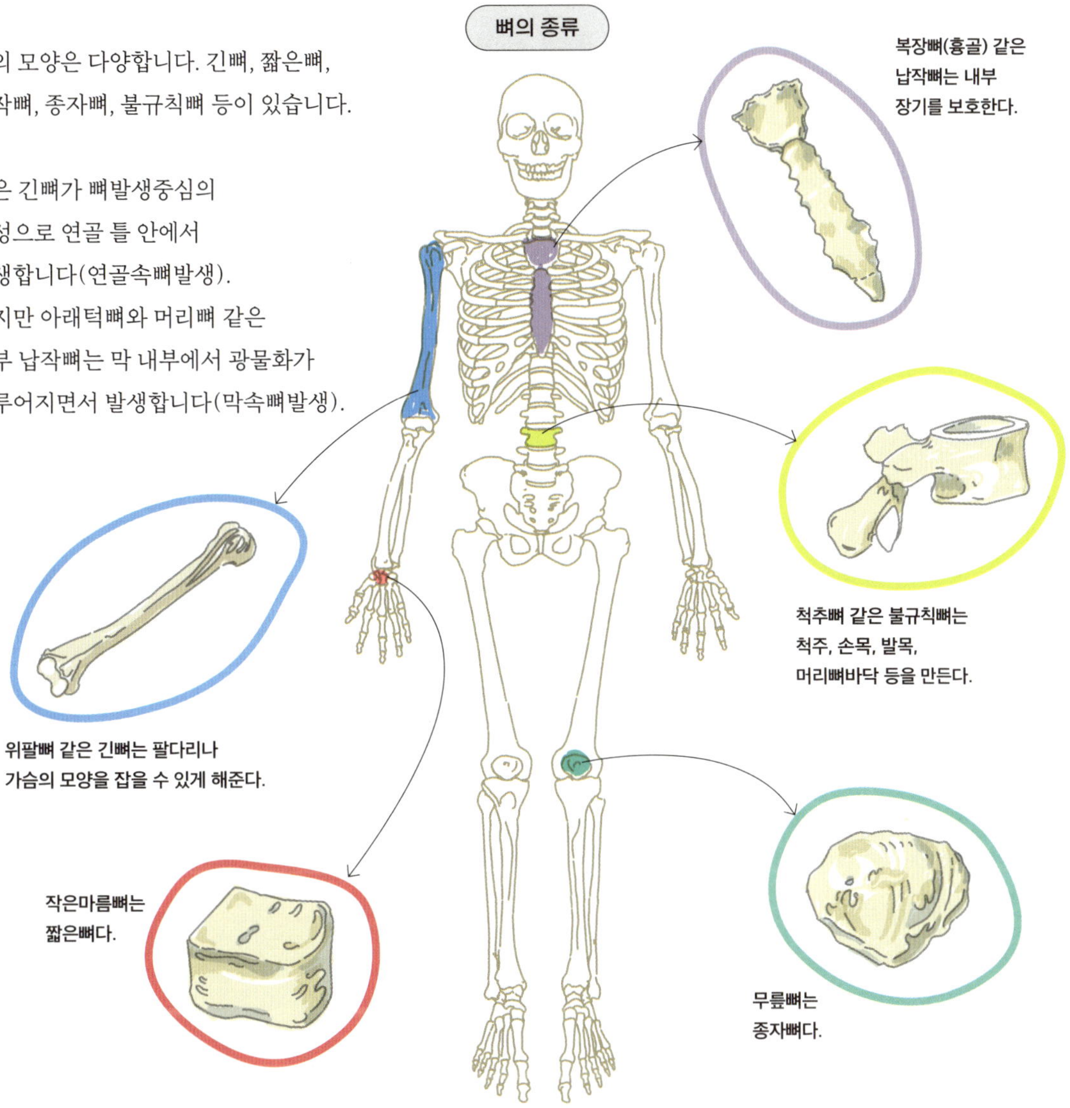

뼈의 종류

복장뼈(흉골) 같은 납작뼈는 내부 장기를 보호한다.

척추뼈 같은 불규칙뼈는 척주, 손목, 발목, 머리뼈바닥 등을 만든다.

위팔뼈 같은 긴뼈는 팔다리나 가슴의 모양을 잡을 수 있게 해준다.

작은마름뼈는 짧은뼈다.

무릎뼈는 종자뼈다.

관절

뼈 사이의 이음매를 **관절**이라고 합니다. 관절은 아주 안정적이며 머리뼈 봉합처럼 움직이지 않을 수도 있고, 어깨와 엉덩이의 절구관절처럼 비교적 잘 움직일 수도 있습니다. 관절의 안정성은 넙다리뼈가 볼기뼈의 움푹한 곳에 쏙 들어가 있는 것처럼 인접한 뼈 표면이 얼마나 잘 맞물려 있는지, 관절 주위에 튼튼한 인대가 있는지, 관절을 가로지르는 강력한 근육이 있는지에 달려 있습니다.

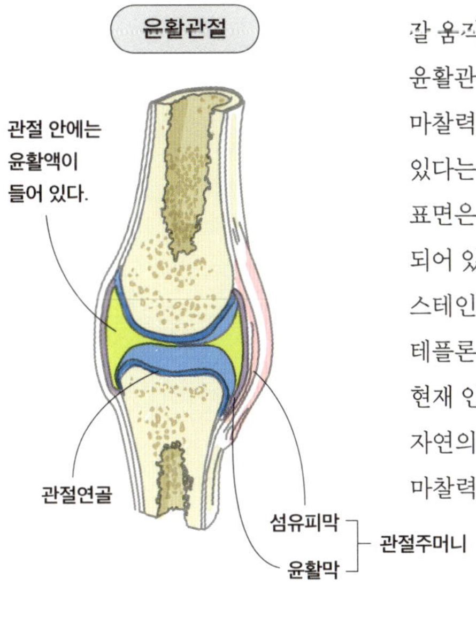

윤활관절

관절 안에는 윤활액이 들어 있다.

관절연골

섬유피막
윤활막
관절주머니

잘 움직이는 관절은 모두 윤활관절입니다. 관절 속 공간이 마찰력을 낮추는 액체로 차 있다는 뜻이지요. 윤활 관절의 표면은 부드럽고 투명한 연골로 되어 있어 정지 및 운동마찰이 스테인리스 스틸을 코팅하는 테플론의 3분의 1 이하입니다. 현재 인간이 만든 어떤 표면도 자연의 관절 연골의 낮은 마찰력에 미치지 못합니다.

근육계

근육은 수축과 이완을 이용해 움직입니다. 뼈에 붙은 뼈대근육(수의근)은 양끝을 당김으로써 관절이 움직이게 합니다.

근육의 구조

뼈대근육을 구성하는 **근육섬유**는 나란히 놓여 **다발**을 이룹니다. 근육섬유는 **신경근육이음부**라고 불리는 부분에서 근육과 만나는 신경으로 말미암아 활성화됩니다. 근육의 강도는 단면적 안에 있는 근육다발의 수에 달려 있습니다. 수축을 일으키는 단백질은 **근육원섬유**라고 부릅니다.

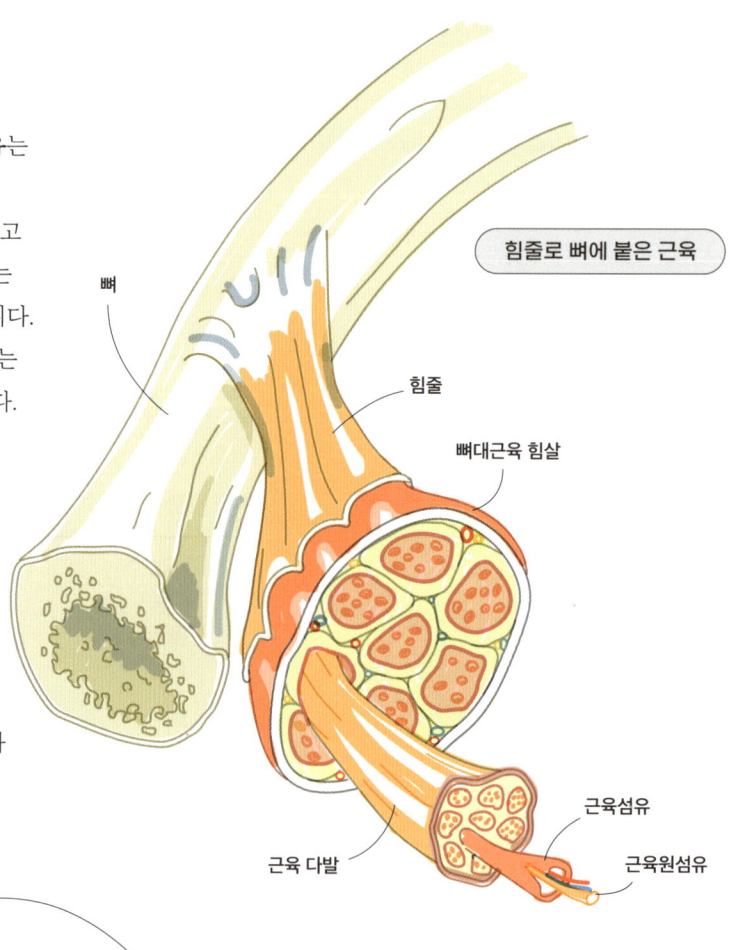

힘줄로 뼈에 붙은 근육

근육에는 크게 가로무늬근육과 심장근육, 민무늬근육의 세 유형으로 나뉩니다.

가로무늬근육은 뼈에 붙은 수의근입니다. 몸 안의 근육 대부분(지방을 뺀 몸무게의 70~80%)을 차지합니다. 현미경으로 보면 줄무늬가 보이는 건 수축을 일으키는 근육 단백질(액틴과 미오신)이 일정하게 배열되어 있기 때문입니다.

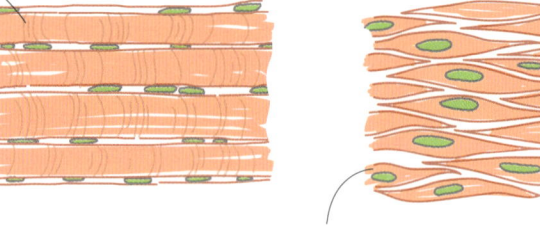

심장근육은 뼈대근육처럼 가로무늬근이지만, 불수의근이며 심장벽에만 있습니다.

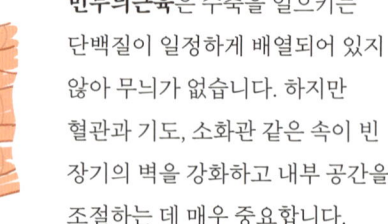

민무늬근육은 수축을 일으키는 단백질이 일정하게 배열되어 있지 않아 무늬가 없습니다. 하지만 혈관과 기도, 소화관 같은 속이 빈 장기의 벽을 강화하고 내부 공간을 조절하는 데 매우 중요합니다.

근육의 모양과 기능

근육은 서로 다른 형태와 기능을 갖추고 있다.

- 깨물근과 큰볼기근 같은 **강력한 근육**은 크기에 비해 단면적이 넓다.
- 큰가슴근 같은 부채 모양의 근육은 섬유가 힘줄 하나에 **수렴**한다.
- 팔에 있는 위팔두갈래근은 가운데가 굵고 양 끝이 가는 **방추형**이다.
- 배벽 근육 같은 얇은 **판 모양**의 근육은 내부 장기를 보호하고 움직인다.
- 허벅지 근육인 넙다리빗근은 긴 끈 같은 모양으로, **평행**한 근육섬유가 많다.
- 입을 둘러싼 근육인 입둘레근은 **둥근 모양**이다.
- **뭇깃근육**인 어깨세모근은 깃털 모양의 근육이 모여 둥근 어깨 모양을 만든다.
- 넙다리네갈래근 같은 **깃근육**은 근육섬유가 두 방향에서 중앙의 힘줄에 달라붙어 있다.
- 앞정강근 같은 **반깃근육**은 근육섬유가 한 방향에서만 힘줄에 붙어 있다.

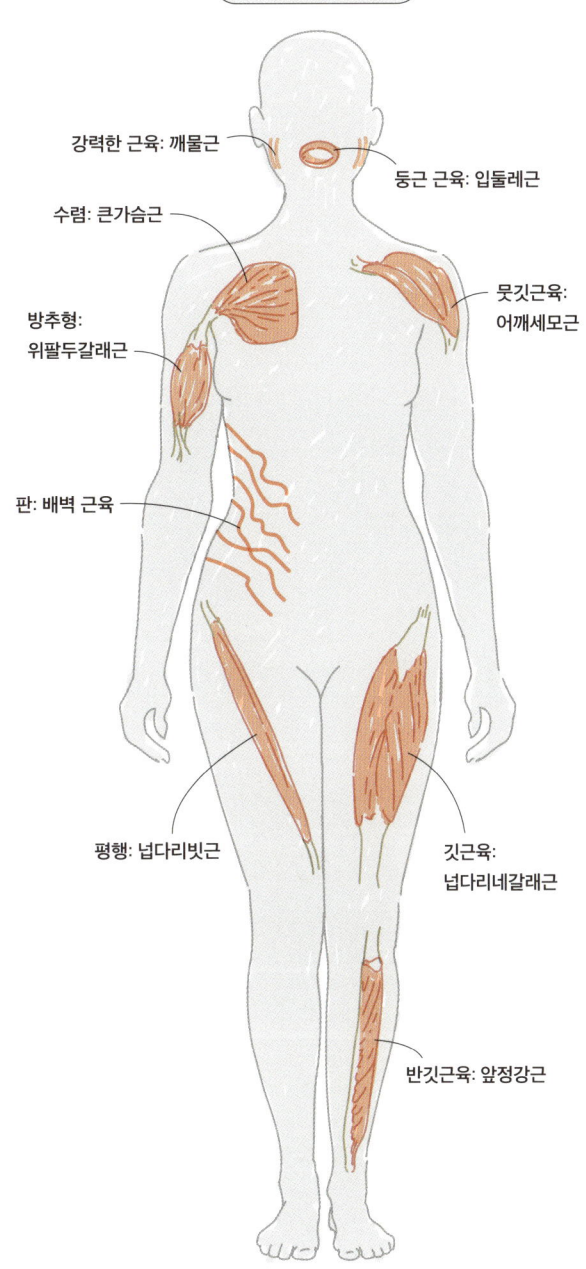

근육 모양의 종류

강력한 근육: 깨물근
둥근 근육: 입둘레근
수렴: 큰가슴근
뭇깃근육: 어깨세모근
방추형: 위팔두갈래근
판: 배벽 근육
평행: 넙다리빗근
깃근육: 넙다리네갈래근
반깃근육: 앞정강근

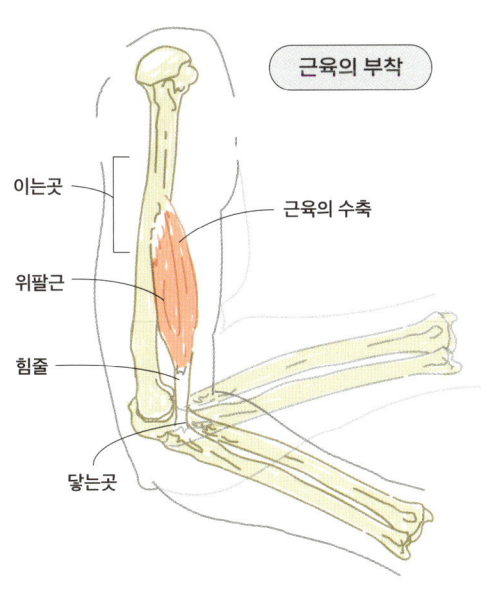

근육의 부착

이는곳
위팔근
힘줄
근육의 수축
닿는곳

근육의 원리

근육은 짧아지는 움직임밖에 할 수 없습니다. 하지만 힘을 받으면 늘어날 수 있으므로 팔다리의 위치가 부드럽게 바뀔 수 있습니다. 대부분의 근육은 **닿는곳**이 있어 **힘줄**을 통해 뼈에 붙습니다. 근육이 붙어 있는 관절과 그 관절의 옆모습을 보면 근육이 어떻게 작용할지 추측할 수 있습니다. 예를 들어, 팔꿉(팔꿈치) 앞에 있는 **위팔근**은 팔을 구부립니다.

신경계와 감각

신경계는 감각 인지, 정보 처리, 의사 결정, 움직임 제어와 같은 기능을 수행합니다.
신경계에서 가장 중요한 세포는 뉴런입니다. 뉴런은 정보를 처리하고 전달하지만, 그 일을 혼자서 하지는 않습니다.

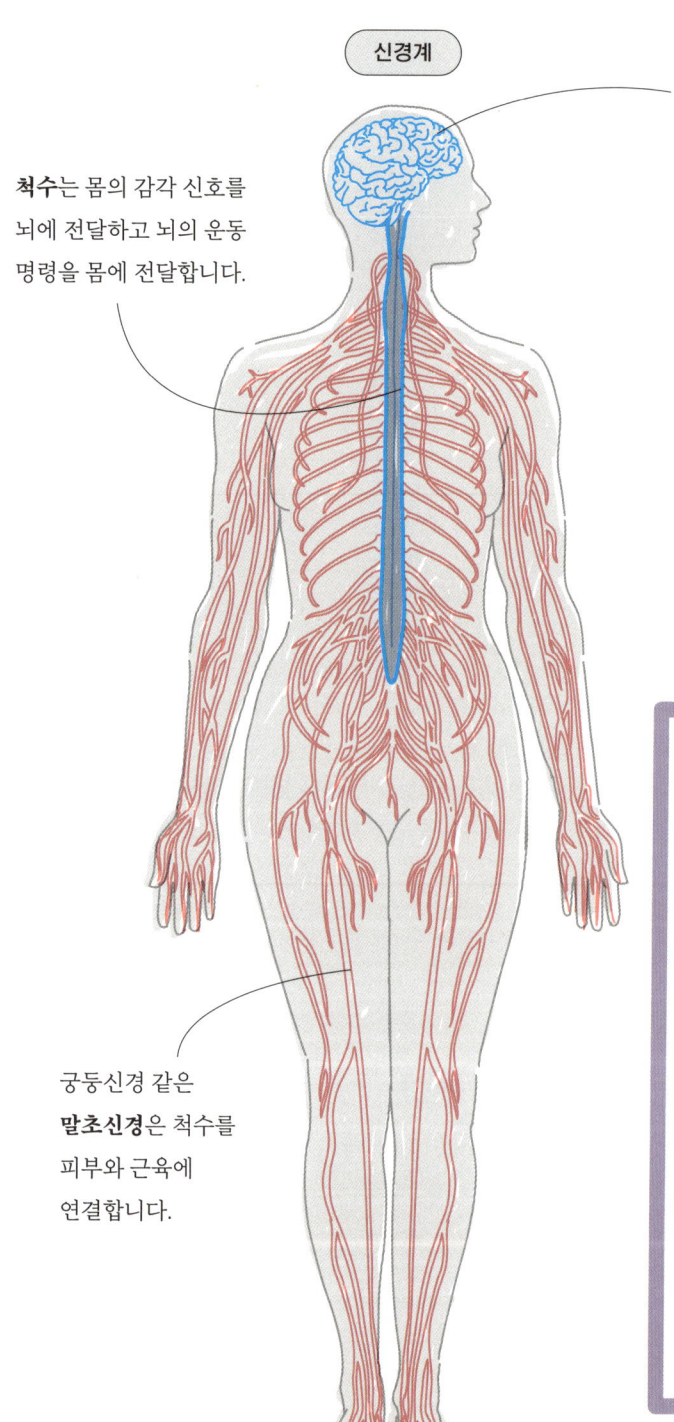

신경계

뇌는 앞뇌와 뇌줄기(뇌간), 소뇌로 이루어져 있습니다. 뇌줄기는 중간뇌, 다리뇌, 숨뇌(연수)로 나뉩니다.

척수는 몸의 감각 신호를 뇌에 전달하고 뇌의 운동 명령을 몸에 전달합니다.

궁둥신경 같은 **말초신경**은 척수를 피부와 근육에 연결합니다.

신경계의 세포 유형

신경계에는 네 가지 중요한 유형의 세포가 있습니다.
- **뉴런**: 정보를 처리하고 전달합니다.
- **아교세포**: 뉴런이 사는 환경을 조절하고 신경 섬유를 코팅해 정보 전달 속도를 높이는 데 필수적인 보조 세포입니다.
- **혈관**: 신경 조직은 혈관의 도움을 많이 요구합니다. 뇌는 안정시대사율이 가장 높은 조직 중 하나입니다.
- **뇌척수막**: 뇌를 덮고 있는 막

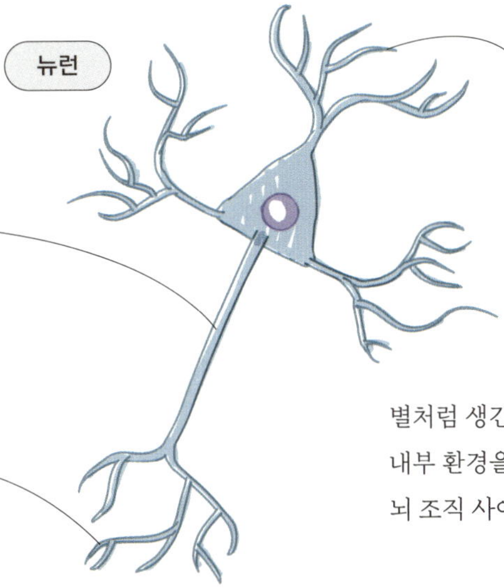

뉴런

축삭은 한 뉴런의 신경 자극을 다른 뉴런으로 전달합니다. 대부분의 축삭은 다른 뉴런의 가지돌기와 접촉합니다.

가지돌기는 다른 뉴런으로부터 정보를 받습니다. 대부분의 축삭은 화학 시냅스를 통해 가지돌기와 접촉합니다.

축삭종말은 가지돌기, 세포체 또는 다른 뉴런의 축삭과 접촉하는 부위입니다.

별처럼 생긴 **별아교세포**는 중추신경계의 내부 환경을 유지합니다. 혈관과 접촉해 혈액과 뇌 조직 사이의 장벽(혈뇌장벽)을 유지합니다.

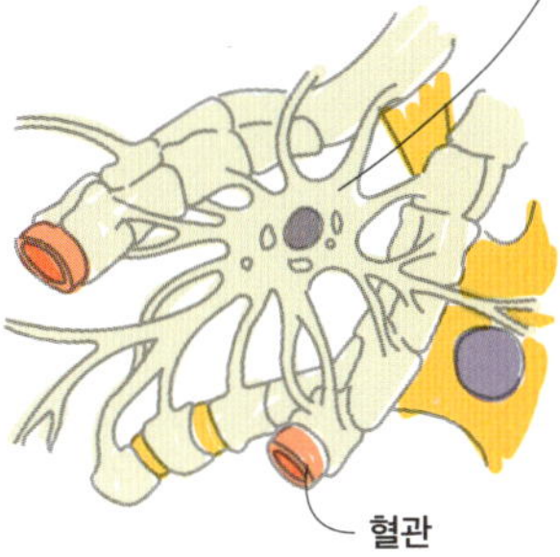

혈관

말이집은 뉴런의 축삭을 절연하고 신경 자극의 전도 속도를 높이는 지방 물질입니다.

말이집은 중추신경계 안에서 **희소돌기아교세포**가 만듭니다. 하지만 말초신경계에서는 슈반세포가 만듭니다.

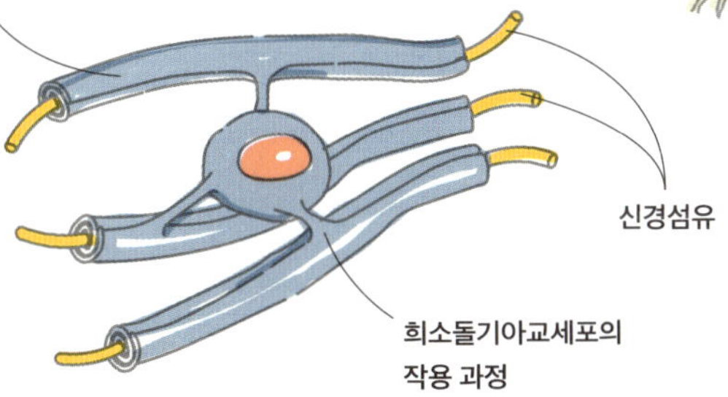

신경섬유

희소돌기아교세포의 작용 과정

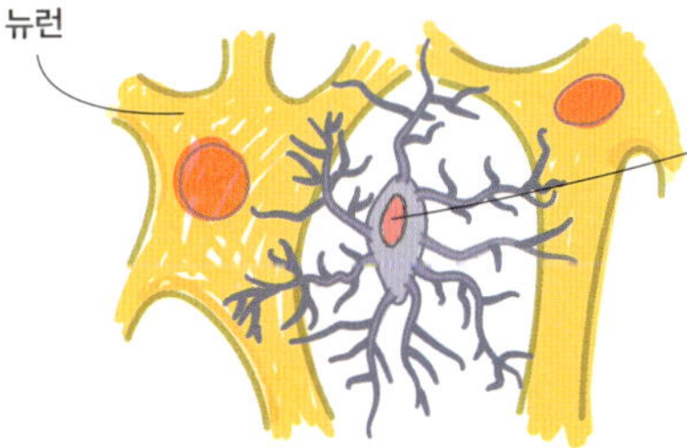

뉴런

미세아교세포는 중추신경계의 면역 환경을 조사하고 외부의 침입자를 감지하며, 침입자에 대한 반응을 시작하는 작은 세포입니다.

뇌실은 뇌 속에 있는 액체로 찬 공간으로, 배아신경관에서 기원했습니다.

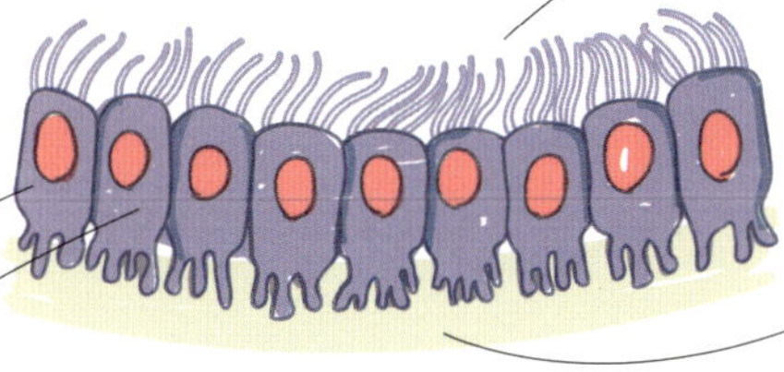

뇌실막은 뇌와 척수 조직을 뇌실 속의 액체로부터 보호합니다(뇌-척수액 장벽).

뇌실막세포는 뇌척수액을 생산합니다. 뇌실막 영역에는 신경 재생에 필요한 줄기세포가 있을 수도 있습니다.

신경계

뇌와 척수를 제어하는 **중추신경계**와 그 밖의 신경 및 뉴런으로 이루어진 **말초신경계**로 나뉩니다.
평범한 사람의 뇌에는 약 800억 개의 뉴런과 비슷한 수의 아교세포가 있습니다. 사람의 척수에는 신경 세포가 7000만 개밖에 없지만, 소화관의 벽(창자신경계)에는 척수보다 신경 세포가 더 많습니다!

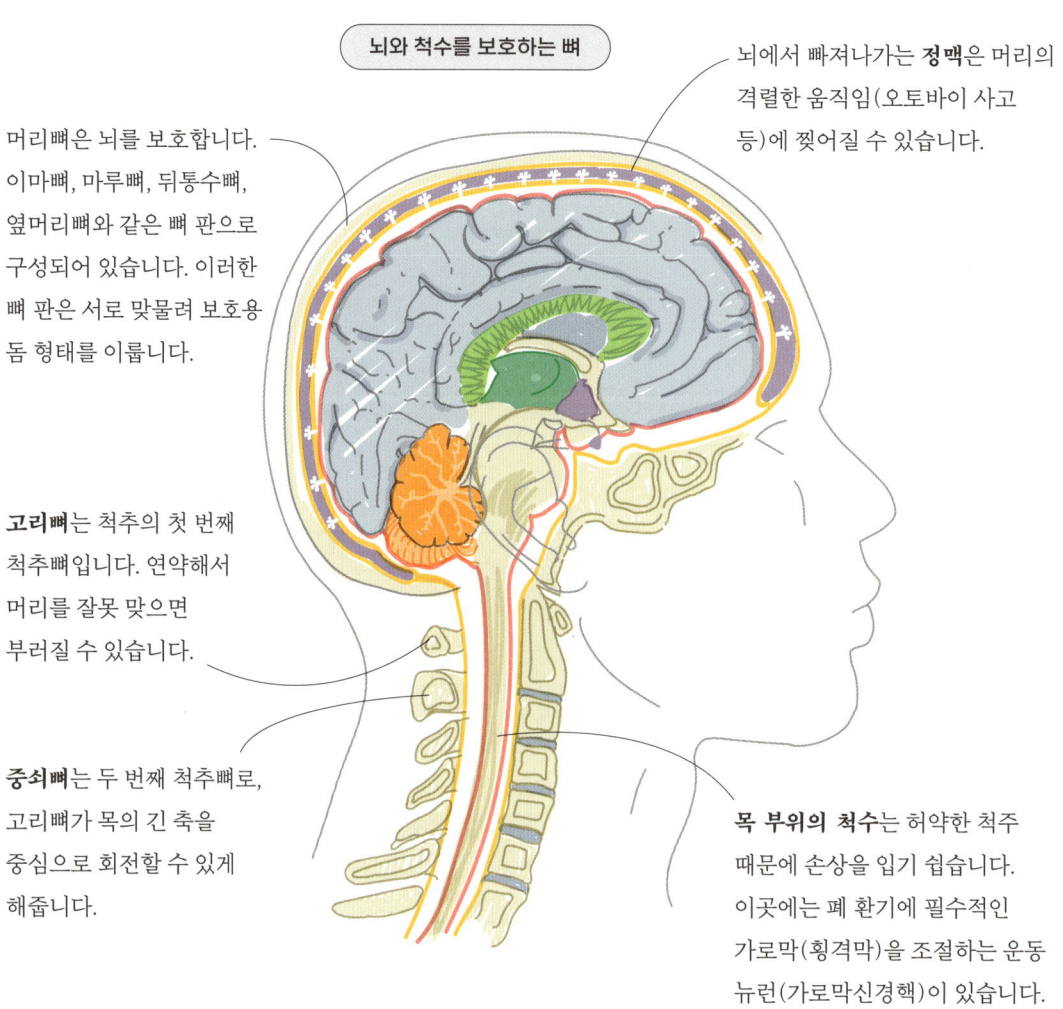

뇌와 척수를 보호하는 뼈

머리뼈은 뇌를 보호합니다. 이마뼈, 마루뼈, 뒤통수뼈, 옆머리뼈와 같은 뼈 판으로 구성되어 있습니다. 이러한 뼈 판은 서로 맞물려 보호용 돔 형태를 이룹니다.

뇌에서 빠져나가는 **정맥**은 머리의 격렬한 움직임(오토바이 사고 등)에 찢어질 수 있습니다.

고리뼈는 척추의 첫 번째 척추뼈입니다. 연약해서 머리를 잘못 맞으면 부러질 수 있습니다.

중쇠뼈는 두 번째 척추뼈로, 고리뼈가 목의 긴 축을 중심으로 회전할 수 있게 해줍니다.

목 부위의 척수는 허약한 척주 때문에 손상을 입기 쉽습니다. 이곳에는 폐 환기에 필수적인 가로막(횡격막)을 조절하는 운동 뉴런(가로막신경핵)이 있습니다.

중추신경계

중추신경계는 부상에 매우 민감합니다. 그래서 단단히 봉합된 튼튼한 뼈로 보호받고 있지요. 머리뼈바닥도 매우 단단하고 밀도가 높은 뼈로 이루어져 있습니다. 보통은 강한 타격이나 오토바이 사고에 부러집니다. 척주(등뼈)는 척수를 둘러싸 보호합니다.
척추에서 목 부분은 가장 작고 약합니다. 그래서 오토바이 사고에서 목 부상은 아주 위험하며, 응급처치 시에 목을 고정하는 건 대단히 중요합니다. 목 부위의 척수에 손상을 입으면 감각을 잃고 사지마비가 일어날 수 있습니다. 뼈로 보호받는 뇌도 오토바이가 사고나 타격을 당해 급격하게 움직이면 쉽게 손상됩니다.

말초신경계와 창자신경계

말초신경계는 중추신경계 외의 신경과 신경세포로 이루어져 있습니다. 신경절은 말초신경계의 신경세포 집단을 말합니다. 감각신경절 또는 자율신경절(자율적인 기능을 제어)로 나눌 수 있습니다.
전통적으로 자율신경계는 교감신경계(비상시에 사용)와 부교감신경계(지속적인 회복 기능)로 나뉩니다.
소화관에는 1억 개의 창자 뉴런이 있어 창자의 민무늬근육을 움직이고 분비샘에서 소화액을 분비합니다.

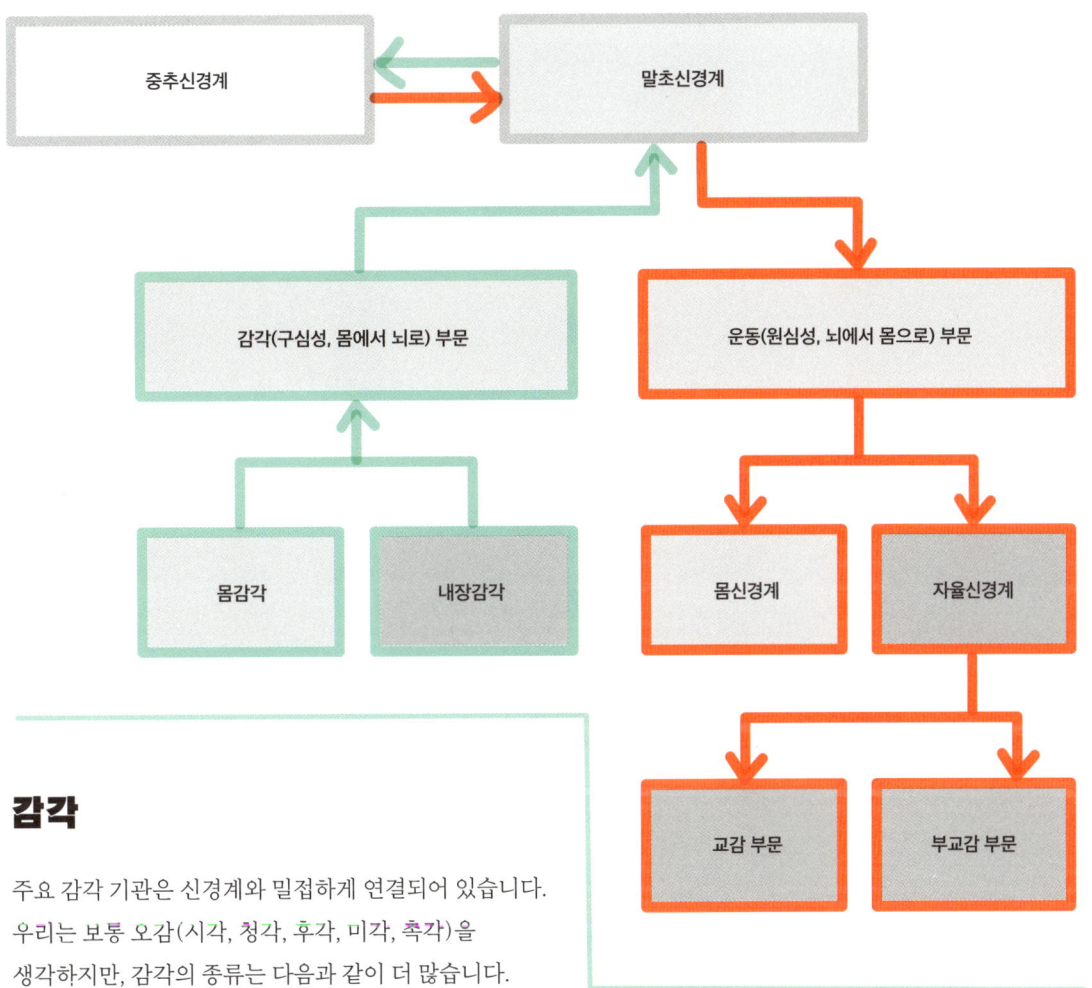

감각

주요 감각 기관은 신경계와 밀접하게 연결되어 있습니다.
우리는 보통 오감(시각, 청각, 후각, 미각, 촉각)을
생각하지만, 감각의 종류는 다음과 같이 더 많습니다.

- 공간 속 머리의 위치
- 머리의 가속 또는 회전
- 사지 관절의 자세
- 내장 기관의 가득 참 또는
  빔(위, 창자, 방광 등)
- 배속 막의 장력

촉각도 평소 우리 생각보다 훨씬 더 복잡합니다.
촉각에는 다음과 같은 종류가 있습니다.
- 단순 촉감(천으로 된 공을 만지는 느낌 등)
- 통증과 가려움
- 압력
- 온도
- 진동(사실은 표면 질감에 대한 감각)
- 두 점 식별(한 점에서 닿았는지 가까운 두 점에서 닿았는지를 구분하는 능력)

순환계와 혈액

순환계는 심장과 혈관으로 이루어져 있습니다. 기체와 영양소, 노폐물, 단백질을 몸 곳곳으로 전달하는 역할을 하지요.

혈관

심장에서 나오는 피를 나르는 혈관은 동맥이라고 부르며 혈압(25~150mmHg)이 높습니다. 반대로 심장으로 돌아가는 혈관인 정맥은 혈압이 낮습니다.

동맥의 벽에는 민무늬근육이 풍부하여 탄성이 좋고 혈압을 조절할 수 있습니다.

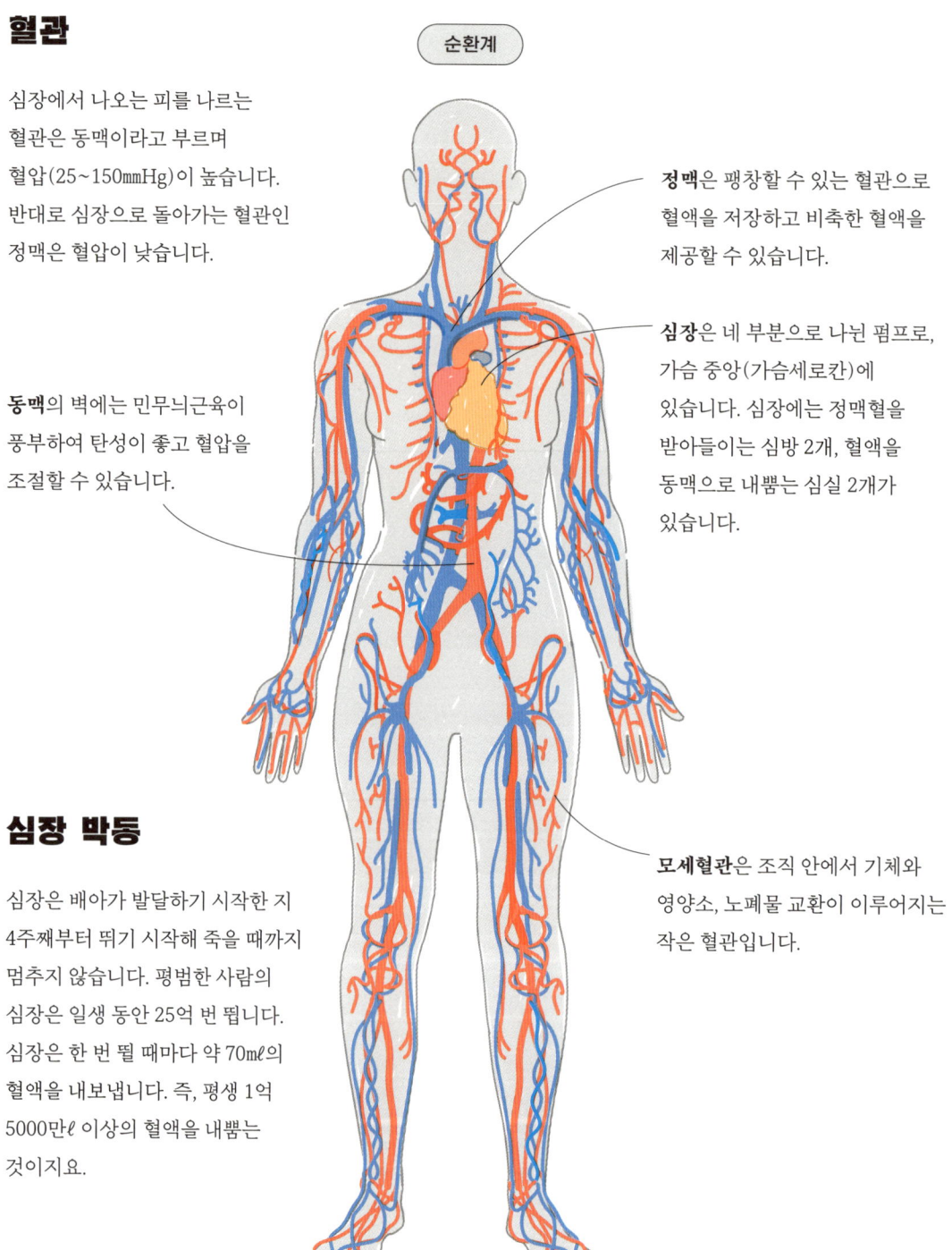

순환계

정맥은 팽창할 수 있는 혈관으로 혈액을 저장하고 비축한 혈액을 제공할 수 있습니다.

심장은 네 부분으로 나뉜 펌프로, 가슴 중앙(가슴세로칸)에 있습니다. 심장에는 정맥혈을 받아들이는 심방 2개, 혈액을 동맥으로 내뿜는 심실 2개가 있습니다.

모세혈관은 조직 안에서 기체와 영양소, 노폐물 교환이 이루어지는 작은 혈관입니다.

심장 박동

심장은 배아가 발달하기 시작한 지 4주째부터 뛰기 시작해 죽을 때까지 멈추지 않습니다. 평범한 사람의 심장은 일생 동안 25억 번 뜁니다. 심장은 한 번 뛸 때마다 약 70㎖의 혈액을 내보냅니다. 즉, 평생 1억 5000만ℓ 이상의 혈액을 내뿜는 것이지요.

혈액 세포의 유형

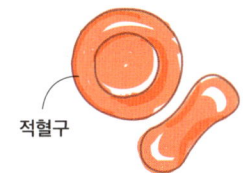

적혈구는 혈액 부피의 36~50%를 차지하며, 산소와 이산화탄소를 나릅니다. 핵이 없어서 가운데가 움푹 파인 원반처럼 생겼지만, 산소를 나를 수 있는 헤모글로빈이 가득합니다.

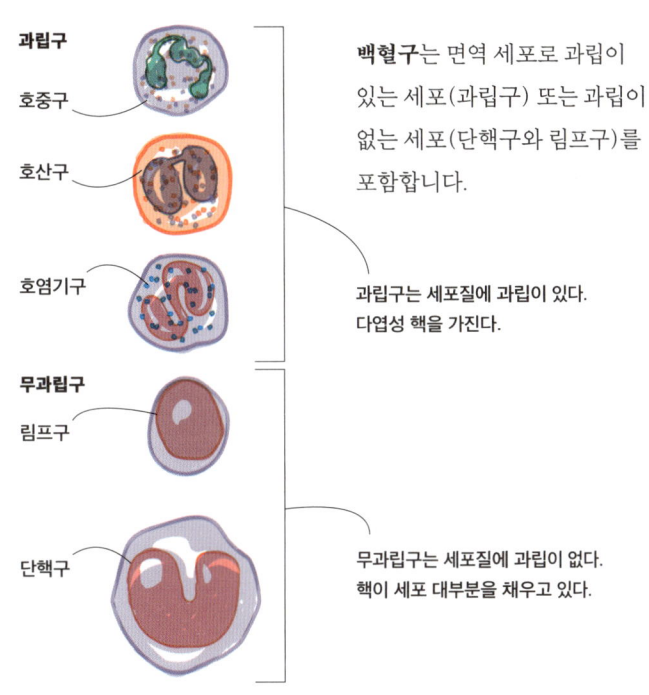

백혈구는 면역 세포로 과립이 있는 세포(과립구) 또는 과립이 없는 세포(단핵구와 림프구)를 포함합니다.

과립구는 세포질에 과립이 있다. 다엽성 핵을 가진다.

무과립구는 세포질에 과립이 없다. 핵이 세포 대부분을 채우고 있다.

순환계의 기능

순환계와 혈액은 중요한 물질을 몸 곳곳으로 운반합니다.

- 필수 영양소(당, 아미노산, 지방, 핵산)
- 비타민
- 광물(칼슘, 철분, 구리, 마그네슘)
- 화학 전령(호르몬)
- 혈액 응고 인자
- 면역 세포(백혈구)
- 면역 단백질(항체, 보체)
- 혈장 단백질과 신체 조직이 최적의 pH(산-염기 균형)를 유지하게 하는 탄산수소 이온 같은 완충 성분
- 날씨가 더울 때 피부로 혈액을 보내 체온 조절에 중요한 역할

혈액 속 단백질

혈액에는 단백질도 떠다니고 있습니다. 삼투압을 유지하는 혈장 단백질(알부민 등)과 외부에서 침입한 단백질, 바이러스, 세균, 균류로부터 몸을 보호하는 면역 글로불린(항체) 등입니다. 지방 분자(저밀도 및 고밀도 지질단백질)와 철분, 구리 같은 광물을 나르고, 혈액의 pH 유지를 돕거나 혈전 생성에 기여하는(프로트롬빈과 피브리노겐) 혈장 단백질도 있습니다.

혈소판은 혈전 생성(지혈)에 매우 중요한 세포 조각입니다.

두 순환

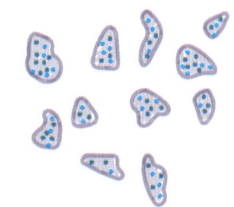

순환에는 두 가지 유형이 있습니다. 폐순환과 온몸순환입니다.

폐순환은 우심실에서 폐로 혈액을 보내 산소를 얻고 이산화탄소를 제거한 뒤 다시 심장으로 돌려보내는 것을 말합니다.

온몸순환은 좌심실에서 혈액을 온몸으로 보내 조직에 산소를 제공하고 이산화탄소를 제거한 뒤 정맥을 통해 산소를 잃고 이산화탄소를 얻은 혈액을 심장으로 돌려보내는 것을 말합니다.

호흡계

호흡계의 주요 역할은 산소를 몸에 공급하고 이산화탄소를 배출하는 것입니다.
또한, 혈액의 pH를 조절하고 체온 조절을 돕는 데도 중요한 역할을 합니다.

폐와 산-염기 균형

평균적으로 인간은 1분에 12번 호흡합니다. 따라서 우리는 평생 약 4억 번 호흡합니다. 한 번 호흡할 때마다 약 500㎖의 공기가 폐를 드나듭니다. 즉, 우리는 평생 약 2억ℓ의 공기를 호흡하는 셈이지요.
이산화탄소는 혈액에 녹아 혈액을 산성으로 만들기 때문에 호흡계는 혈액의 pH 조절에도 관여합니다. 혈액에서 이산화탄소를 더 많이 제거하면 혈액은 염기성이 됩니다. 이산화탄소를 덜 제거하면 혈액은 산성이 됩니다.

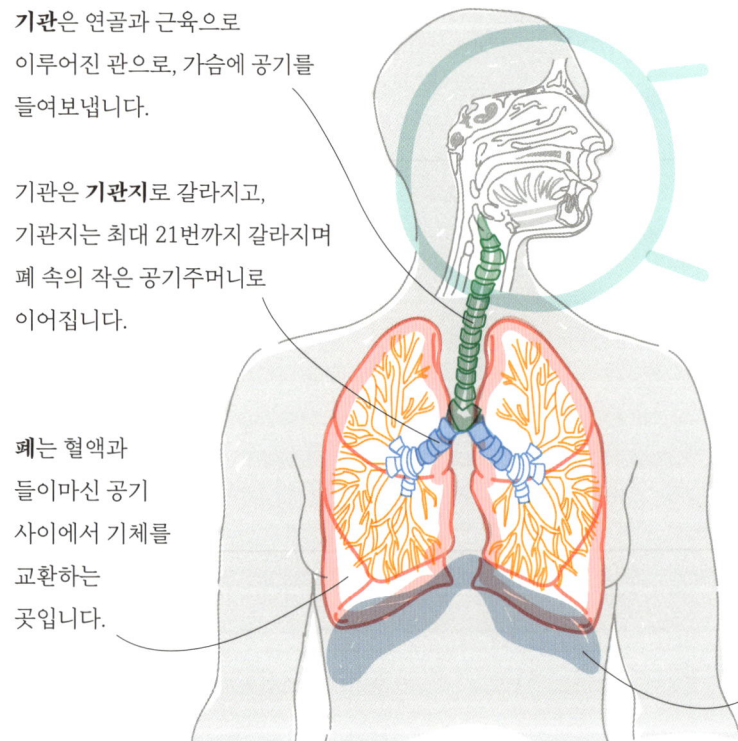

기관은 연골과 근육으로 이루어진 관으로, 가슴에 공기를 들여보냅니다.

기관은 **기관지**로 갈라지고, 기관지는 최대 21번까지 갈라지며 폐 속의 작은 공기주머니로 이어집니다.

폐는 혈액과 들이마신 공기 사이에서 기체를 교환하는 곳입니다.

가로막(횡격막)은 근육과 힘줄로 이루어진 얇은 막으로, 가슴과 배의 공간을 분리합니다. 공기를 들이마실 수 있게 해주는 주요 근육입니다.

폐와 기체 교환

공기가 통로 끝에 있는 작은 주머니인 **폐포**까지 들어오면, 폐순환하는 혈액과 기체 교환이 이루어집니다. 폐포 속 기체와 모세혈관 사이의 막은 두께가 1~2㎛(1㎝의 1만 분의 1)에 불과합니다. 따라서 기체 분자는 압력이 높은 곳에서 낮은 곳으로 자유롭게 확산합니다. 산소 분자는 폐포에서 혈액으로, 이산화탄소는 혈액에서 폐포로 확산합니다.

폐 보호

폐는 항상 외부 환경에 노출되어 있어 감염이나 흡입하는 독성 물질에 취약합니다. 폐포에는 부스러기와 미생물을 먹어치우는 세포인 폐포대식세포가 있습니다. 후두에서는 작은 머리카락 같은 섬모로 점액에 붙잡힌 부스러기를 삼키거나 뱉어냅니다.

폐 환기

폐 환기는 갈비뼈를 잡아당기거나(갈비사이근) 가슴을 확장하며(횡격막 근육) 이루어집니다. 뇌줄기는 혈액 속의 산소와 이산화탄소 농도에 따라 이런 근육의 반자발적인 수축을 조절합니다. 우리는 말하거나 기침, 또는 재채기를 통해 자율적인 호흡에 간섭할 수 있습니다.

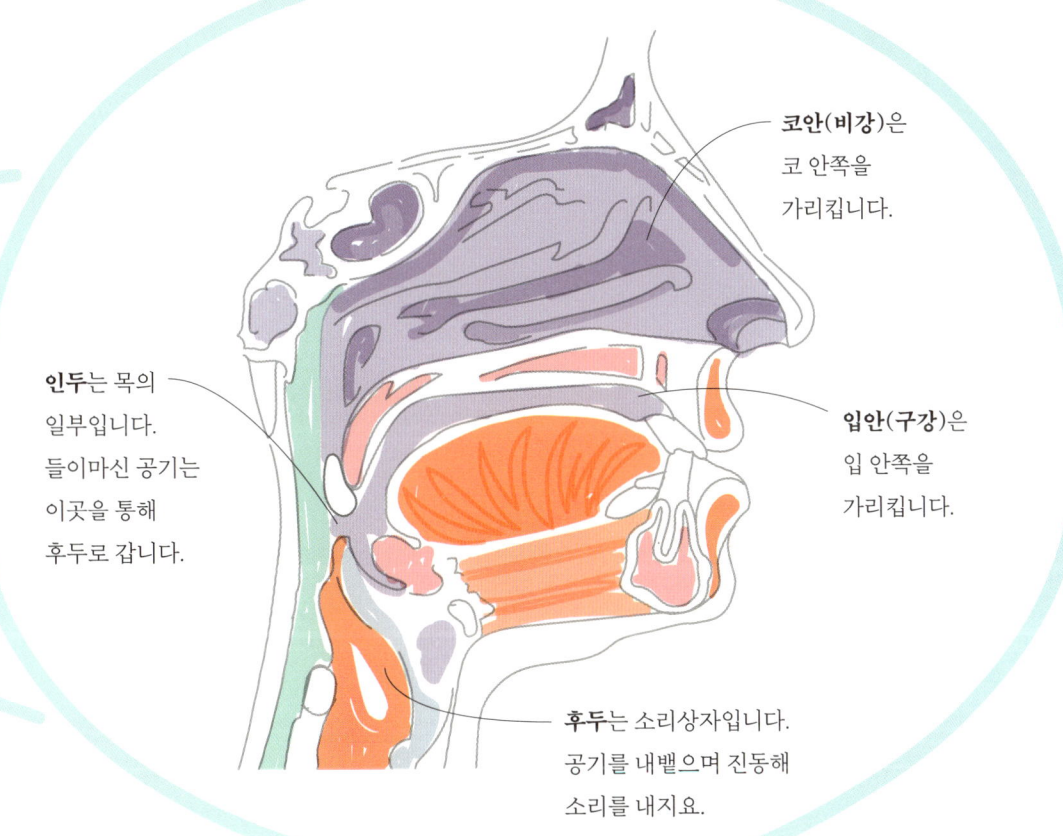

코안(비강)은 코 안쪽을 가리킵니다.

인두는 목의 일부입니다. 들이마신 공기는 이곳을 통해 후두로 갑니다.

입안(구강)은 입 안쪽을 가리킵니다.

후두는 소리상자입니다. 공기를 내뱉으며 진동해 소리를 내지요.

코안

코안은 호흡계의 첫 부분입니다. 후각 기능을 제공하지요.
우리는 입(**입안**)과 코를 통해 호흡할 수 있습니다. 그러나 코가 입보다 호흡에 훨씬 더 적합합니다.
코안에는 섬세하게 돌출된 뼈가 있어 점막의 표면적을 넓혀줍니다. 점막은 공기를 따뜻하고 축축하게 해주며, 먼지와 미생물을 거르고 냄새를 감지합니다.
사람의 후각은 아주 빈약하기 때문에 사람의 코는 구조가 매우 단순합니다. 반대로 개처럼 후각이 뛰어난 동물은 코안에 벽 주름이 매우 많습니다.

소화계

소화계의 기능으로는 섭취(음식을 입에 넣고 씹는 것), 소화(음식물을 영양 성분으로 분해하는 것), 흡수(소화관 벽을 통해 영양소를 혈액으로 옮기는 것), 배설(항문으로 노폐물을 버리는 것)이 있습니다.

소화관

위상학적으로 볼 때 우리 몸이 도넛과 똑같다는 사실을 알고 있나요? 우리의 소화관은 입에서 시작해 항문까지 이어집니다. 도넛의 구멍과 비슷합니다. 침샘, 간, 쓸개, 이자에서 나오는 분비물을 위한 관과 주머니가 달려 있을 뿐이지요. 소화관은 배아 발달 과정에서 4주째 생깁니다. 종이 같은 조직이 말려서 관이 되지요. 배아의 앞쪽 끝은 입이 되고, 뒤쪽 끝은 초기 항문이 됩니다. 초기 입 주위에는 턱과 씹는 근육, 혀 근육이 생겨납니다. 창자의 분비샘은 관에 봉오리처럼 발달합니다.

식도는 음식물을 인두에서 위까지 나르는 근육질 관입니다. 위쪽은 뼈대근육, 아래쪽은 민무늬근육으로 되어 있습니다.

간은 쓸개즙염을 분비해 지방을 분해하는 일을 돕습니다. 소화관은 독성 물질과 외부 단백질, 외부 환경에서 온 미생물에 노출되어 있고, 그런 물질이 몸 안으로 들어갈 수 있는 경로가 됩니다. 간은 알코올이나 암모니아, 미생물이 만든 물질로부터 우리 몸을 보호하는 주요 기관이며, 창자벽에서 나오는 혈액은 모두 간으로 갑니다.

쓸개는 간에서 나온 쓸개즙을 저장했다가 지방이 있는 음식을 먹으면 분비합니다.

작은창자는 아미노산과 당, 지방산, 글리세롤, 핵산, 비타민, 광물이 창자벽을 통과해 창자 혈류로 들어가는 흡수 작용이 일어나는 곳입니다. 대부분의 영양소는 간으로 가 처리를 거친 뒤 단백질과 복합당이 되거나 혈류로 흘러들어갑니다.

큰창자에서는 물과 광물을 흡수하고 대변을 만듭니다. 사람의 소화 효소가 소화할 수 없는 셀룰로스를 분해해 영양소를 제공하는 장내미생물이 사는 곳이기도 합니다. 우리가 얻는 영양소의 최대 10%는 장내미생물에서 옵니다.

소화관의 면역 기능

소화관 벽에는 면역세포가 모인 **림프소절**이 있습니다.

- 림프소절은 섭취한 세균과 바이러스, 균류 중 위산으로 분해되지 않은 나머지로부터 몸을 보호합니다.
- 창자의 면역계는 장내미생물을 조절하고 미생물이 창자벽에 침입하지 못하게 막습니다.

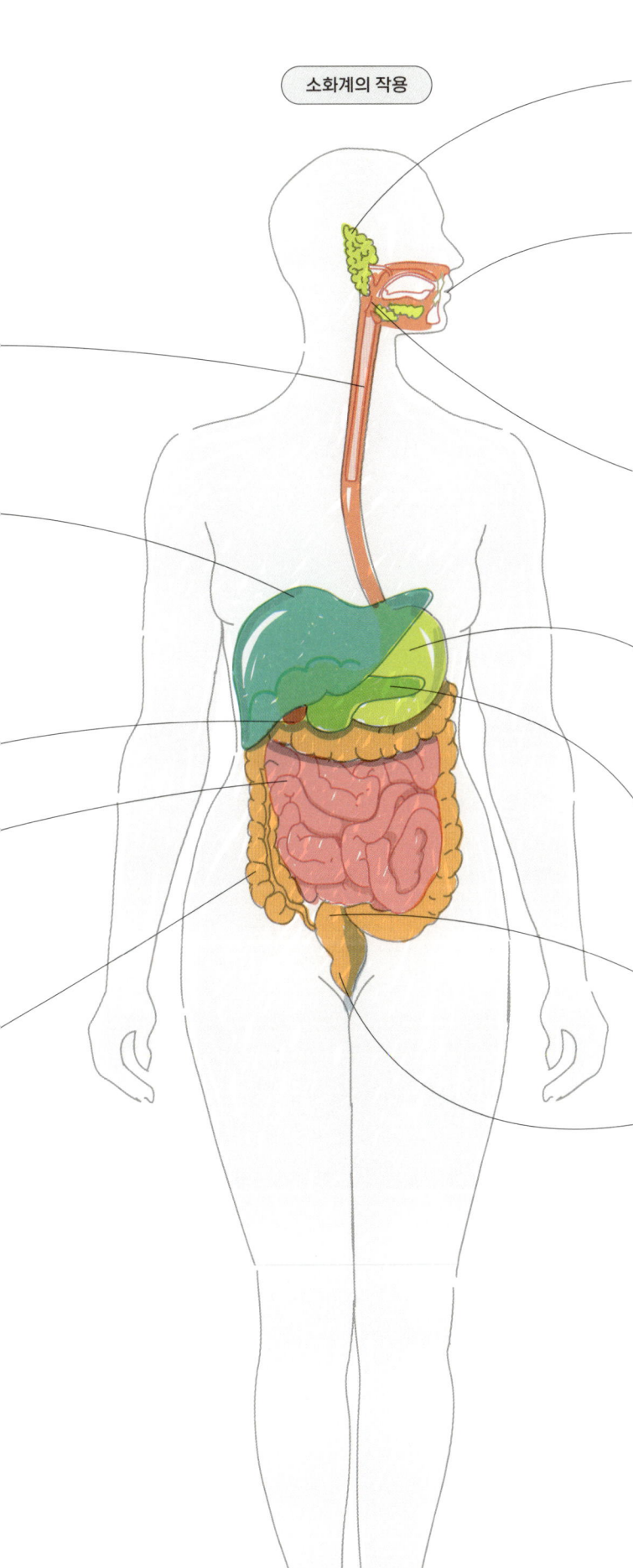

소화계의 작용

침샘(큰침샘과 작은침샘)은 음식을 촉촉하게 하고 녹말 소화 과정을 시작하는 침을 분비합니다.

음식은 **입안**에서 침 속 효소와 섞여 부드러운 **덩어리**를 이룹니다. 음식물 덩어리는 인두로 넘어가 식도를 따라 아래로 이동합니다. 물결치듯 수축하며 움직이는(꿈틀 운동) 식도 근육은 음식물 덩어리를 위로 내려 보냅니다.

인두는 들이마신 공기와 삼킨 음식물이 지나가는 통로입니다. 인두는 머리뼈바닥에 달려 있는 뼈대근육으로 된 관입니다.

위는 기계적, 화학적, 생물학적 방법으로 음식물을 잘게 부순 뒤 작은창자로 보내 영양소를 흡수하는 소화 과정을 이어가도록 합니다.

이자는 위 뒤에 있으며, **효소**라고 하는 생물학적 촉매를 분비합니다. 효소는 단백질과 지방, 녹말을 분해합니다.

곧창자는 대변을 저장했다가 배출합니다. 곧창자 윗부분(곧창자팽대)에 대변이 있으면 배설하고 싶은 느낌이 듭니다.

항문은 소화관의 마지막 부위입니다. 대변이 지나갈 수 있도록 구멍이 커질 수 있으며, 기체(방귀)와 대변을 구별할 수 있습니다.

비뇨계

비뇨계는 콩팥(신장)과 요관, 방광, 요도로 이루어져 있습니다.

콩팥은 제대로 기능하려면 혈액을 많이(심장에서 나오는 혈액의 20~25%) 공급받아야 합니다. 콩팥 2개는 합쳐서 1분에 오줌을 약 1㎖, 하루에는 800㎖~2ℓ 만듭니다. 오줌은 한 쌍의 요관을 따라 방광으로 흘러갑니다. 방광은 민무늬근육으로 이루어진 주머니로 오줌을 저장하고 수축해 요도를 통해 오줌을 외부로 배출할 수 있습니다.

비뇨계는 남성 생식관과 가까운 곳에서 발달합니다. 따라서 오줌과 정액은 똑같은 경로를 따라 외부로 배출됩니다.

콩팥의 기능
- 몸에서 질소를 가진 폐기물을 제거합니다.
- 혈액의 나트륨, 칼륨, 염소, 탄산수소 이온 농도를 조절합니다.
- 혈압과 pH(산-염기 균형)를 조절합니다.
- 적혈구 생산을 조절합니다.

질소 문제
단백질을 너무 많이 먹으면 몸에 문제가 생깁니다. 아미노산의 아민기가 떨어져 나오면서 생기는 해로운 암모늄 이온을 처리해야 하기 때문입니다. 간은 암모늄 이온을 물에 녹는 요소로 바꿉니다. 그리고 오줌을 통해 몸 밖으로 배출합니다.

콩팥은 혈액을 걸러 질소 폐기물을 제거하고 혈액의 이온 균형을 조절합니다.

요관은 민무늬근육으로 이루어진 관으로 오줌을 콩팥에서 방광으로 운반합니다.

방광은 오줌을 배출할 수 있을 때까지 저장하는 근육질 주머니입니다. 요로 감염을 막으려면 정기적으로 방광을 비워야 합니다.

요도는 오줌을 방광에서 외부로 배출합니다. 여성은 남성보다 요도가 훨씬 짧습니다.

생식계

생식계는 다음 세대를 생산하고 양육하는 기능을 합니다. 새로운 생명을 탄생시키는 성세포를 만들 뿐 아니라 배아가 발달할 수 있는 공간을 제공하고, 출생 이후에도 수유를 통해 영양소를 제공하지요.

두 성별 모두 생식계는 뇌 아래쪽에 있는 뇌하수체가 만드는 호르몬으로 조절됩니다. 뇌는 생식 주기와 기능을 조절할 수 있지요.

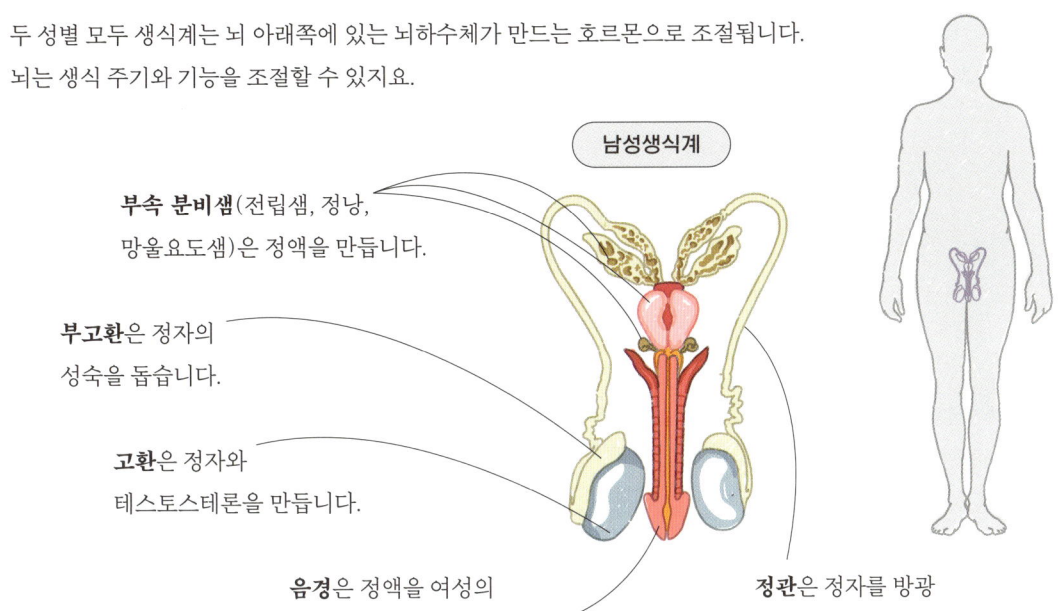

남성생식계

부속 분비샘(전립샘, 정낭, 망울요도샘)은 정액을 만듭니다.

부고환은 정자의 성숙을 돕습니다.

고환은 정자와 테스토스테론을 만듭니다.

음경은 정액을 여성의 생식관 안에 넣습니다.

정관은 정자를 방광 아래쪽으로 운반합니다.

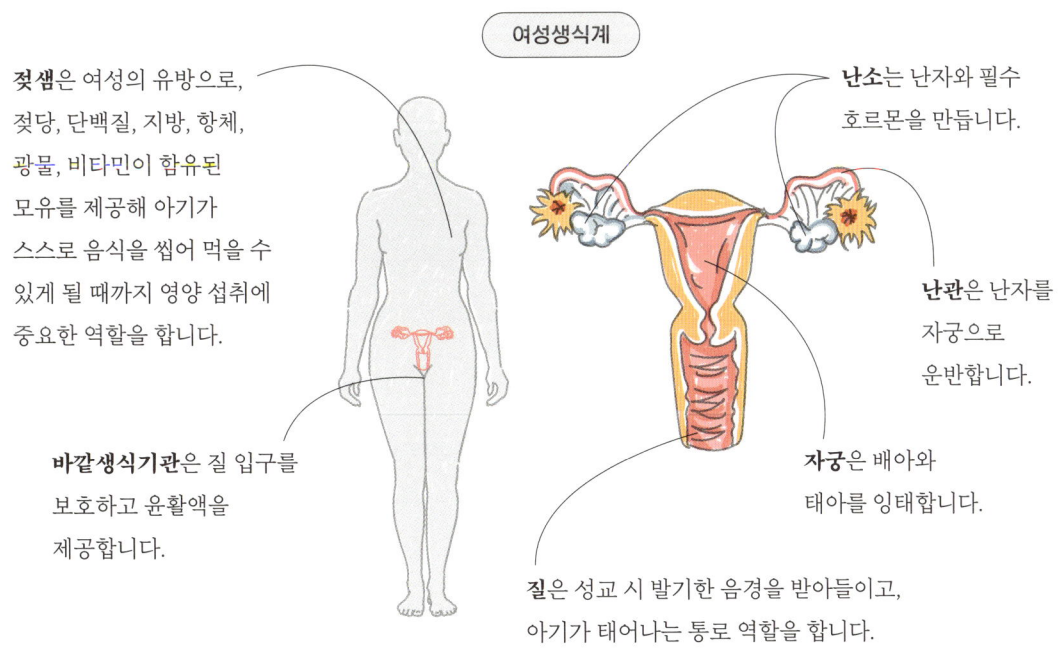

여성생식계

젖샘은 여성의 유방으로, 젖당, 단백질, 지방, 항체, 광물, 비타민이 함유된 모유를 제공해 아기가 스스로 음식을 씹어 먹을 수 있게 될 때까지 영양 섭취에 중요한 역할을 합니다.

바깥생식기관은 질 입구를 보호하고 윤활액을 제공합니다.

난소는 난자와 필수 호르몬을 만듭니다.

난관은 난자를 자궁으로 운반합니다.

자궁은 배아와 태아를 잉태합니다.

질은 성교 시 발기한 음경을 받아들이고, 아기가 태어나는 통로 역할을 합니다.

면역계

우리는 항상 미생물과 미생물이 만드는 유해 물질에 둘러싸여 살고 있습니다.
방어 체계가 없다면, 우리 몸은 곧 침략당해서 무너지고 말 겁니다.

면역계 또는 **림프계**는 몸 전체에 퍼져 있는 작은 구조물의 집합으로 잉여 조직액을 배출하고 세균과 균류, 바이러스, 리케차, 기생충 같은 외부 단백질과 침입자로부터 몸을 보호합니다.

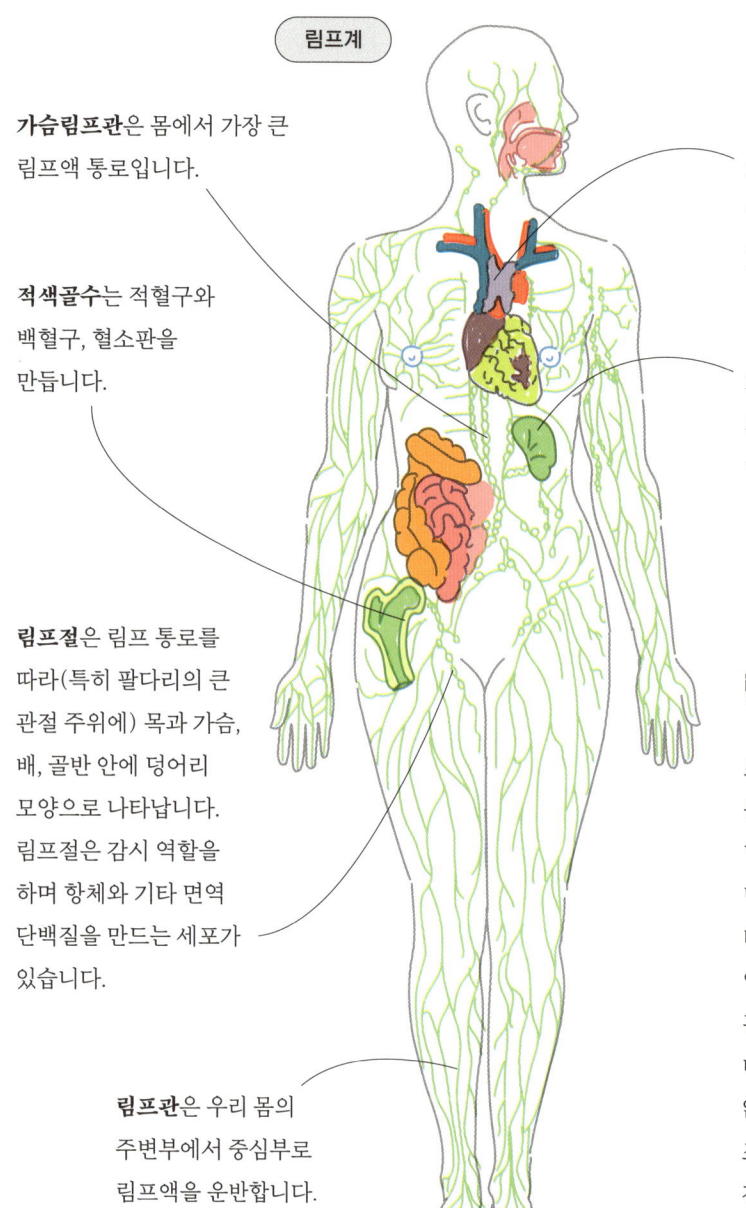

림프계

가슴림프관은 몸에서 가장 큰 림프액 통로입니다.

적색골수는 적혈구와 백혈구, 혈소판을 만듭니다.

림프절은 림프 통로를 따라(특히 팔다리의 큰 관절 주위에) 목과 가슴, 배, 골반 안에 덩어리 모양으로 나타납니다. 림프절은 감시 역할을 하며 항체와 기타 면역 단백질을 만드는 세포가 있습니다.

림프관은 우리 몸의 주변부에서 중심부로 림프액을 운반합니다.

가슴샘은 림프구가 바이러스, 암세포, 외부 장기로부터 방어할 수 있도록 훈련하고 발달시킵니다.

지라는 면역 작용을 위해 혈액을 감시하고 나이 든 적혈구와 백혈구, 혈소판을 재처리합니다.

림프액 배출

조직으로 가는 동맥에는 조직에서 돌아오는 정맥보다 조금 더 많은 혈액이 더 흐릅니다. **림프액 통로**는 면역계의 일부이며, 몸(뇌와 일부 뼈 제외)의 거의 모든 조직에서 잉여 림프액을 배출하는 작은 관들로 이루어져 있습니다. 림프액 배출은 주변 조직이 부어오르지 않게 해줄 뿐만 아니라 표본을 조사해 침입자가 들어왔는지 감시할 수 있게 해줍니다.

내분비계

내분비계는 몸의 신진대사와 생식 기능을 조절하는 데 매우 중요한 역할을 하는 여러 분비샘의 집합입니다.

내분비라는 말은 분비샘이 분비물(호르몬)을 직접 혈류나 체강에 분비한다는 뜻입니다. 신경계와 내분비계는 모두 몸의 내부 기능을 조절하지만, 신경계는 내분비계보다(수 시간에서 수 년) 훨씬 더 짧은(수 초에서 수 분) 시간 단위에서 작동합니다.

내분비계의 왕자

내분비계의 왕자는 **뇌하수체**입니다. 뇌하수체는 뇌하수체 줄기로 뇌 아래쪽에 있는 시상하부와 이어집니다. 뇌는 시상하부에서 호르몬을 분비하거나(뇌하수체앞엽으로) 신경 경로를 통해(뇌하수체뒤엽으로) 뇌하수체 기능에 영향을 끼칠 수 있습니다.

다른 내분비샘으로는 스트레스 반응과 염분과 수분 균형을 조절하는 **부신겉질**이 있습니다. **부신속질**은 비상 상황이 닥쳤을 때 에피네프린과 노르에피네프린 분비를 조절합니다.

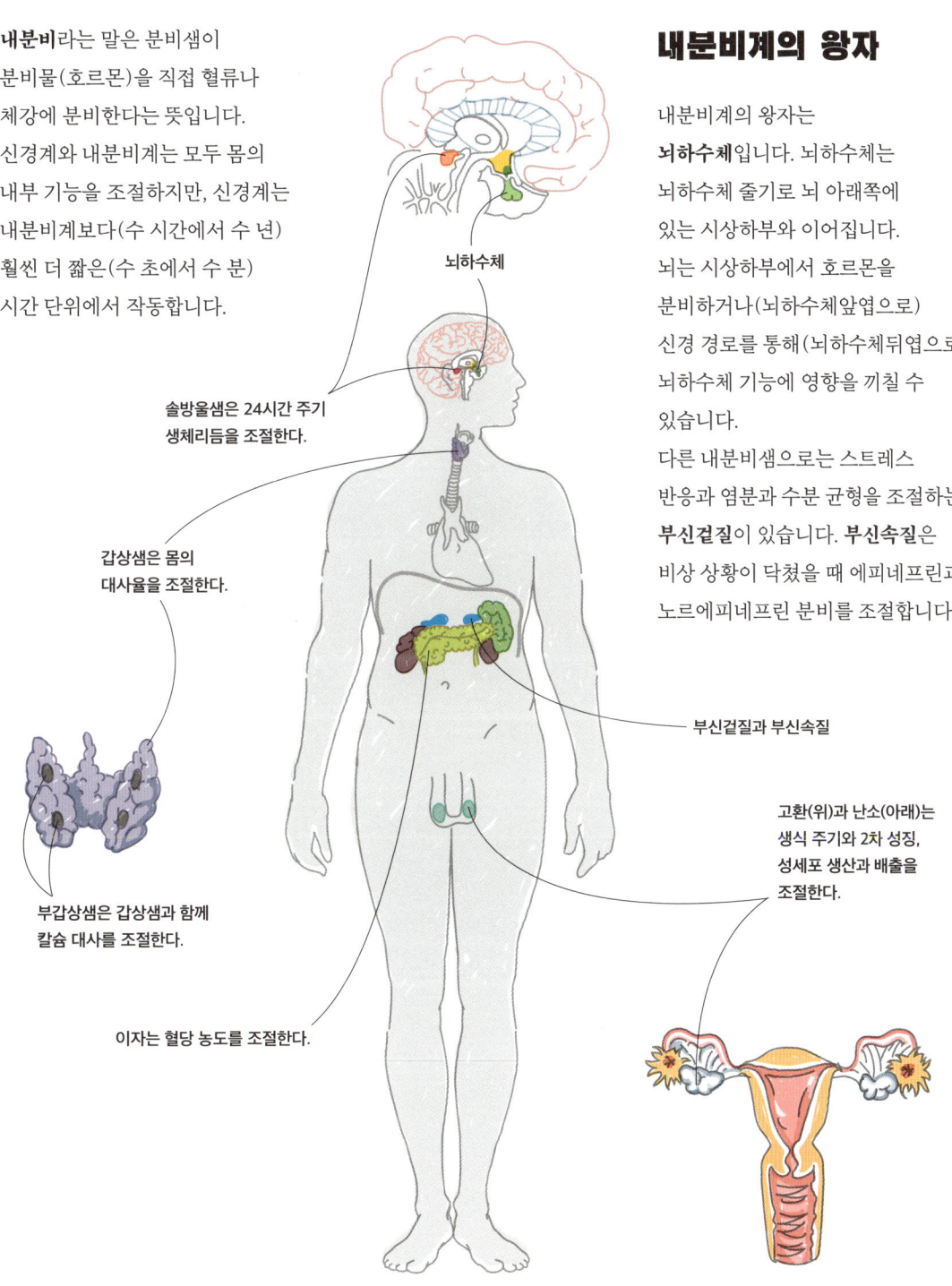

뇌하수체

솔방울샘은 24시간 주기 생체리듬을 조절한다.

갑상샘은 몸의 대사율을 조절한다.

부갑상샘은 갑상샘과 함께 칼슘 대사를 조절한다.

이자는 혈당 농도를 조절한다.

부신겉질과 부신속질

고환(위)과 난소(아래)는 생식 주기와 2차 성징, 성세포 생산과 배출을 조절한다.

✓ 다시 보기

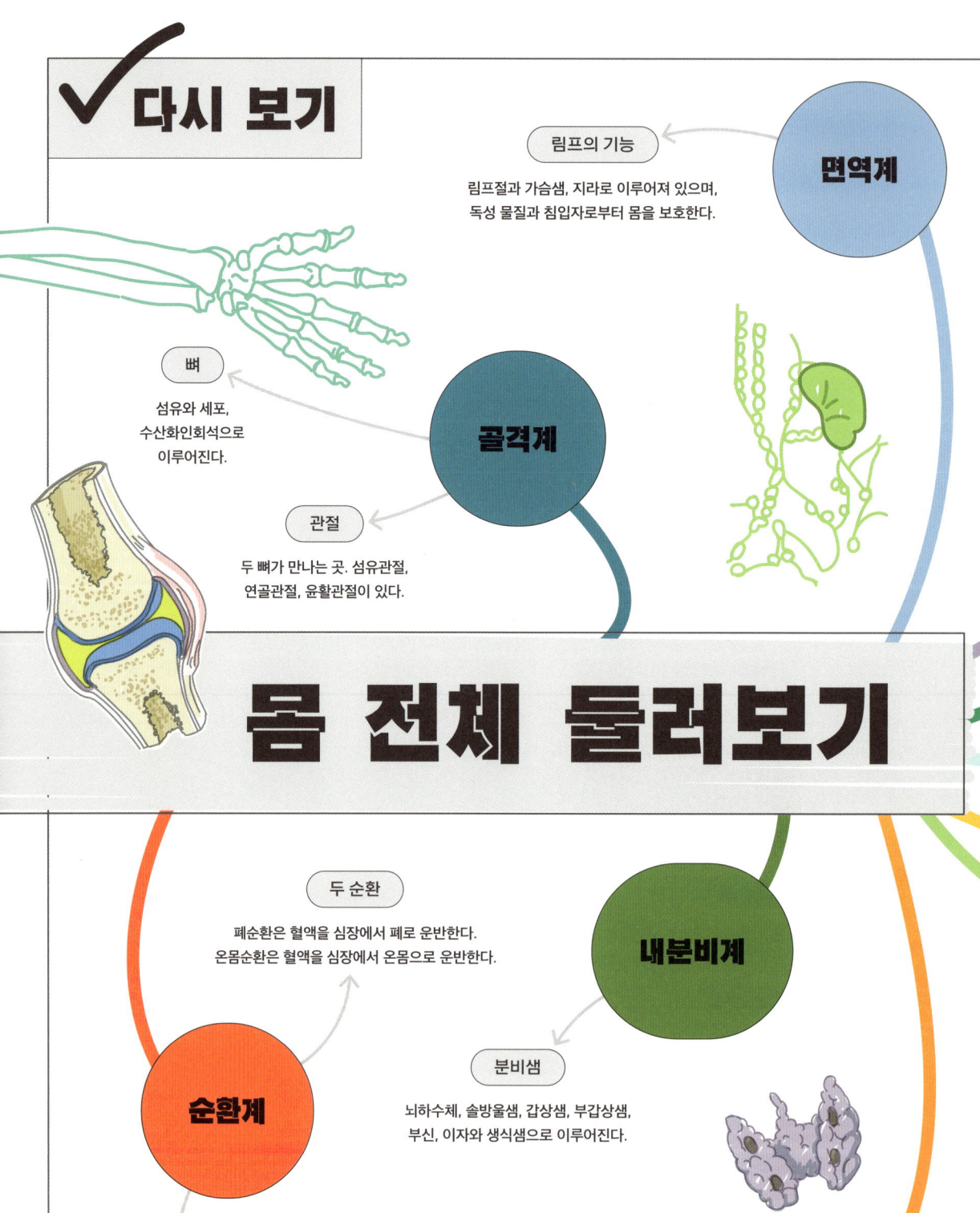

몸 전체 둘러보기

면역계

림프의 기능
림프절과 가슴샘, 지라로 이루어져 있으며, 독성 물질과 침입자로부터 몸을 보호한다.

골격계

뼈
섬유와 세포, 수산화인회석으로 이루어진다.

관절
두 뼈가 만나는 곳. 섬유관절, 연골관절, 윤활관절이 있다.

순환계

두 순환
폐순환은 혈액을 심장에서 폐로 운반한다.
온몸순환은 혈액을 심장에서 온몸으로 운반한다.

혈관
동맥과 정맥, 모세혈관으로 이루어진다.

내분비계

분비샘
뇌하수체, 솔방울샘, 갑상샘, 부갑상샘, 부신, 이자와 생식샘으로 이루어진다.

근육계

근육의 세 유형
민무늬근육, 심장근육, 뼈에 붙은 뼈대근육이 있다.

30

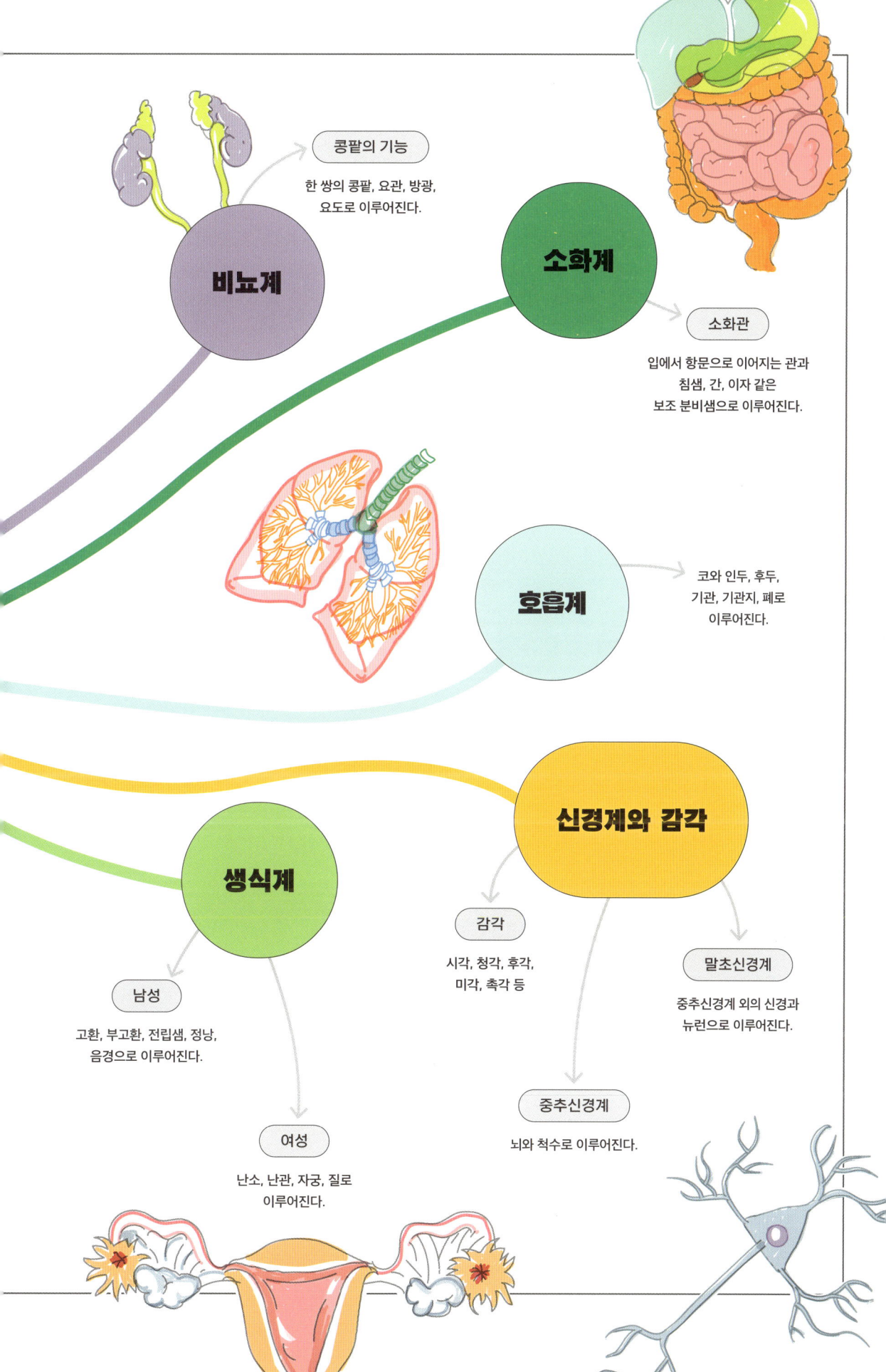

2장

세포와 피부의 구조

모든 생명체는 세포와 세포가 생성하는 물질로 이루어져 있습니다.
세포는 인체의 가장 작은 구성 요소입니다.
우리는 모두 분화되지 않은 단순한 배아 세포(접합자)에서
시작했습니다. 세포의 분열과 분화로 복잡한 몸이 생겨났지요.
분화는 세포가 특정 기능(상피세포, 뉴런, 근육세포, 지방세포 등)에
적합한 특성을 갖추는 과정을 말합니다.
어떤 세포(골수등)는 세포 분열 능력을 계속 유지하고,
어떤 세포(뉴런 등)는 잃어버립니다.

세포와 세포가 생성하는 물질

성인의 몸은 50조 개 이상의 세포와 그 세포가 생성하는 물질로 이루어집니다.

세포가 생성하는 물질로는 콜라겐이나 엘라스틴, 레티쿨린 같은 구조 단백질이 있습니다. 최초의 배아 세포가 성인의 몸이 되려면 수많은 분열과 분화를 거쳐야 합니다. **분화**는 세포가 특정 기능을 수행하는 전문적인 세포가 되기 위해 거쳐야 하는 유전자 표현의 변화 과정입니다.

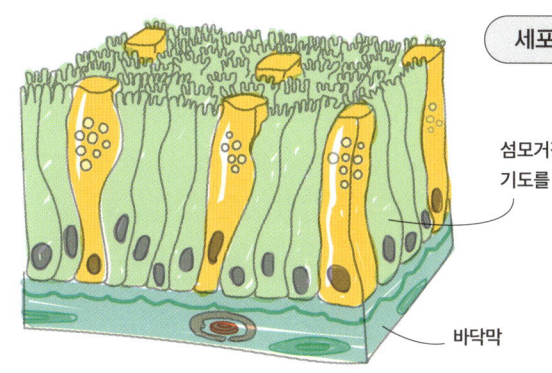

세포의 유형

섬모거짓중층원주상피는 기도를 덮고 있다.

바닥막

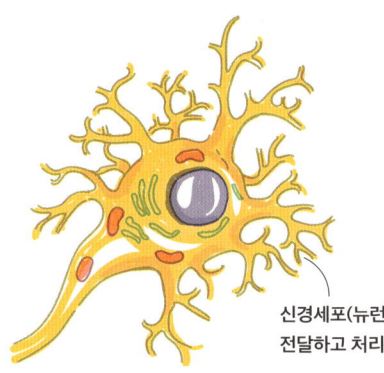

신경세포(뉴런)는 정보를 전달하고 처리한다.

몸의 표면(안쪽과 바깥쪽)을 덮는 세포를 **상피세포**라고 합니다. 상피는 납작한 세포가 여러 층을 이루고 있는 피부의 겉껍질(중층편평상피)입니다.

소화관(창자)은 한 층으로 이루어진 원주세포 껍질(단층원주상피)에 덮여 있습니다. 한편, 기도를 덮은 세포는 단층이면서 핵의 높이가 다르고 끝에 점액을 움직이기 위한 섬모가 있습니다. 이를 **섬모거짓중층원주상피**라고 부릅니다.

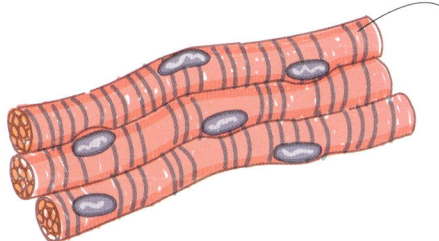

근육세포는 움직임을 만들어내며, 수의근(뼈대근육)과 불수의근(민무늬근육과 심장근육)으로 나뉜다.

결합조직

섬유모세포는 조직섬유를 만든다.

방어세포는 외부의 침입자를 막는다.

몸의 대부분은 **결합조직**입니다. 결합조직은 서로 다른 요소로 이루어져 있습니다. 결합조직은 세포가 모이는 바탕질이 고체나 액체일 수 있다는 특징이 있습니다. 뼈, 연골, 힘줄, 인대는 고체 결합조직의 예입니다. 광물질화된 콜라겐은 뼈를 만들며, 콜라겐은 몸 전체에서 느슨하거나 치밀한 여러 결합조직을 이룹니다. 혈액은 액체로 된 결합조직의 하나입니다. 세포가 혈장 안에서 부유하고 있기 때문이지요.

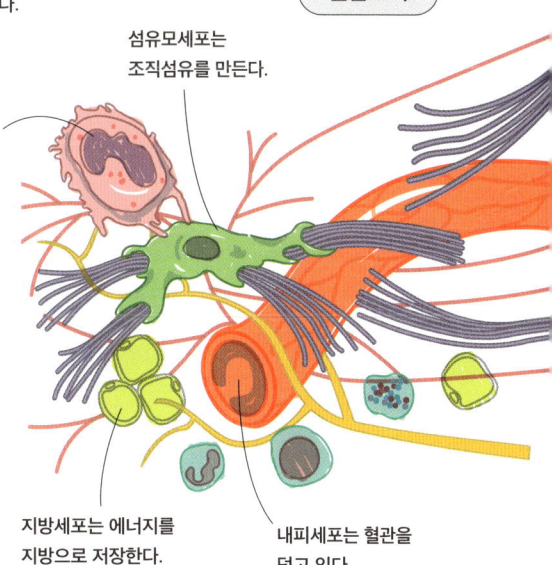

지방세포는 에너지를 지방으로 저장한다.

내피세포는 혈관을 덮고 있다.

세포의 구조와 세포 소기관

세포의 핵심 요소는 유전 물질을 저장하고 있는 핵과 세포 소기관을 품고 있는 세포질, 세포질(세포내액)과 주변 환경(세포외액) 사이의 반투과성 경계가 되어 주는 원형질막입니다.

핵

핵은 세포의 핵심입니다. 염색질의 DNA(디옥시리보핵산)에 유전 정보를 저장하고, 그 정보를 분배하여 세포의 활동을 조정합니다. 세포분열(유사분열)을 하려면 염색질이 작은 염색체로 응축했다가 2개의 딸세포로 나뉘어야 합니다.

핵막은 세포질로부터 핵질을 분리하고, 둘 사이의 물질의 이동을 어느 정도 관리합니다.

핵소체(인)에서는 리보솜 RNA(rRNA)와 단백질을 조립해 리보솜을 만들고, DNA 코드는 전령 RNA(mRNA)로 전사됩니다. 이후 리보솜이 세포질로 옮겨 가 단백질을 만듭니다.

리보솜은 단백질을 생산합니다. 자유롭게 떠다니거나 **거친면소포체**라고 하는 막 시스템과 결합할 수 있습니다.

골지체는 리보솜과 거친면소포체의 생성물을 정리해 전달합니다.

과산화소체는 섭취한 물질과 세포의 산소 기반 대사 과정에서 생긴 과산화수소를 해독하는 일을 합니다.

중간섬유는 세포가 팽창하는 힘에 저항하고, 세포골격을 이룹니다.

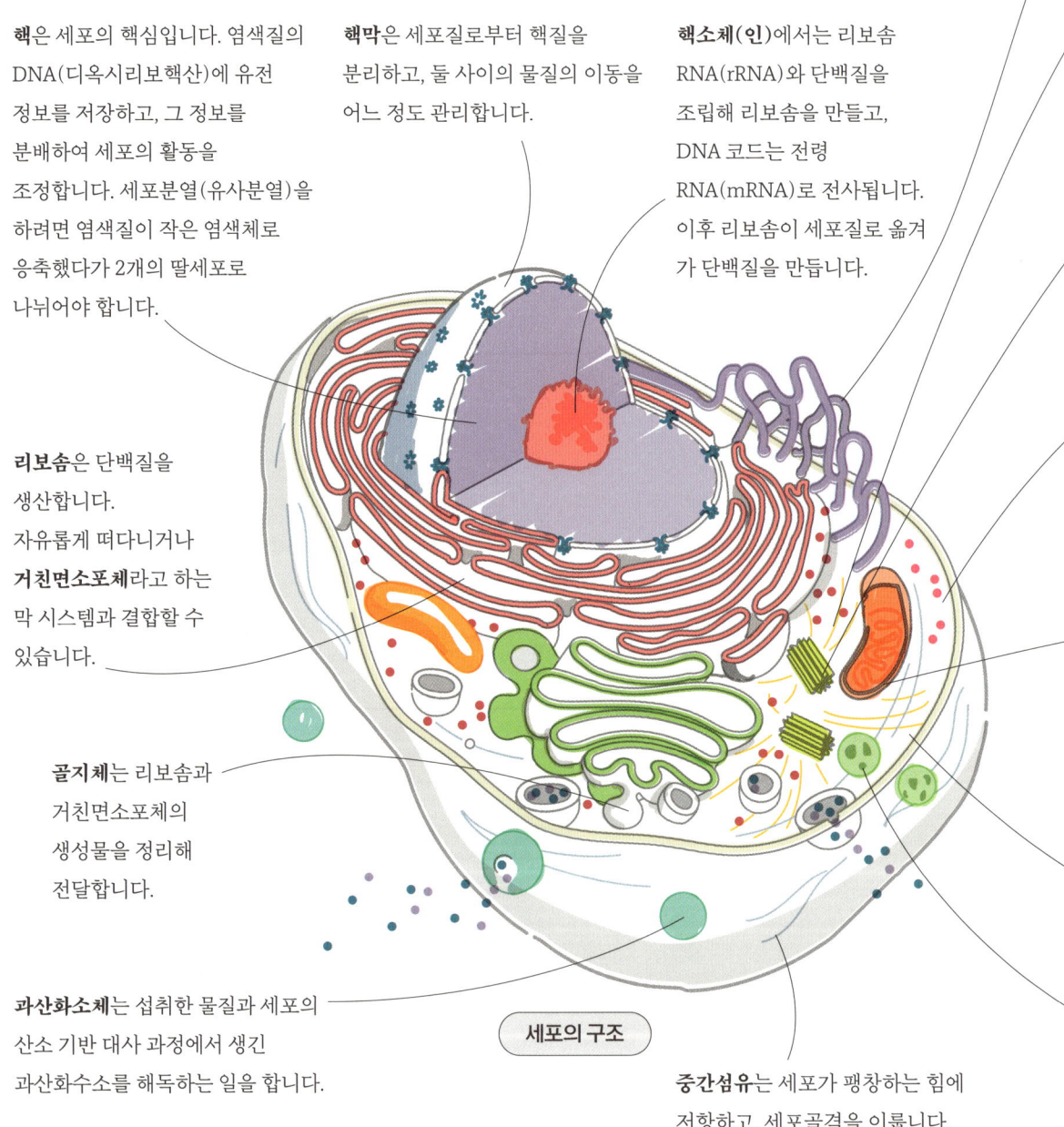

세포의 구조

매끈면소포체는 리보솜이 붙어 있지 않은 막으로 이루어진 소기관으로, 지방과 스테로이드 호르몬을 만듭니다.

미세 소관은 튜불린이라는 단백질로 이루어진 원통형 구조로, 세포 안의 통로 역할을 할 뿐만 아니라 세포의 구조를 강화해줍니다.

중심립은 미세 소관이 서로 붙어서 형성됩니다. 세포분열(유사분열)하는 동안 염색체를 움직이고, 섬모와 편모의 받침이 됩니다.

세포 골격은 세포의 뼈대 역할을 하며 액틴으로 이루어진 미세섬유가 있습니다. 미세섬유는 세포 골격의 핵심 부위로 세포 안에서 근육 수축과 움직임과 관련된 역할을 합니다.

미토콘드리아는 세포를 위해 ATP(아데노신삼인산)를 생산하고 저장합니다. 자체 DNA가 있으며, 미토콘드리아는 한때 독립적인 미생물이었다가 포유류의 세포와 공생하게 되었다고 추측하고 있습니다.

세포질은 세포액이라는 액체와 세포의 대사 기능을 하는 세포 소기관으로 이루어져 있습니다.

리소좀은 세포질 안에 있는 막주머니로, 필요 없는 물질이 분해되는 곳입니다.

원형질막

세포의 **원형질막**은 **인지질**과 **콜레스테롤**, **부유 단백질**로 이루어진 두 겹의 막입니다.

지질층은 물을 통과시키지 않지만, 박혀 있는 단백질이 중요한 막 기능을 수행합니다.

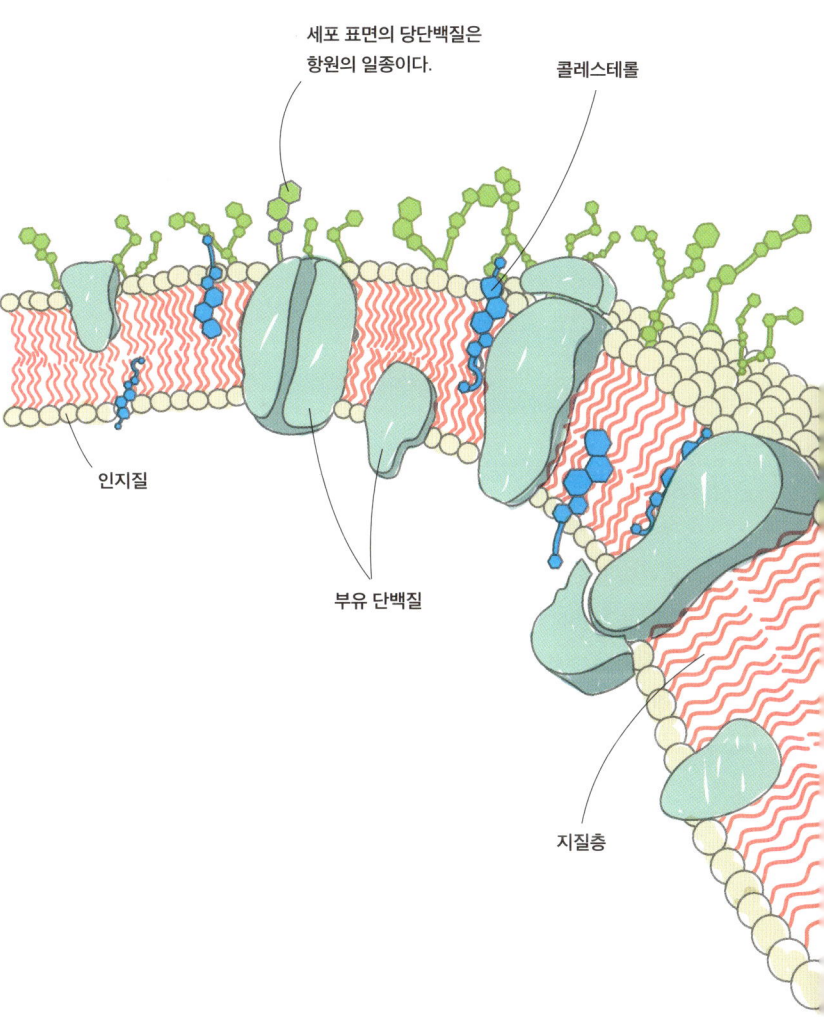

이런 막은 물과 이온(나트륨, 칼륨, 염소 등), 영양소(포도당과 아미노산 등)가 통과하는 통로를 만들어주는 기능을 합니다. 또한, 세포에 신호를 보내는 호르몬과 신경전달물질의 수용기를 제공하고 면역계가 인식할 수 있는 외부 세포 표지자(항원)를 형성하기도 합니다.

어떤 특정 세포(장세포의 미세융모)는 원형질막의 표면적이 넓어지도록 구조적으로 적응했습니다. 주변을 움직이거나(기도 세포의 섬모) 생식관을 통해 헤엄쳐 갈 수도 있습니다(정자의 편모).

세포분열: 유사분열과 감수분열

우리는 모두 세포 하나로부터 출발한 생명입니다. 손상됐거나 죽은 세포를 대체하기 위해서는 평생에 걸쳐 **유사분열**이라고 하는 세포분열이 일어나야 합니다.

유사분열은 어디서 일어날까요?

유사분열은 외부 환경과 물리적인 손상이 끊임없이 일어나 잃어버린 세포를 대체해야 하는 조직에서 가장 많이 일어납니다. 따라서 피부 상피와 소화관 벽, 적혈구와 백혈구를 만드는 골수에서 세포분열이 쉬지 않고 일어나지요. 몇몇 조직에서는 세포분열이 대체로 수리(부러진 뼈 등)에 한정되며, 구조적으로 복잡한 다른 유형의 세포(뉴런)를 만드는 유사분열은 주로 발생 단계에서만 이루어집니다.

유사분열 과정

유사분열은 주로 한 세포에 있는 핵 물질이 두 딸세포로 나뉘는 과정입니다. 유사분열에는 전기와 중기, 후기, 말기의 네 단계가 있습니다.

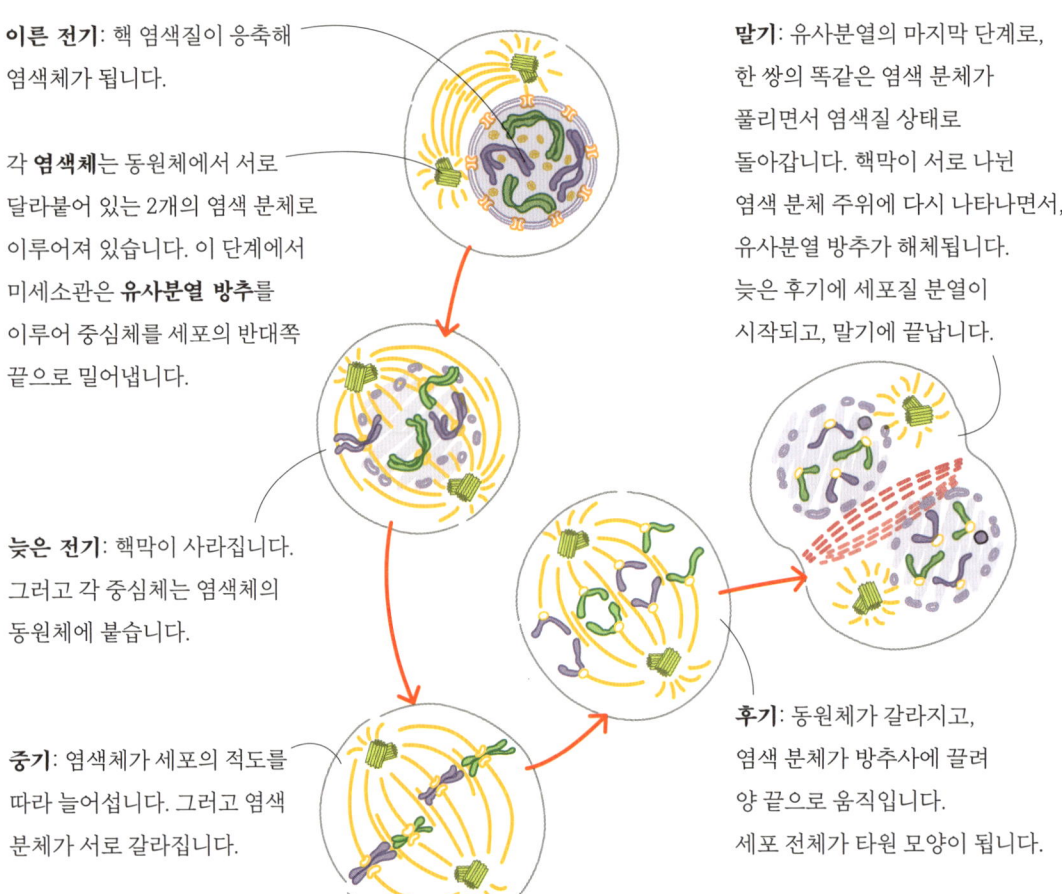

이른 전기: 핵 염색질이 응축해 염색체가 됩니다.

각 **염색체**는 동원체에서 서로 달라붙어 있는 2개의 염색 분체로 이루어져 있습니다. 이 단계에서 미세소관은 **유사분열 방추**를 이루어 중심체를 세포의 반대쪽 끝으로 밀어냅니다.

늦은 전기: 핵막이 사라집니다. 그리고 각 중심체는 염색체의 동원체에 붙습니다.

중기: 염색체가 세포의 적도를 따라 늘어섭니다. 그리고 염색 분체가 서로 갈라집니다.

말기: 유사분열의 마지막 단계로, 한 쌍의 똑같은 염색 분체가 풀리면서 염색질 상태로 돌아갑니다. 핵막이 서로 나뉜 염색 분체 주위에 다시 나타나면서, 유사분열 방추가 해체됩니다. 늦은 후기에 세포질 분열이 시작되고, 말기에 끝납니다.

후기: 동원체가 갈라지고, 염색 분체가 방추사에 끌려 양 끝으로 움직입니다. 세포 전체가 타원 모양이 됩니다.

유사분열의 위험

아주 활발한 세포 분열에는 위험이 따릅니다. 유사분열이 자주 일어나면 유전자에 오류가 생길 수 있기 때문입니다. 그래서 많은 암이 독성 물질이나 물리적인 손상, 방사선 같은 위험한 요인에 자주 노출되어 세포 분열을 자주 해야 하는 조직에서 생겨납니다. 피부 상피와 호흡관, 소화관 벽 같은 조직입니다. 유방과 난소, 고환, 전립샘 등 호르몬의 영향을 강하게 받는 조직도 마찬가지입니다.

감수분열

감수분열은 성세포(배우자)를 만들 때 일어나는 세포분열로, 고환과 난소에서 찾아볼 수 있습니다. 감수분열은 성세포가 만들어질 때 정상적인 염색체의 수(복상, 23쌍)가 절반으로(단상, 23개) 줄어든다는 점에서 유사분열과 다릅니다. 감수분열에서 핵은 두 단계에 걸쳐 연속적으로 나뉩니다. 감수 1분열과 감수 2분열입니다. 감수 1분열은 염색체의 수가 줄어드는 과정이고, 감수 2분열은 유사분열과 비슷합니다. 감수분열 과정이 끝나면 세포 1개에서 배우자(정자세포 또는 난모세포) 4개가 생깁니다. 수정 때 배우자가 결합해서 생기는 세포(접합자)는 정상적인 수의 염색체를 가져야 하므로 감수분열은 필수적입니다.

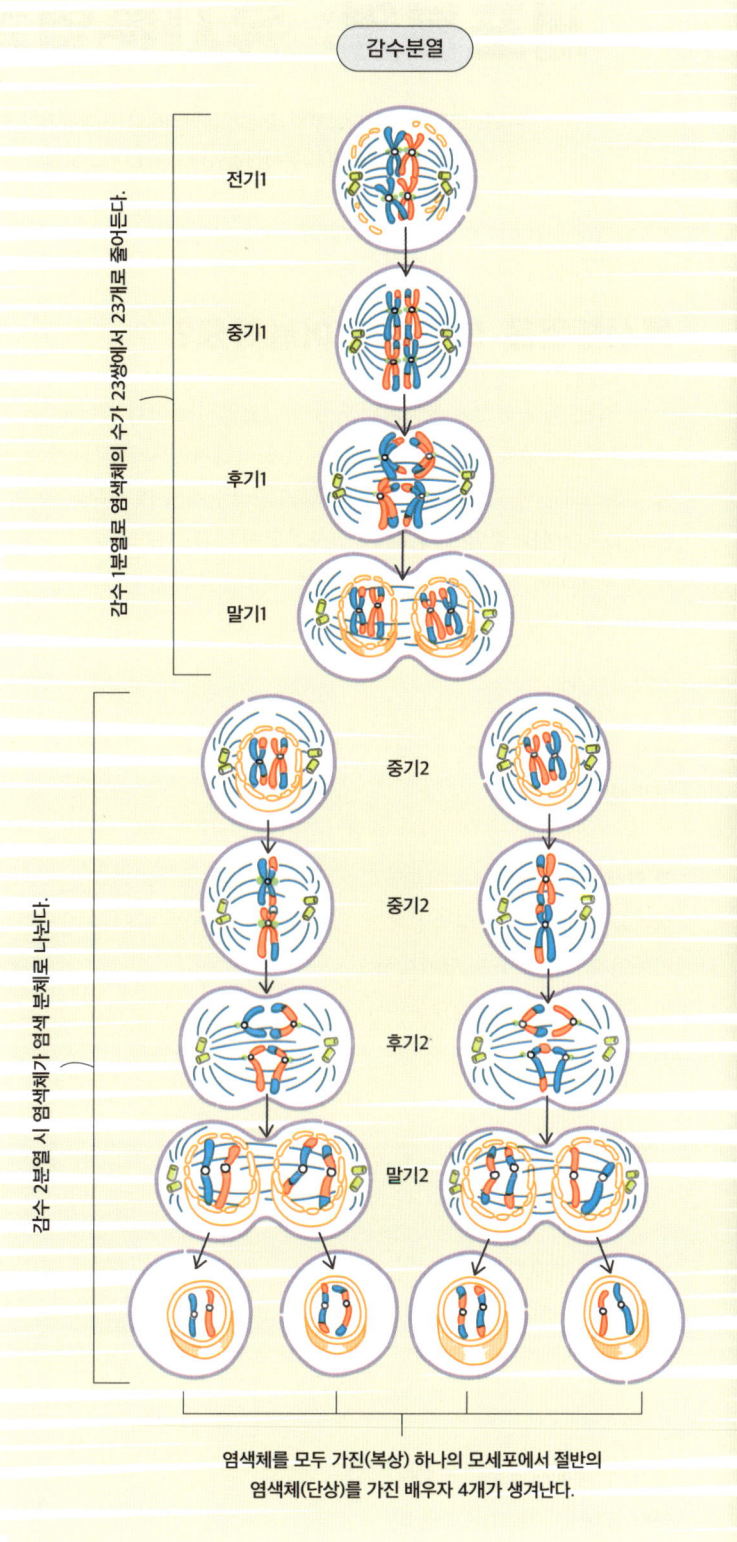

염색체를 모두 가진(복상) 하나의 모세포에서 절반의 염색체(단상)를 가진 배우자 4개가 생겨난다.

해부학적 자세와 평면

해부학적 구조를 정확하게 묘사하려면 몸의 표준 자세가 있어야 합니다. 해부학적 자세란 머리를 꼿꼿이 세운 채 정면을 바라보며, 팔은 양옆에 붙이고, 손바닥을 앞으로 향하고 있는 자세를 말합니다. 두 발은 자연스럽게 벌린 채로 발가락이 앞을 향해야 합니다.

해부학적 평면

해부학자는 해부학적 자세를 하고 있는 몸을 통과하는 평면을 가정합니다. 세 종류의 평면이 있으며, 각각은 삼차원의 각 차원에 대응합니다. 수평면 또는 가로면, 관상면 또는 정면, 시상면입니다.

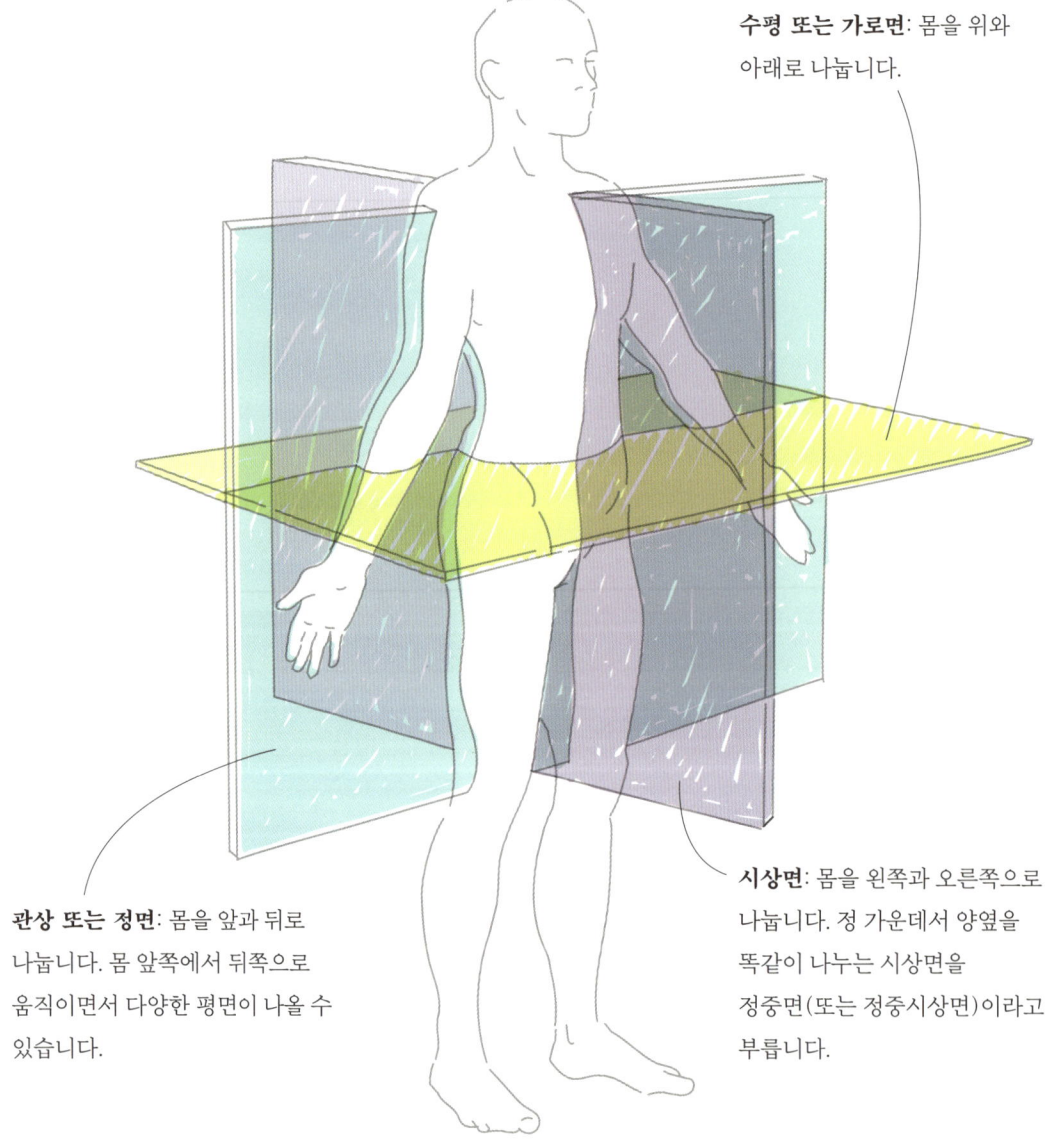

수평 또는 가로면: 몸을 위와 아래로 나눕니다.

관상 또는 정면: 몸을 앞과 뒤로 나눕니다. 몸 앞쪽에서 뒤쪽으로 움직이면서 다양한 평면이 나올 수 있습니다.

시상면: 몸을 왼쪽과 오른쪽으로 나눕니다. 정 가운데서 양옆을 똑같이 나누는 시상면을 정중면(또는 정중시상면)이라고 부릅니다.

몸의 방향

해부학자는 해부학적 자세를 한 몸 안에서의 위치를 나타내기 위해 서로 짝을 이루는 용어를 사용합니다.

몸의 표면에 가까운 구조는 얕다고 말하며, 피부 표면에서 먼 구조는 깊다고 말합니다. 손에는 손바닥쪽 또는 손등쪽 방향이 있습니다. 비슷하게, 발에는 발바닥쪽과 발등쪽이 있습니다.

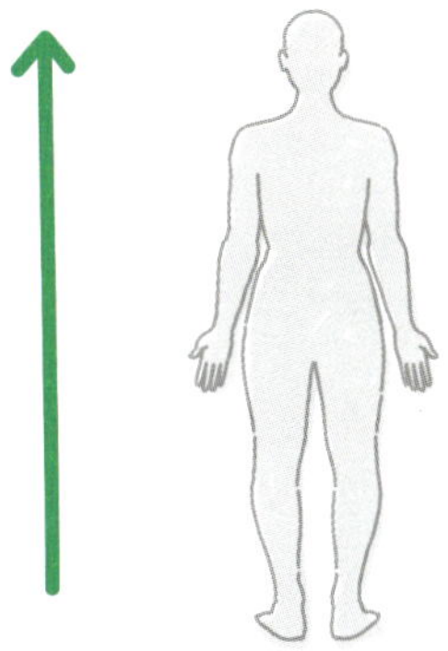

몸의 위쪽 방향

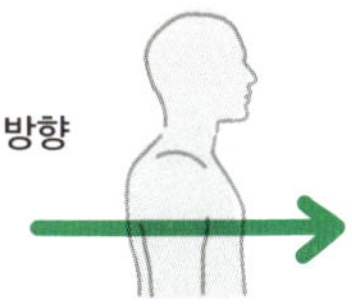

몸의 앞쪽 방향

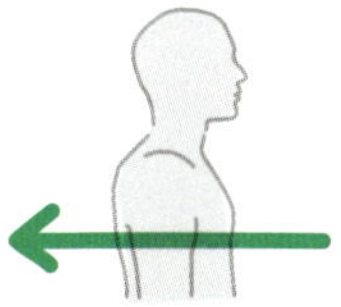

몸의 뒤쪽 방향

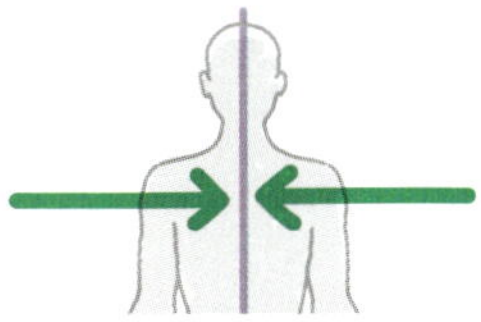

몸의 안쪽 방향

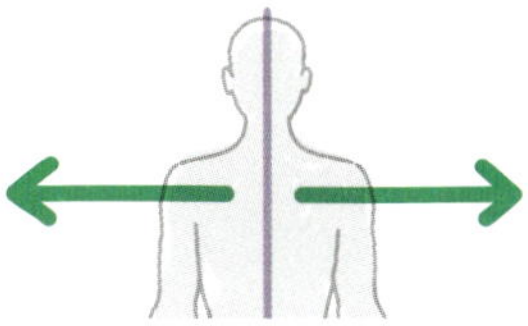

몸의 양쪽 옆 방향

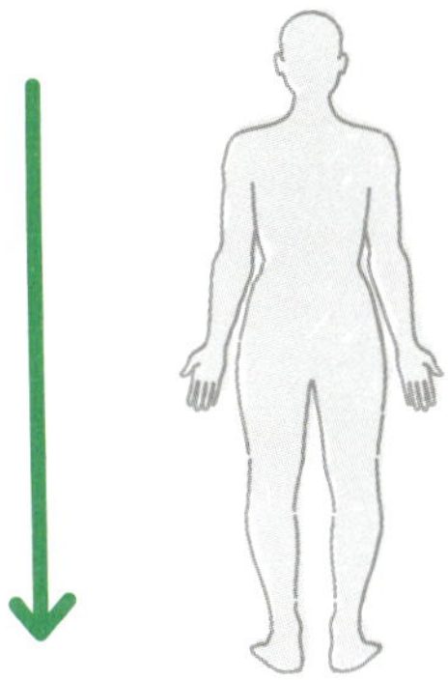

몸의 아래쪽 방향

사지의 아랫부분에 가까운 방향

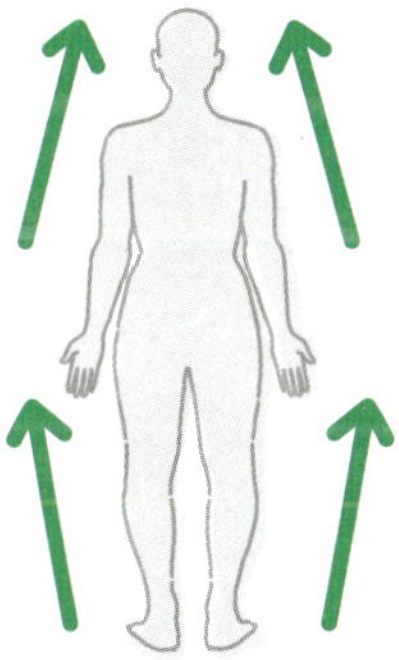

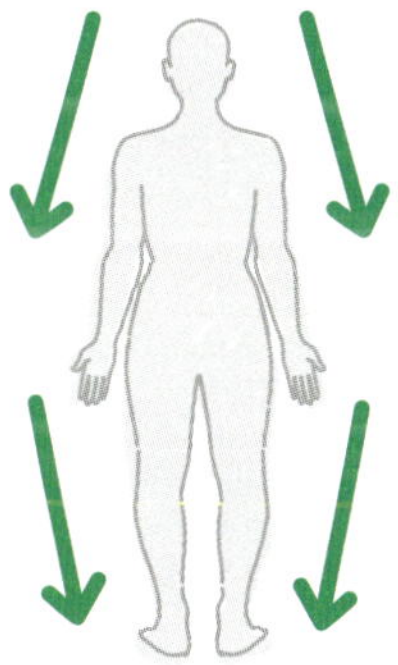

몸쪽에서 먼 방향

몸쪽과 먼쪽은 소화관에서도 쓰일 수 있습니다. 몸쪽은 입이 있는 방향을 말하고, 먼쪽은 항문 쪽을 말하지요.

해부학 용어는 어떻게 쓰일까요?

해부학자가 이런 용어를 어떻게 사용하는지 보여드릴까요? 예를 들어, 우리는 "코는 눈보다 앞쪽에 있다" 혹은 "손은 어깨보다 먼쪽에 있다"라고 말할 수 있습니다. 이런 표현은 몸이 해부학적 자세에 있을 때를 기준으로 한다는 점을 명심하세요. 따라서 우리는 "엄지손가락은 검지보다 가쪽에 있다"라고 말할 수 있습니다.

상세한 해부학적 묘사는 복잡해질 수 있습니다. 예를 들어, "자쪽손목굽힘근의 힘줄은 콩알뼈와 갈고리뼈의 손바닥쪽 표면의 먼쪽에 닿는다"라고 말할 수 있지요.

> **동물학에서 유래한 용어**
>
> 해부학에는 동물학에서 척수처럼 빌려온 용어가 있습니다(고릴라와 개를 상상해주세요).
> **등쪽** dorsal: 뒤쪽·위쪽 방향
> **배쪽** ventral: 앞쪽·아래쪽 방향
> **입쪽** rostral: 뇌나 머리가 있는 방향
> **꼬리쪽** caudal: 뇌나 머리에서 멀어지는 방향

이들은 모두 물고기 같은 단순한 척추동물에 대한 동물학적 묘사에서 빌려온 용어입니다. 다른 영장류와 마찬가지로 인간의 신경계는 축이 중간뇌 부근에서 구부러집니다. 따라서 입쪽이 앞뇌의 앞쪽과 같습니다. 하지만 척수에서는 입쪽이 위쪽과 같습니다.

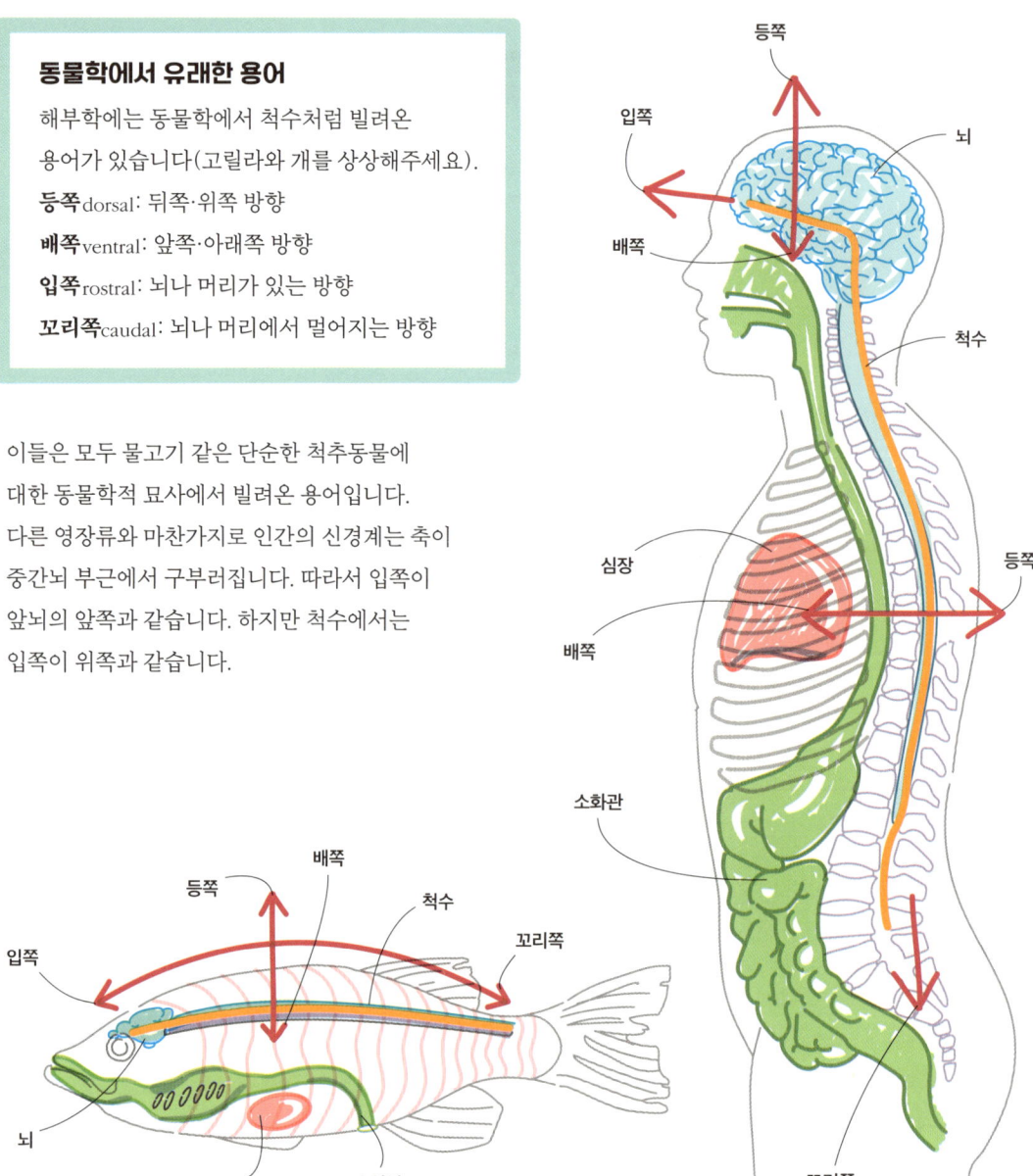

척추동물의 순환계(심장)와 소화관은 중추신경계보다 배쪽에 있다.

평소에 잘 쓰지 않는 해부학 용어

해부학 용어는 일상용어와는 조금 다를 때가 있습니다. 상지는 어깨에서 손(앞발)에 있는 손가락까지를 말합니다. 하지만 상박(팔)은 상지 중 어깨에서 팔꿈까지만을 말합니다. 전박(아래팔)은 팔꿈에서 손목까지를 가리킵니다. 손가락과 엄지손가락은 합쳐서 '지'라고도 부릅니다.
하지는 고관절에서 발가락까지를 뜻하지만, 엉덩이에서 무릎까지를 대퇴(넓적다리)라고 합니다. 정강이는 무릎에서 발목까지를 말합니다. 족부는 발을 뜻하며, 발의 몸쪽 부위는 발목입니다. 또한 발가락도 '지'입니다.

피부, 손발톱, 털

피부는 우리 몸에서 가장 큰 기관입니다. 무게는 약 3.5kg으로 2m²의 면적을 덮고 있지만, 두께는 고작 몇 밀리미터밖에 되지 않습니다.

피부의 구조

인간의 피부는 분비샘입니다. 온도를 조절하고 피부 표면을 기름막으로 보호하기 위해 땀샘과 기름샘을 갖고 있습니다. 털과 손발톱은 케라틴이 풍부한 부속기관으로, 피부에서 만듭니다. 피부는 얕은 표피와 더 깊은 진피로 이루어져 있습니다.

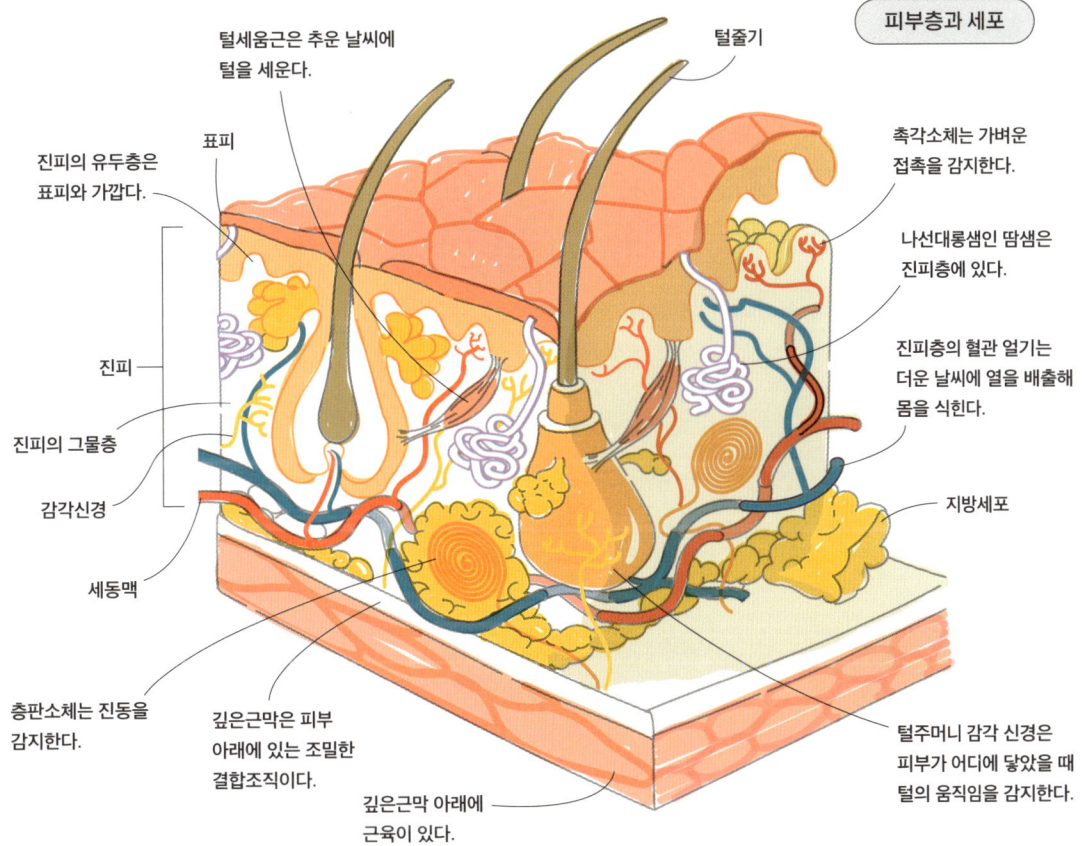

피부층과 세포

- 털세움근은 추운 날씨에 털을 세운다.
- 털줄기
- 표피
- 진피의 유두층은 표피와 가깝다.
- 진피
- 진피의 그물층
- 감각신경
- 세동맥
- 층판소체는 진동을 감지한다.
- 깊은근막은 피부 아래에 있는 조밀한 결합조직이다.
- 깊은근막 아래에 근육이 있다.
- 촉각소체는 가벼운 접촉을 감지한다.
- 나선대롱샘인 땀샘은 진피층에 있다.
- 진피층의 혈관 얼기는 더운 날씨에 열을 배출해 몸을 식힌다.
- 지방세포
- 털주머니 감각 신경은 피부가 어디에 닿았을 때 털의 움직임을 감지한다.

피부의 기능
- 수분 상실, 열, 방사선, 미생물, 물리적 마모 등 외부 환경의 위협으로부터 조직을 보호합니다.
- 뼈 형성과 세포 분열 및 분화 조절에 필수적인 비타민D를 생산합니다.
- 체온 조절에 매우 중요한 역할을 합니다.
- 촉감, 고통, 온도를 감지하는 핵심 감각기관입니다.
- 얼굴 피부의 움직임은 사교와 의사소통에 중요한 역할을 합니다.

표피의 구조

표피는 상피라고 부르는 표면 조직으로 이루어져 있으며, 층 구조입니다. 표피의 표면층은 **바닥층**이라고 하는 표피 아래쪽에서는 세포분열이 이루어지며 표피의 표면층에 끊임없이 세포를 공급해야 합니다. 깊은 곳에서 생긴 딸세포(**각질형성세포**)는 피부 표면으로 이동하며 변화를 겪습니다. 세포질에는 **케라틴**이라고 하는 단단한 단백질이 생기고, 원형질막은 더 튼튼해집니다. 핵은 사라지고, 표피 세포는 마침내 튼튼한 죽은 껍질이 되어 그 아래의 피부가 긁히거나 뚫리지 않게 보호합니다. 죽은 각질형성세포는 결국 때가 되어 떨어져 나옵니다. 손바닥이나 발바닥처럼 끊임없이 물리적인 마모에 노출된 부위의 피부는 표피의 죽은 **각질층**이 특히 두껍고 단단합니다. 가벼운 접촉을 감지하는 촉각원반이나 고통을 감지하는 자유신경종말 같은 촉각구조는 각질형성세포 사이에 퍼져 있지만, 대부분의 피부 감각은 진피 깊은 곳에서 감지합니다.

표피에 있는 또 다른 세포로는 멜라닌 색소를 만들고 각질형성세포에 전달하는 **멜라닌세포**(**바닥층** 세포의 10~25%)가 있습니다. 멜라닌은 각질형성세포 위쪽에 모여서 자외선으로부터 피부를 보호합니다. 피부색이 어두운 사람은 멜라닌이 더 짙고 더 많으며, 각각의 멜라닌세포에도 더 많은 색소가 있습니다. 하지만 멜라닌세포의 수는 피부색이 밝은 사람과 똑같습니다.

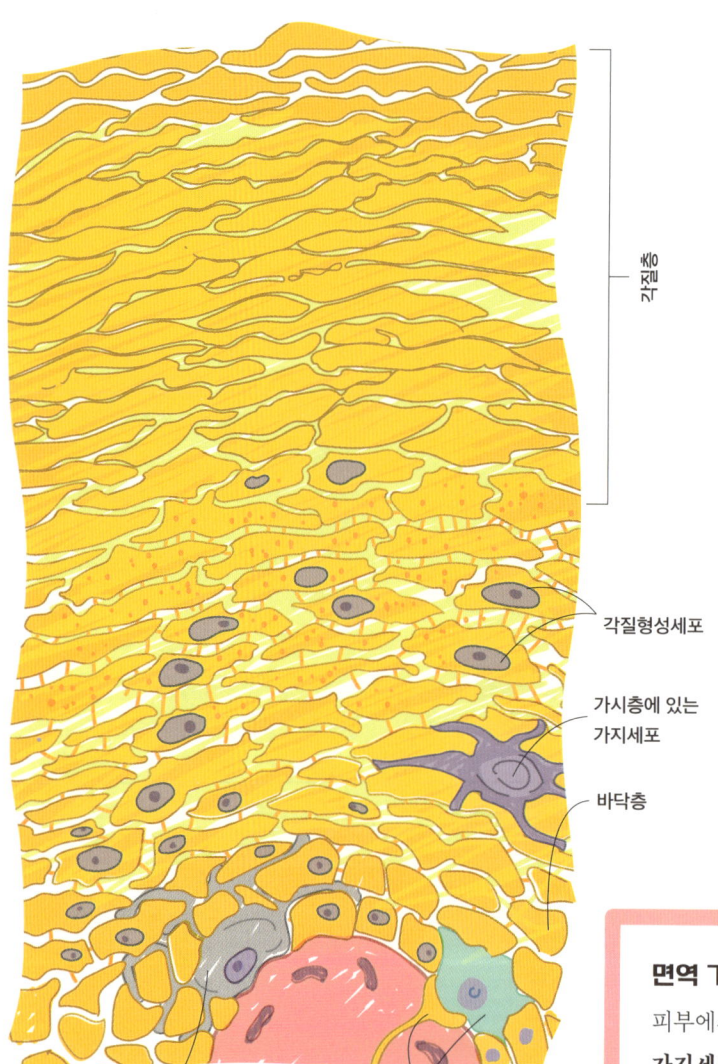

각질층
각질형성세포
가시층에 있는 가지세포
바닥층
멜라닌세포
촉각 감각 세포와 자유신경종말

면역 기능

피부에서는 **가시층** 전체에 흩어져 있는 **가지세포**가 면역 기능도 수행합니다. 가지세포는 표피에 침입한 외부 단백질을 가지고 피부를 떠나 가장 가까운 림프절로 향합니다. 그곳에서 외부 단백질을 지닌 모든 외부 세포나 바이러스에 대응하는 면역 반응을 시작합니다.

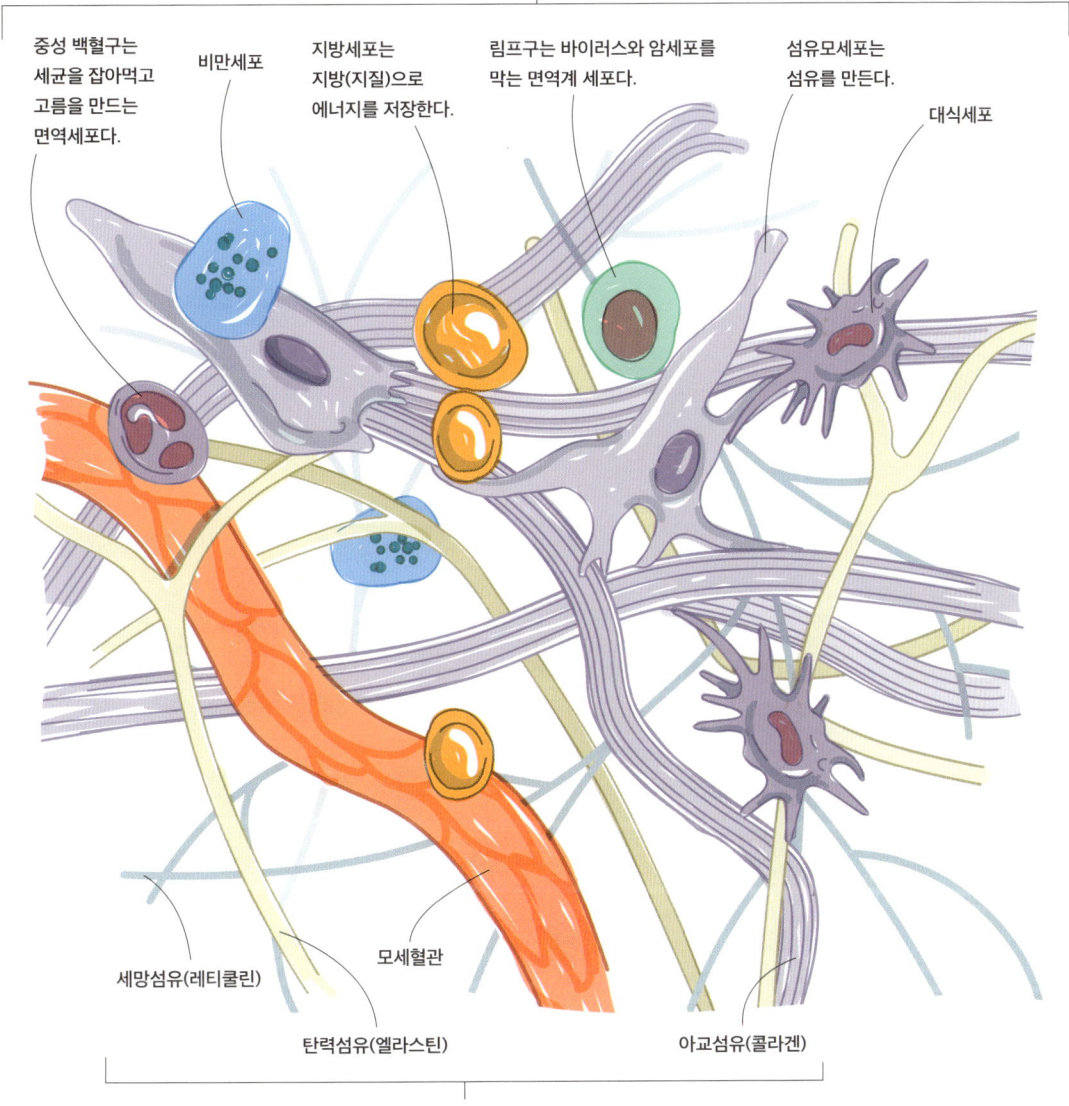

진피

표피는 더 깊은 곳에 있는 **진피층** 위에 있습니다. 진피층은 바깥쪽의 유두층과 깊은 곳의 그물층으로 나뉩니다.
진피는 **섬유모세포**라고 불리는 세포와 그 섬유가 만든 섬유형 단백질인 **콜라겐**, **레티쿨린**, **엘라스틴** 등으로 채워진 결합조직입니다.
진피에는 침입자를 삼켜버리는 **대식세포**, 알레르기 반응을 조절하는 **비만세포**, 혈관도 있습니다.
진피에는 감각 기관도 많습니다. 고통과 온도를 감지하는 자유신경종말, 가벼운 압력과 접촉을 감지하는 구슬 모양의 촉각소체, 진동을 감지하는 양파 모양의 층판소체 등이지요.

✓ 다시 보기

세포와 피부의 구조

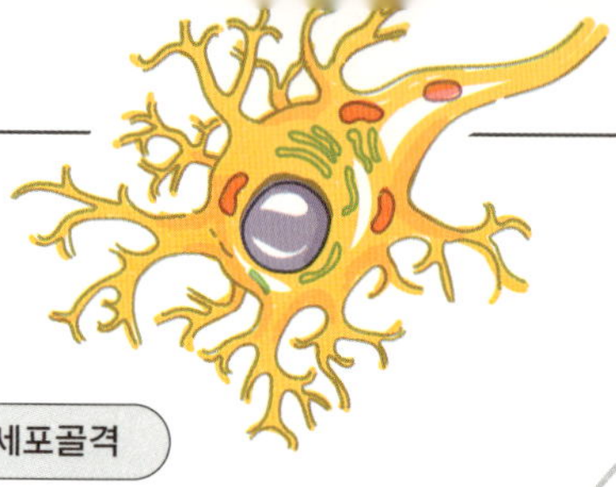

세포의 구조

세포골격
액틴과 미세 섬유, 미세 소관으로 이루어져 있다.

핵
핵막에 둘러싸인 염색질과 핵소체가 있다.

원형질막
인지질로 이루어진 두 겹의 막에 수용기와 통로를 형성하는 단백질이 박혀 있다.

리소좀과 과산화소체
불필요한 독성 물질을 제거한다.

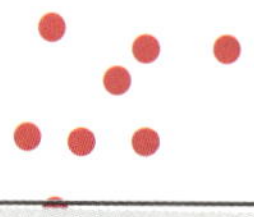

리보솜과 거친면소포체
단백질을 만든다. 거친면소포체는 단백질을 운반한다.

매끈면소포체
지방 대사를 제공한다.

세포분열

감수분열
난소와 고환에서 배우자를 만든다.

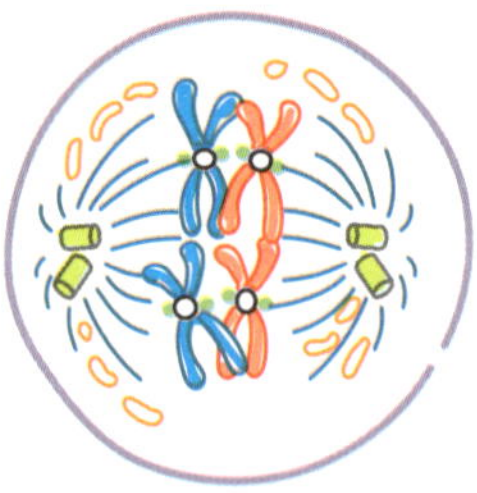

유사분열
전기, 중기, 후기, 말기로 나뉜다.

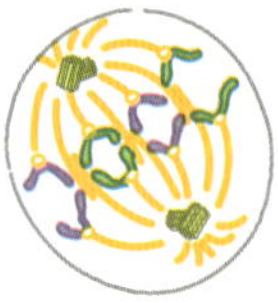

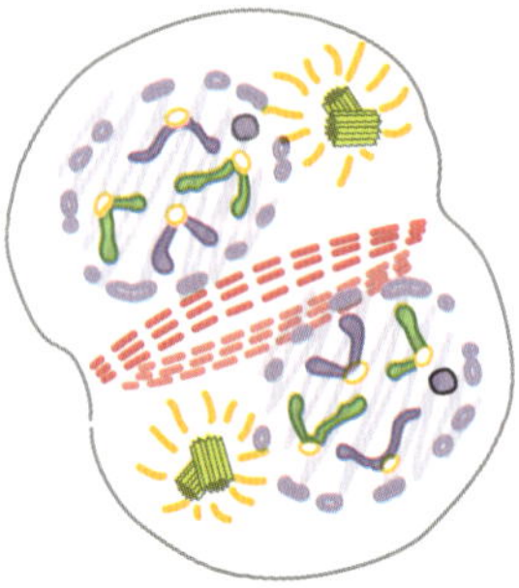

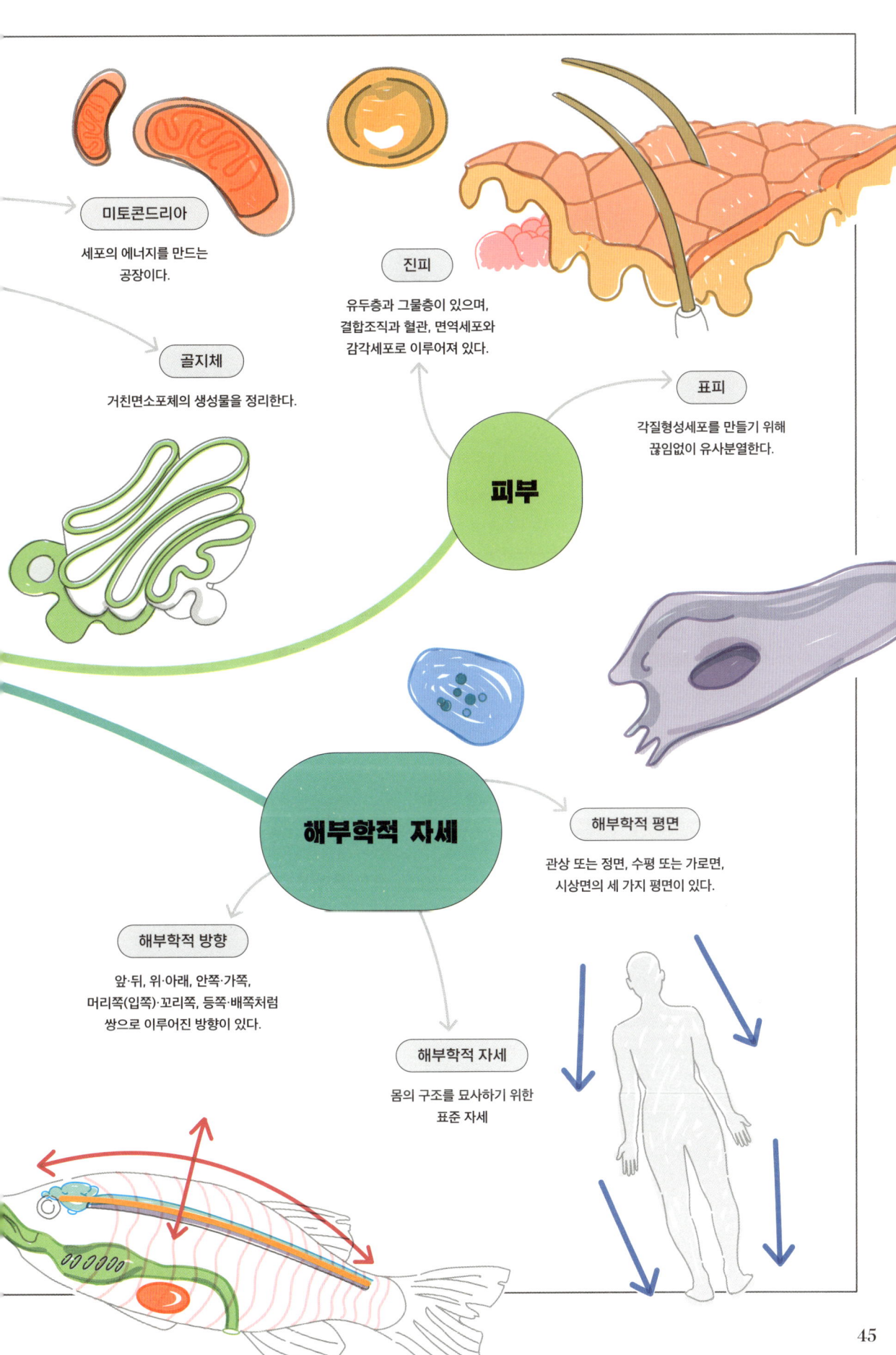

3장

뼈와 관절

관절을 포함한 골격계는 몸의 구조를 단단하게 해줄 뿐만 아니라 칼슘이나 인과 같은 필수적인 광물질도 저장합니다. 머리와 몸통의 몸통뼈대에는 우리의 조상인 척추동물의 몸 구조에서 유래한 분절 구조가 있고, 사지(팔다리뼈대)는 몸통에서 자라는 것처럼 뻗어 나와 있습니다. 뼈는 연골 틀 안에 칼슘염이 쌓이며 자랄 수도 있고, 막 안에서 자랄 수도 있습니다.

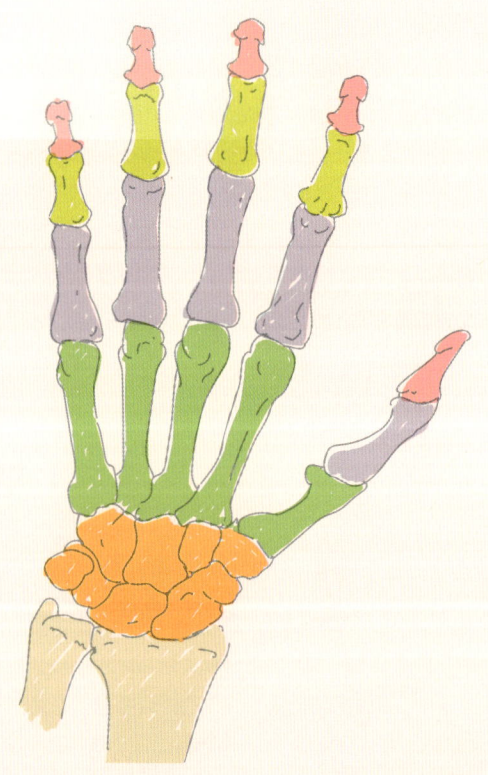

골격의 구성

골격은 몸 구조의 틀 역할을 하고 예민한 내부 장기를 보호하며 수의골격근이 붙을 수 있게 해줍니다.

골격은 몸통뼈대와 팔다리뼈대로 나뉩니다. 머리뼈와 목뿔뼈, 척주, 복장뼈, 12쌍의 갈비뼈를 포함한 **몸통뼈대**(파란색)는 몸의 중심을 지납니다. 척주 아래의 일부 뼈는 융합해 엉치뼈를 이룹니다.
팔다리뼈대는 팔다리와 팔다리를 몸통뼈대와 잇는 이음뼈를 말합니다.

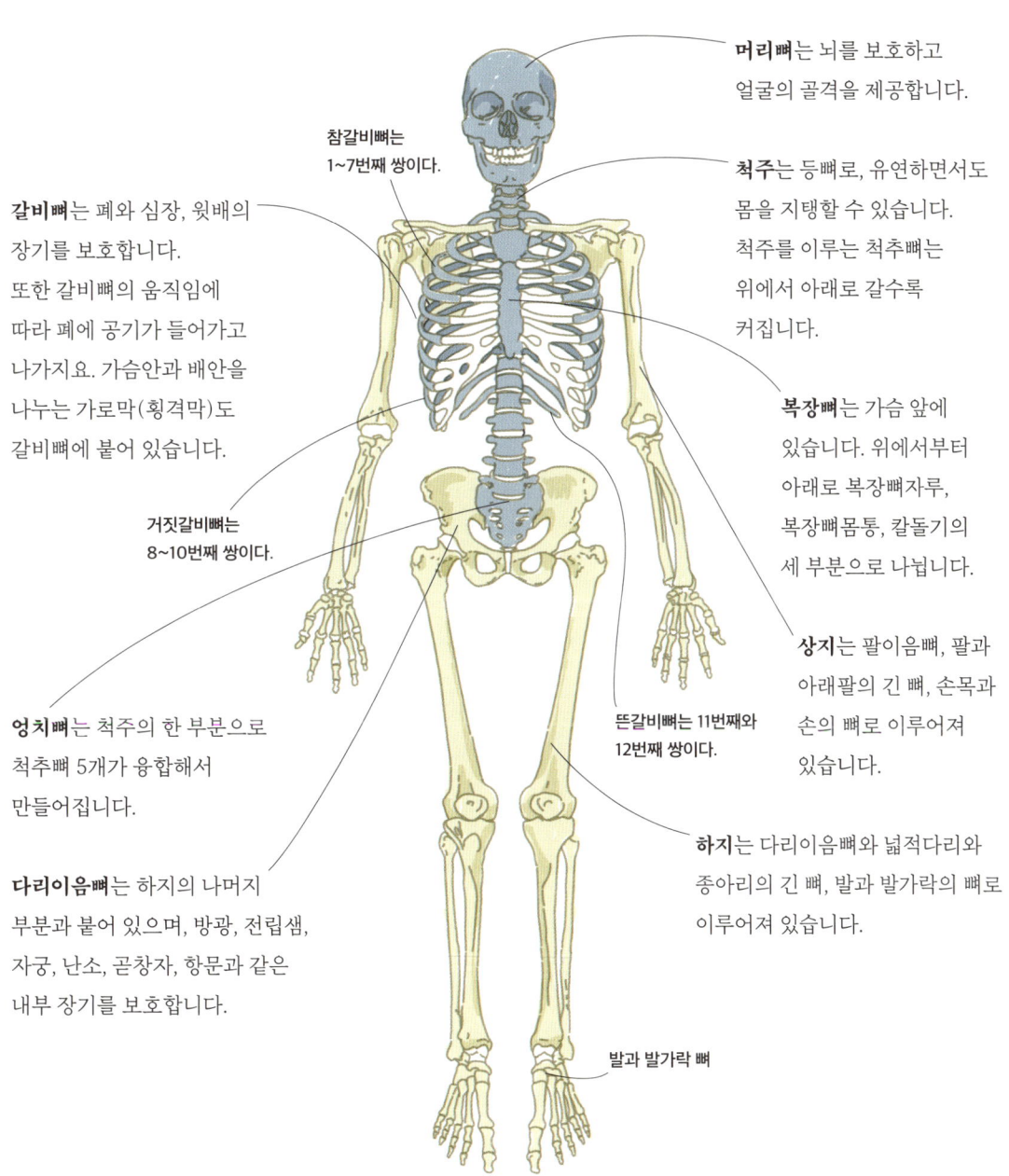

참갈비뼈는 1~7번째 쌍이다.

갈비뼈는 폐와 심장, 윗배의 장기를 보호합니다. 또한 갈비뼈의 움직임에 따라 폐에 공기가 들어가고 나가지요. 가슴안과 배안을 나누는 가로막(횡격막)도 갈비뼈에 붙어 있습니다.

거짓갈비뼈는 8~10번째 쌍이다.

엉치뼈는 척주의 한 부분으로 척추뼈 5개가 융합해서 만들어집니다.

다리이음뼈는 하지의 나머지 부분과 붙어 있으며, 방광, 전립샘, 자궁, 난소, 곧창자, 항문과 같은 내부 장기를 보호합니다.

머리뼈는 뇌를 보호하고 얼굴의 골격을 제공합니다.

척주는 등뼈로, 유연하면서도 몸을 지탱할 수 있습니다. 척주를 이루는 척추뼈는 위에서 아래로 갈수록 커집니다.

복장뼈는 가슴 앞에 있습니다. 위에서부터 아래로 복장뼈자루, 복장뼈몸통, 칼돌기의 세 부분으로 나뉩니다.

상지는 팔이음뼈, 팔과 아래팔의 긴 뼈, 손목과 손의 뼈로 이루어져 있습니다.

뜬갈비뼈는 11번째와 12번째 쌍이다.

하지는 다리이음뼈와 넓적다리와 종아리의 긴 뼈, 발과 발가락의 뼈로 이루어져 있습니다.

발과 발가락 뼈

관절과 움직임

뼈가 만나는 곳에는 관절이 있습니다. 움직임이 일어나는 관절이 우리에게는 가장 익숙하지요.
해부학에는 그런 행동을 가리키는 용어도 있습니다.

위팔 관절을 구부릴 때 **굽힘(굴곡)**이라고 하며, 관절을 곧게 펴는 것을 **폄(신전)**이라고 합니다. 사지를 신체 정중선에서 멀어지게 하는 것은 **벌림(외전)**이고, 정중선을 향해 움직이는 것은 **모음(내전)**입니다. 회전은 정중선을 향할 수도 있고(**안쪽 회전**), 멀어질 수도 있습니다(**바깥쪽 회전**).

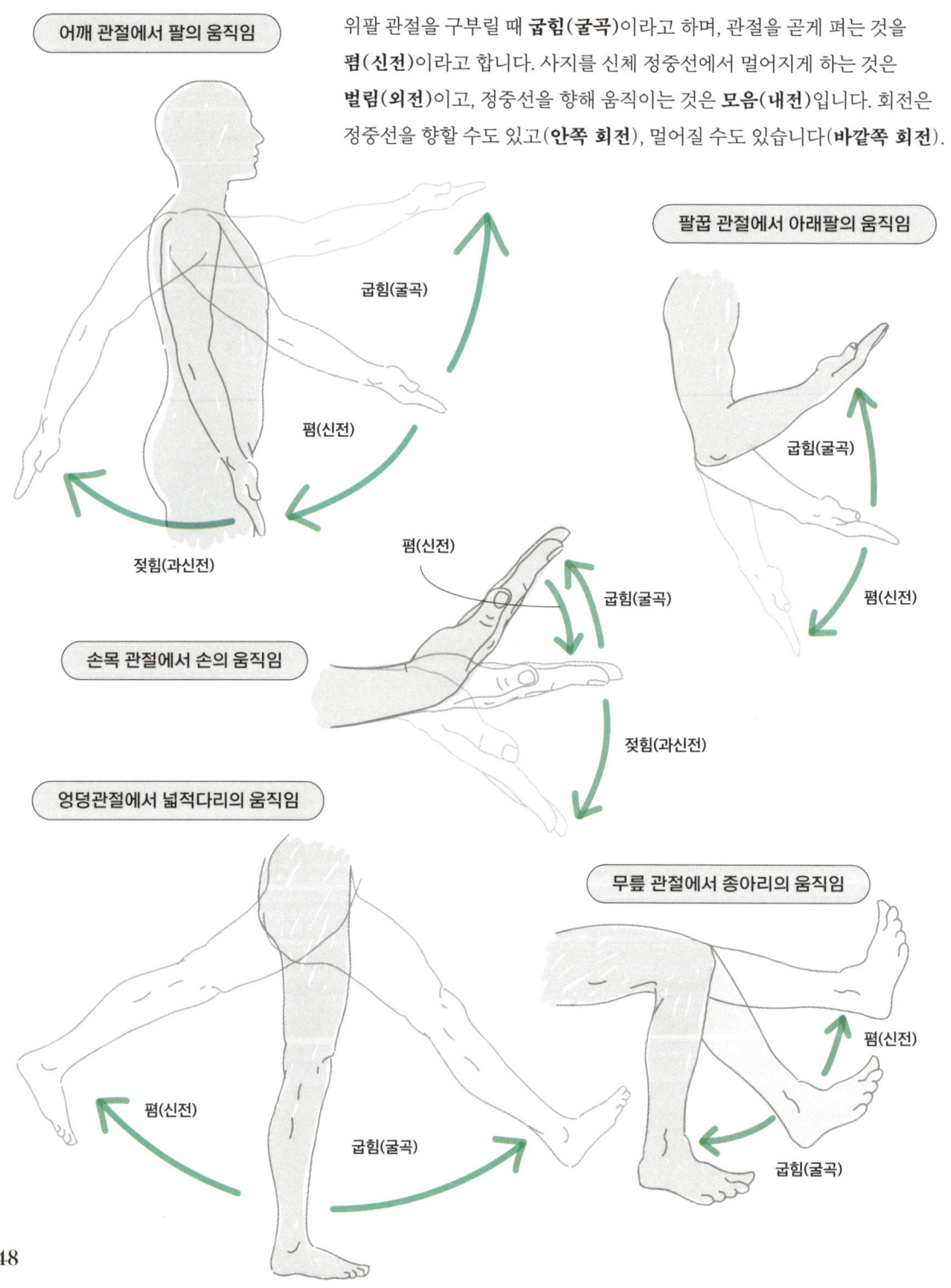

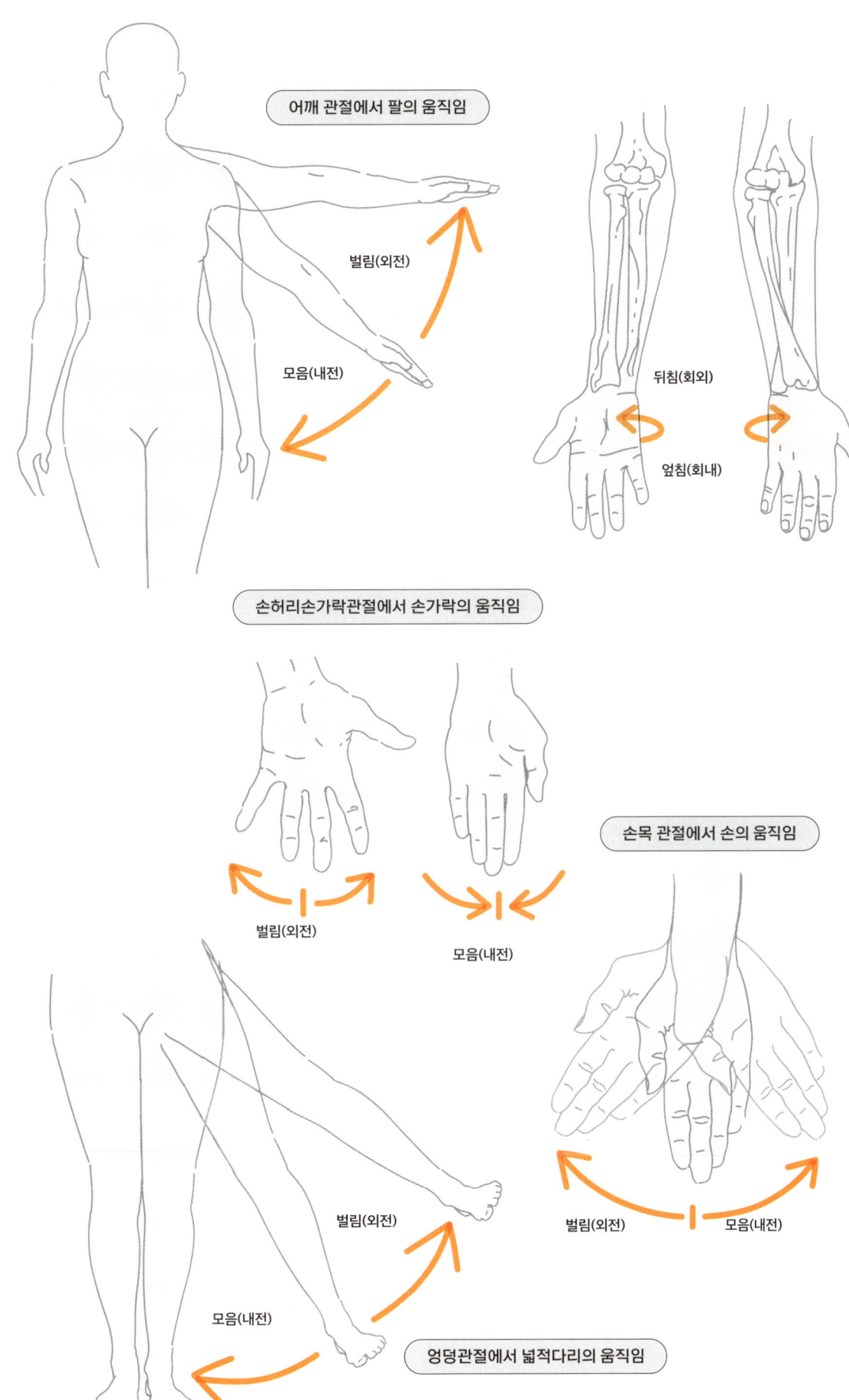

뼈의 구조

뼈는 광물화된 유기 섬유와 세포포함물로 이루어진 결정조직입니다. 광물화되어 있지만 기계적인 힘, 주로 압축력과 근육의 인장력에 반응해 물질을 교체하고 재구성하는 능력을 유지하고 있습니다.

뼈의 세포 성분은 뼈에 있는 작은 공간(뼈침식공간) 안에 있는 성숙한 뼈세포를 필요로 합니다. 뼈에는 혈액과 신경이 풍부합니다. 혈액 공급이 방해를 받으면 뼈는 죽거나(무혈관괴사) 부러질 수 있습니다. 뼈의 외부에 있는 막(뼈막)은 통증에 극도로 민감합니다. 그래서 뼈에 생기는 암cancer성 침착물은 뼈에 압력을 가해 매우 큰 고통을 일으킵니다.

뼈의 발달과 세포

뼈는 연골로 된 틀 안이나(연골속뼈발생) 막 사이에서(막내뼈발생) 형성될 수 있습니다. 긴뼈는 대부분 연골 틀 안에서 몸통과 양 끝에 있는 뼈발생중심부터 만들어지기 시작합니다.

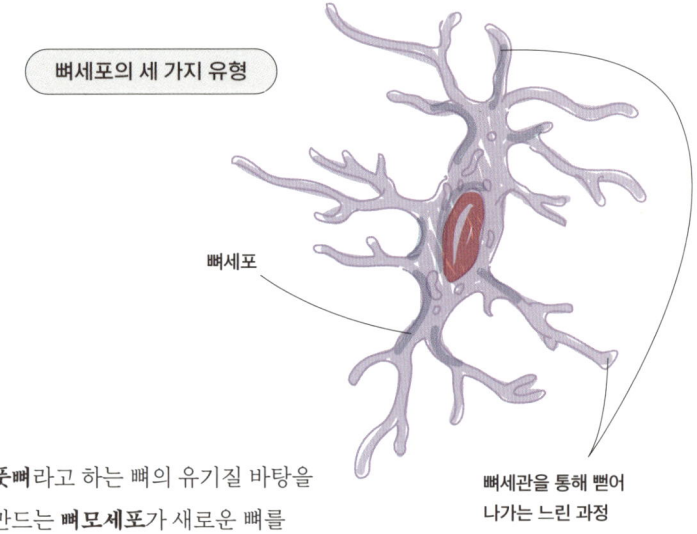

뼈세포의 세 가지 유형

뼈세포

뼈세관을 통해 뻗어 나가는 느린 과정

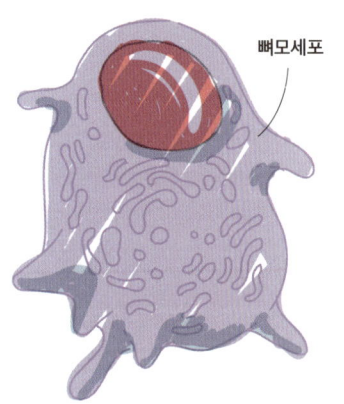

뼈모세포

풋뼈라고 하는 뼈의 유기질 바탕을 만드는 **뼈모세포**가 새로운 뼈를 만듭니다. 풋뼈 안에 칼슘염이 침착되면 원시적인 무층뼈가 됩니다. 풋뼈 만드는 일이 끝나면, 뼈모세포는 **뼈세포**가 되어 계속해서 뼈를 관리합니다.

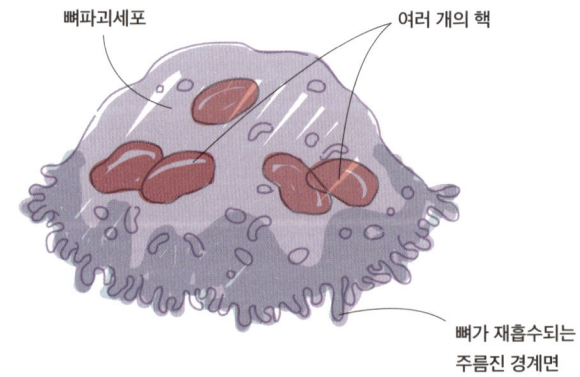

뼈파괴세포

여러 개의 핵

뼈가 재흡수되는 주름진 경계면

또 다른 중요한 뼈 속 세포는 뼈를 재흡수하는 **뼈파괴세포**입니다. 뼈 형성과 재흡수는 기계적인 힘에 대응해 끊임없이 뼈를 재구성할 수 있게 해주는 상호 보완적인 과정입니다. 뼈는 압축력을 받는 방향으로 조밀해지며 강도를 높이고, 그 힘이 사라지면 다시 성기어집니다.

긴뼈의 구조

전형적인 **긴뼈**(넓적다리의 넙다리뼈 등)는 강도를 최대화하고 무게를 최소화하기 위해 속이 빈 관 구조를 하고 있습니다. 바깥쪽 벽은 조밀한 치밀뼈로 되어 있지만, 안쪽은 스펀지 같은 **해면뼈**가 그물처럼 놓여 있습니다.

치밀뼈는 매우 조밀하며, 뼈의 긴 축과 평소에 받는 압축력과 평행하게 배열된 수많은 **하버스계** 또는 **뼈단위**로 이루어져 있습니다. **주위층판**은 뼈 속으로 혈관과 신경이 들어오는 **중심관(하버스관)**을 둘러싸고 있습니다. **관통관(볼크만관)**은 인접한 중심관에 합류하여 뼈 외부의 뼈막과 골수공간을 덮은 **뼈속막** 두 곳의 혈관과 이어집니다. **해면뼈**(아래 참조)는 긴뼈와 불규칙뼈, 머리뼈 속 공간을 채우고 있습니다.

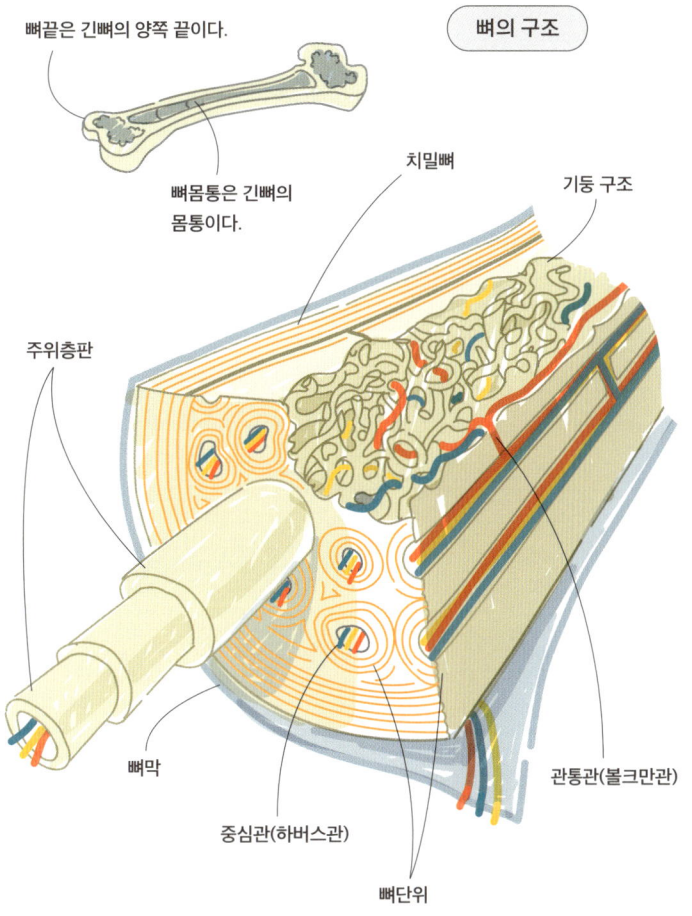

뼈의 성장

뼈의 길이 성장은 세포분열로 새로운 뼈모세포와 광물화를 위한 바탕질이 생겨나는 연골 영역인 **뼈끝판**(성장판)에서 이루어집니다. 뼈의 둘레나 지름의 증가는 뼈막 아래에 뼈가 생기면서 이루어집니다(덧붙이성장). 뼈의 둘레가 커지면서 무게 대비 강도를 최적화하기 위해 뼈속막의 뼈는 제거됩니다. 뼈끝판은 어린 시절에 생겼다가 사춘기가 되면 사라집니다.

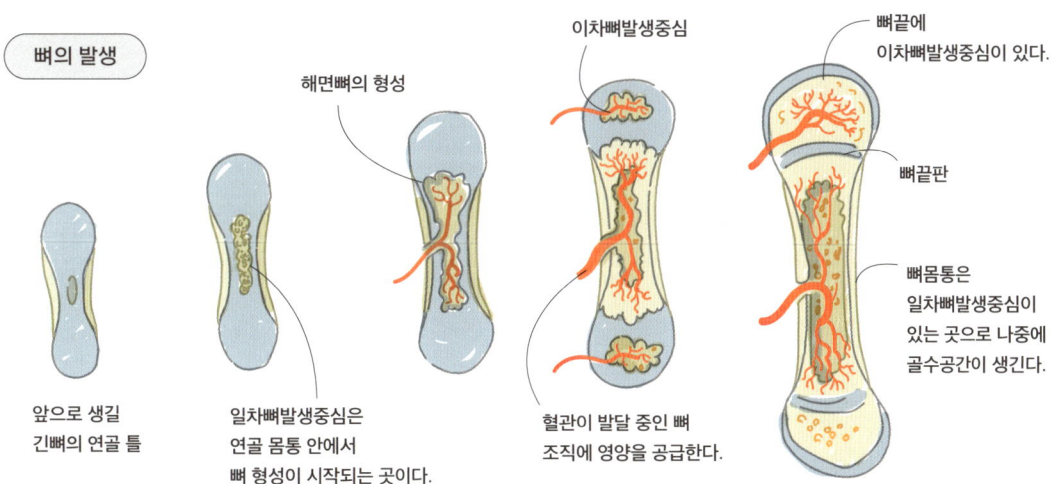

몸통뼈대의 뼈

몸통뼈대는 머리와 목, 몸통의 뼈를 말합니다. 몸통뼈대는 가슴과 윗배의 내장을 보호하며 팔다리뼈대가 붙어 있습니다.

머리뼈

머리뼈는 얼굴뼈대와 뇌머리뼈로 나뉩니다. 얼굴뼈대에는 **코뼈, 광대뼈, 눈물뼈, 위턱뼈, 아래턱뼈** 등이 있습니다.

정수리점은 이마뼈와 두 마루뼈가 만나는 곳입니다. 신생아 시절 앞숫구멍(대천문)이 있는 곳이지요.

뇌머리뼈에는 머리뼈바닥(**나비뼈, 벌집뼈, 관자뼈, 뒤통수뼈**)과 머리뼈덮개의 평평한 뼈(**이마뼈, 마루뼈**)가 있습니다. 뒤통수뼈에 있는 구멍(큰구멍)은 척수가 뇌줄기와 이어질 수 있게 해줍니다.

머리뼈의 빈 공간에는 눈과 귀, 코, 혀 같은 주요 감각 기관이 들어 있습니다.

시옷점은 마루뼈와 뒤통수뼈가 만나는 곳입니다. 신생아 시절 뒤숫구멍(소천문)이 있는 곳입니다.

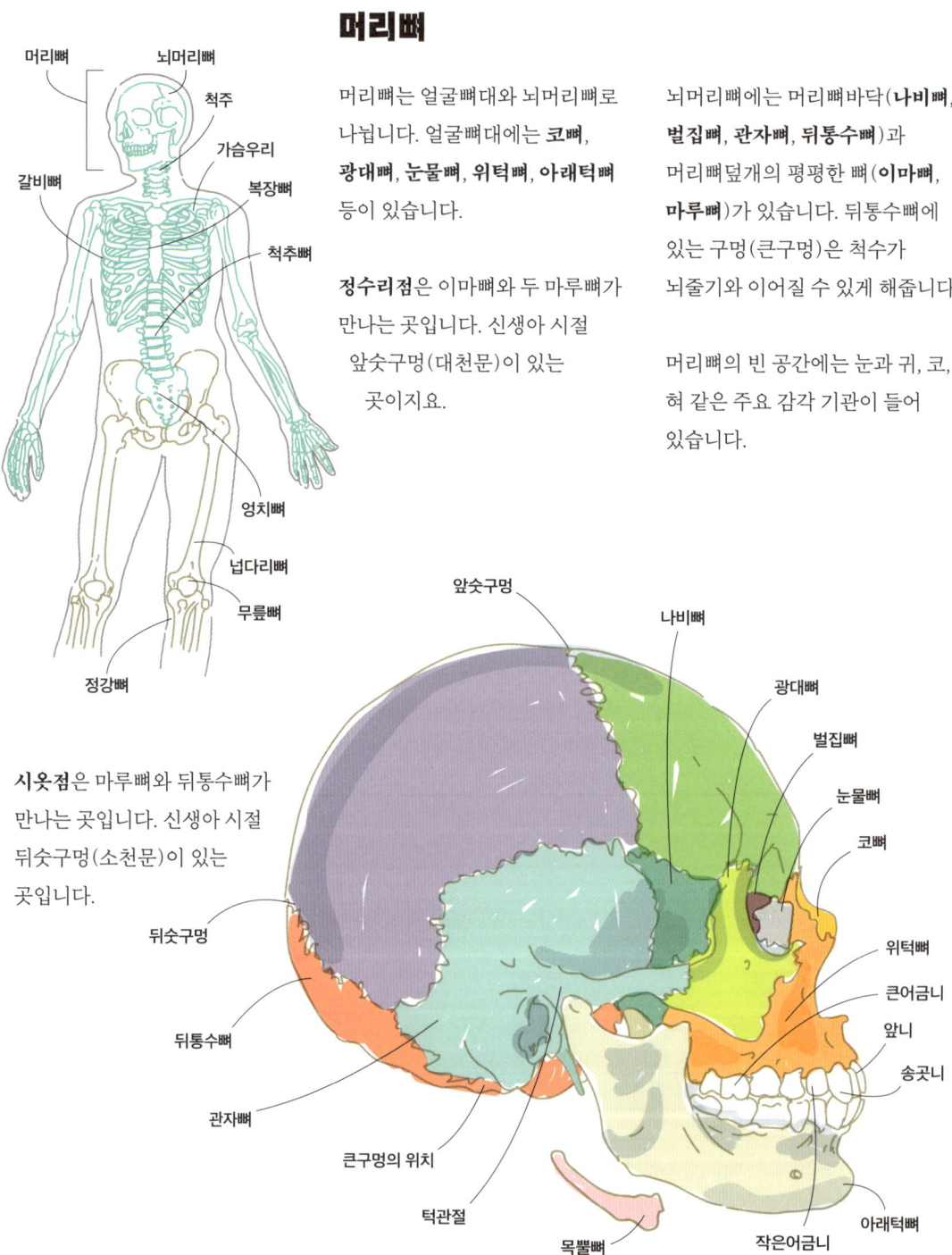

눈구멍(안와)은 눈을 보호하는 뼈로 된 공간으로, 눈알(안구)을 움직이는 바깥눈근육이 붙어 있습니다(141쪽 그림을 보세요).

속귀는 매우 단단한 관자뼈 안쪽 깊숙한 곳에서 보호받고 있습니다. 관자뼈는 밀도가 높아 불필요한 소리가 속귀에 들어가지 않도록 반사해 청력의 정확성을 최적화합니다.

후각 영역은 코안의 천장에 있는 벌집뼈에 있습니다.

맛 수용기는 주로 혀 위에 있습니다. 혀는 아래턱뼈와 위턱뼈의 보호를 받습니다.

위턱뼈와 아래턱뼈에는 위아래로 이가(성인은 32개) 나 있습니다. 성인의 입을 4분의 1로 나누면, 각각에는 앞니 2개, 송곳니 1개, 작은어금니 2개, 큰어금니 3개가 있습니다.

아래턱뼈는 양쪽의 관자뼈와 이어져 있습니다. 턱관절은 턱을 열었다 닫고, 앞으로 내밀었다가 당기고, 양옆으로 움직일 수 있습니다.

척주

척주는 **척추뼈**라고 하는 불규칙뼈 26개가 쭉 이어진 모양입니다. 척추뼈는 머리뼈바닥에서 볼기뼈로 갈수록 크기가 커집니다. 목은 척추뼈 7개, 가슴은 12개, 허리는 5개, 그 아래쪽은 5개(척추뼈가 융합해 엉치뼈가 됩니다)로 이루어져 있습니다. 엉치뼈 아래에는 여분의 작은 뼈로 이루어진 꼬리뼈가 있습니다.

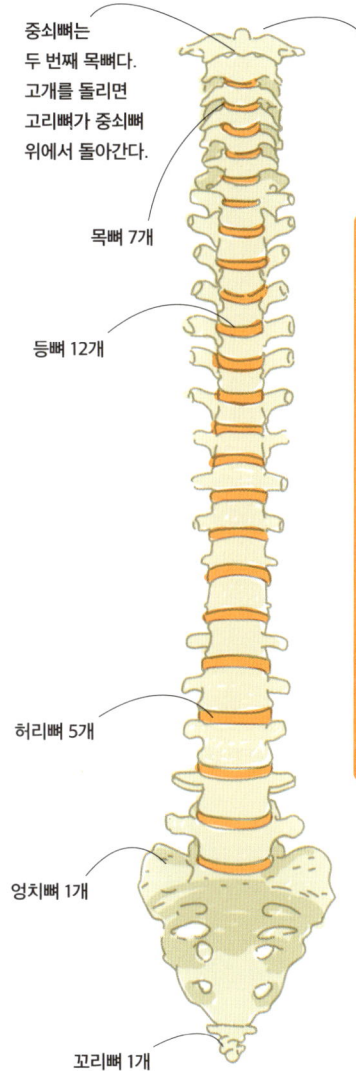

중쇠뼈는 두 번째 목뼈다. 고개를 돌리면 고리뼈가 중쇠뼈 위에서 돌아간다.

고리뼈는 첫 번째 목뼈로 머리뼈바닥의 뒤통수와 이어져 고개를 끄덕이는 움직임을 만들어낸다.

목뼈 7개

등뼈 12개

허리뼈 5개

엉치뼈 1개

꼬리뼈 1개

기도를 보호하는 목뿔뼈

목뿔뼈는 목에서 중요한 뼈로 혀 근육이 붙어 있으며, 호흡을 깊게 들이마시는 동안 기도가 무너지지 않도록 보호합니다. 목이 졸려 죽었다는 증거로 병리학자가 찾는 것이 부러진 목뿔뼈이기도 합니다(목뿔뼈의 위치에 관해서는 52쪽 그림 참고).

갈비뼈와 복장뼈

가슴에 있는 중요한 장기는 12쌍의 갈비뼈와 복장뼈의 보호를 받습니다.
복장뼈는 가슴 앞에 있는 평평한 뼈로 복장뼈자루, 복장뼈몸통, 칼돌기로 나뉩니다. 칼돌기는 뼈의 모양이 칼처럼 생겼기 때문에 붙은 이름입니다.
1~7번째 쌍인 참갈비뼈는 연골로 복장뼈에 붙어 있습니다. 8~10번째 쌍인 거짓갈비뼈는 바로 위에 있는 갈비뼈에 의해 복장뼈에 간접적으로 붙어 있습니다.
11~12번째 쌍인 뜬갈비뼈는 복장뼈에 붙어 있지 않습니다.

상지의 뼈

상지의 뼈는 팔이음뼈와 나머지 뼈로 이루어져 있습니다.

팔이음뼈

팔이음뼈는 어깨뼈와 빗장뼈로 이루어져 있습니다.

빗장뼈는 복장뼈의 복장뼈자루와 관절을 이루며 몸통뼈대와 직접 붙어 있습니다. 회전 기능을 담당해 빗장뼈가 복장뼈에 붙은 지점을 중심으로 어깨뼈와 상지가 자유로이 움직일 수 있게 해줍니다.

팔과 위팔뼈

위팔뼈는 팔에 있는 뼈입니다. 몸쪽은 어깨뼈, 먼쪽은 아래팔의 자뼈, 노뼈와 관절을 이루고 있습니다.
위팔뼈의 머리는 관절오목 안에서 자유롭게 움직여 팔을 머리 위로 들어 올릴 수 있습니다.
자뼈와 만나는 위팔뼈의 먼쪽 관절은 팔꿉을 굽히고 펴는 동작밖에 하지 못합니다.
위팔뼈와 노뼈 관절은 위팔뼈를 축으로 노뼈를 돌려 아래팔을 회전할 수 있게 해줍니다.

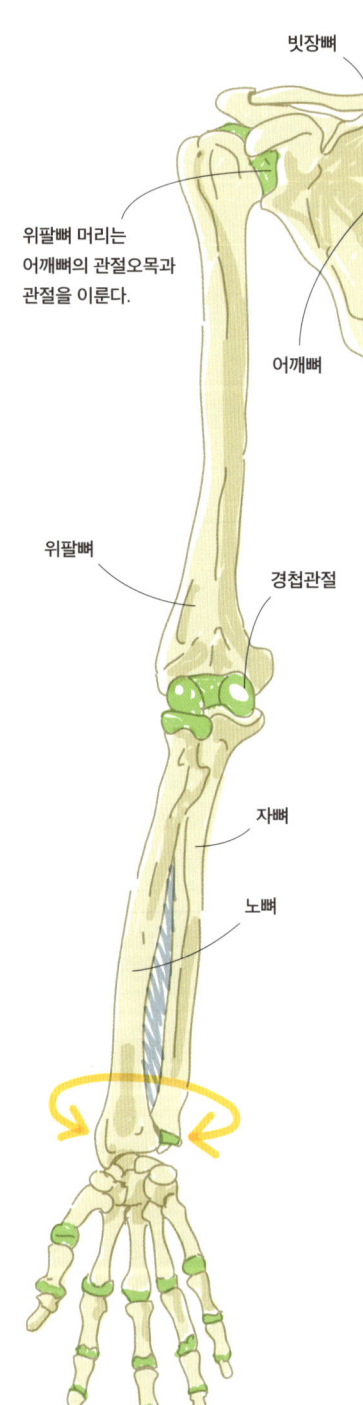

빗장뼈

복장빗장관절

위팔뼈 머리는 어깨뼈의 관절오목과 관절을 이룬다.

어깨뼈

위팔뼈

경첩관절

자뼈

노뼈

복장빗장관절은 어깨가 움직일 때 빗장뼈가 회전하는 축이 됩니다.
어깨뼈는 칼날같이 생긴 뼈로, 근육과 빗장뼈에 의해서만 몸통뼈대에 붙어 있습니다.
어깨뼈의 위쪽 옆에는 타원형의 관절면(관절오목)이 있어서 위팔뼈의 머리와 관절을 이룹니다. 위팔뼈와 자뼈 사이의 관절은 **경첩관절**입니다.

아래팔: 노뼈와 자뼈

아래팔의 **노뼈**와 **자뼈**는 근육과 막, 인대로 연결되어 있어 노뼈가 자뼈 주위를 자유롭게 돌 수 있습니다. 손은 노뼈 끝에 달려 있습니다. 따라서 노뼈를 회전하면 손바닥을 아래쪽·뒤쪽(엎침)이나 위쪽·앞쪽(뒤침)으로 향할 수 있습니다.

손목과 손

손목뼈는 총 8개의 뼈가 4개씩 2줄을 이루고 있습니다. 몸쪽 줄에는 **손배뼈**, **반달뼈**, **세모뼈**, **콩알뼈**가 있고, 먼쪽 줄에는 **큰마름뼈**, **작은마름뼈**, **알머리뼈**, **갈고리뼈**가 있습니다. 먼쪽 노뼈와 손배뼈, 반달뼈 사이에는 타원관절인 손목관절이 있습니다. 손목관절은 손을 굽히거나 펼 수 있게 해주며, 손을 몸의 중간선 쪽으로 당기거나 반대로 벌릴(내전·외전) 수 있게 해줍니다.

손가락

손가락에는 **손가락뼈**가 있습니다. 엄지손가락은 끝마디뼈와 첫마디뼈로 이루어져 있습니다. 집게손가락에서 새끼손가락까지는 끝마디뼈와 중간마디뼈, 첫마디뼈로 이루어져 있습니다. 손가락뼈 사이에 있는 **손가락뼈사이관절**은 경첩관절입니다. 첫마디뼈와 손허리뼈 사이의 관절(**손허리손가락관절**)은 융기관절로, 굽힘과 폄, 약간의 측면 움직임(외전·내전)이 가능합니다.

손바닥

손바닥은 손허리뼈 5개로 이루어져 있으며, 먼쪽 손목뼈와 관절을 이룹니다. **첫 번째 손목손허리관절**은 엄지손가락의 첫 번째 손허리뼈와 큰마름뼈 사이에 있습니다. 큰마름뼈는 사람의 손 기능에 특히 중요합니다. 손바닥 평면에서 약간 어긋나 말안장 모양을 하고 있기 때문에 엄지손가락이 다른 손가락과 반대로 움직일 수 있습니다. 엄지손가락과 나머지 손가락이 마주 보도록 쥘 수 있지요.

손목골절

넘어지면서 쭉 뻗은 손으로 땅을 짚다가 먼쪽 노뼈와 (또는) 손배뼈가 부러지는 일은 흔히 일어납니다. 길쭉한 손배뼈는 가운데가 부러지면, 어느 한 조각의 무혈관괴사로 이어질 수 있습니다.

하지의 뼈

하지의 뼈는 다리이음뼈와 나머지 뼈로 이루어져 있습니다. 볼기뼈 2개와 엉치뼈는 아주 안정적인 고리 모양을 이루며, 몸무게를 전달하고 부드러운 골반의 장기를 보호합니다.

다리이음뼈

다리이음뼈의 볼기뼈는 태아 때와 신생아 때 세 뼈(**두덩뼈**, **엉덩뼈**, **궁둥뼈**)가 융합해 만들어집니다. 골반을 뜻하는 영어와 라틴어 단어인 pelvis는 '물동이'라는 뜻으로, 볼기뼈와 엉치뼈가 이루는 모양에서 온 것입니다.
세 뼈가 모인 **볼기뼈절구**라는 컵 모양의 구조는 넙다리뼈의 머리와 관절을 이룹니다.

두 두덩뼈는 **두덩결합**이라는 관절에서 서로 만납니다.
엉치뼈는 양쪽의 볼기뼈와 관절을 이룹니다.
엉덩뼈는 엉치뼈와 **엉치엉덩관절**을 이룹니다. 엉치엉덩관절은 튼튼한 인대로 안정되어 있으며, 산도가 가능한 한 넓게 늘어나야 하는 임신 말기에만 움직입니다.

볼기뼈를 이루는 세 뼈가 융합하기 전에 볼기뼈절구에는 Y자 모양의 연골이 자리하고 있습니다.

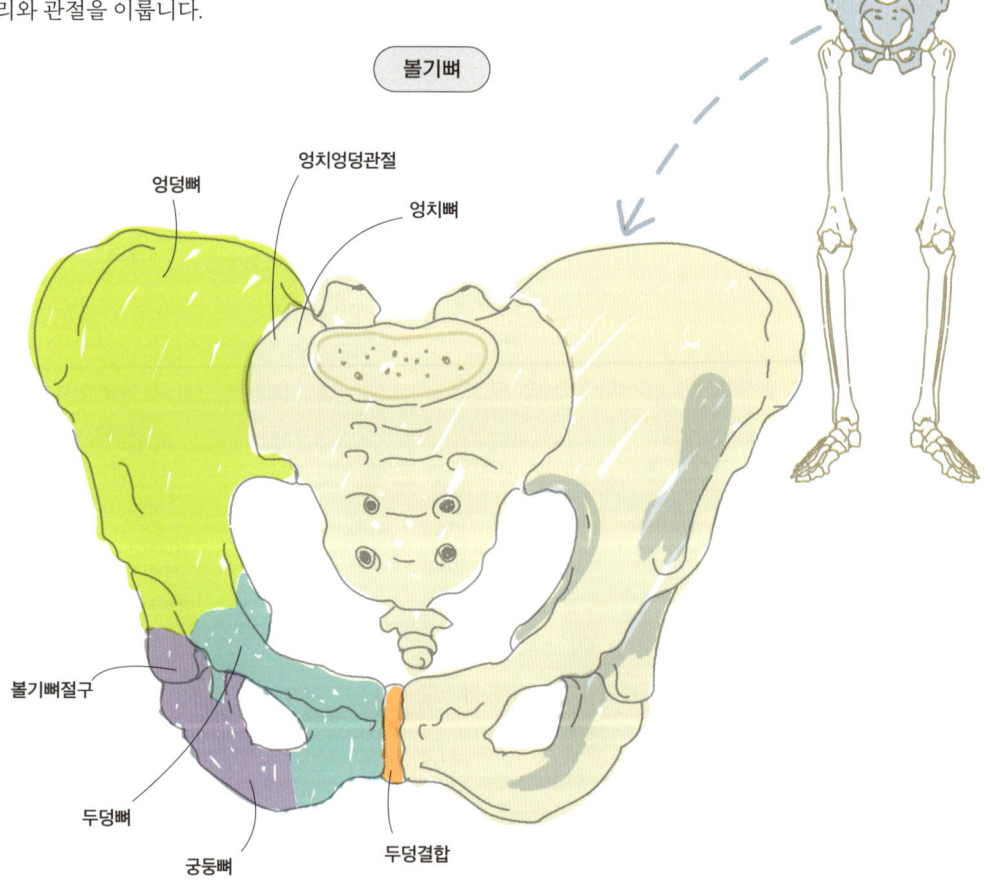

넓적다리와 종아리 뼈

넓적다리에 있는 뼈는 **넙다리뼈**입니다.

무릎뼈는 넓적다리 앞에 있는 넙다리네갈래근의 힘줄에 박힌 종자뼈입니다.

정강뼈는 종아리에 있는 뼈로, 몸무게를 지탱합니다. 몸쪽 정강뼈에는 인대가 붙는 **융기사이부위**로 나뉜 넙다리관절융기를 위한 한 쌍의 납작한 관절 표면이 있습니다. 먼쪽 정강뼈에는 발목 안쪽에서 만질 수 있는 덩어리인 **안쪽복사**가 있습니다.

종아리뼈와 정강뼈는 발의 목말뼈와 함께 **발목관절**의 위쪽 표면을 이룹니다.

발과 발가락

몸쪽 발에는 7개의 발목뼈가 있습니다. **목말뼈**, **발꿈치뼈**, **발배뼈**, 입방뼈, 안쪽쐐기뼈, 중간쐐기뼈, **가쪽쐐기뼈**입니다. 발의 가장 먼쪽은 5개의 발허리뼈로 이루어져 있습니다. 몸무게는 목말뼈와 발꿈치뼈를 통해 땅으로 전달되지만, 발배뼈, 쐐기뼈, 발허리뼈를 통해 앞쪽의 엄지발가락 아래로도 전달됩니다.

손가락과 비슷하게, 발가락은 발가락뼈로 이루어져 있습니다. 엄지발가락은 **끝마디뼈**와 **첫마디뼈** 2개의 발가락뼈가 있습니다. 두 번째에서 다섯 번째 발가락에는 각각 끝마디뼈와 중간마디뼈, 첫마디뼈가 있습니다. 몸무게의 대부분은 단단한 발뒤꿈치를 이루는 발꿈치뼈의 융기를 통해 땅으로 전달됩니다.

> 하지의 뼈

넙다리뼈의 머리의 몸쪽 끝은 볼기뼈절구와 함께 절구관절을 이룹니다. 엉덩관절은 어깨관절보다 운동성이 떨어지지만, 세 가지 축을 중심으로 굽힘·폄, 벌림·모음과 회전 동작이 어느 정도 가능합니다.

먼쪽 넙다리뼈에는 한 쌍의 **관절융기**가 있어 종아리의 정강뼈, 무릎 관절의 무릎뼈와 관절을 이룹니다.

종아리뼈는 종아리의 가쪽에 있으며, 주로 근육이 붙는 용도입니다. 종아리뼈는 몸쪽과 먼쪽에서 모두 정강뼈와 관절을 이룹니다. 종아리뼈의 먼쪽 끝은 발목 바깥쪽에서 만질 수 있는 **가쪽복사**가 있습니다.

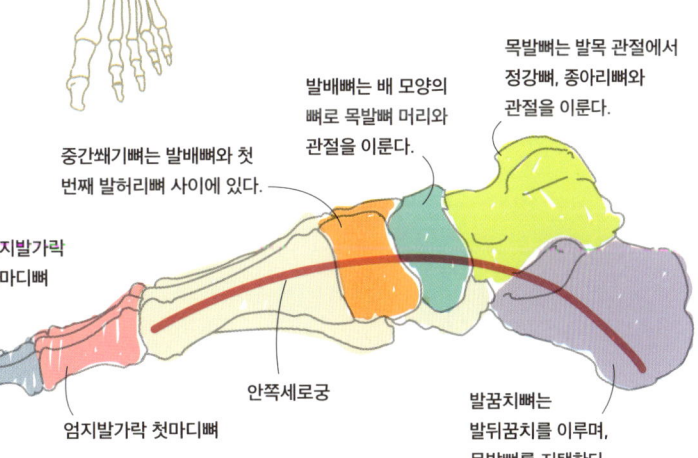

첫 번째 발허리뼈, 중간쐐기뼈, 발배뼈, 목말뼈, 발꿈치뼈는 발의 안쪽세로궁을 이룹니다. 안쪽세로궁이 무너지면 평발이 됩니다.

관절

뼈가 2개 이상 만나는 곳을 **관절**이라고 부릅니다. 관절에는 두 뼈 사이의 물질(섬유 조직, 연골, 윤활액)에 따라 섬유관절, 연골관절, 또는 윤활관절이 있습니다.

섬유관절

섬유관절은 보통 거의 움직이지 못합니다. 머리뼈 사이(**봉합**)와 이와 턱 사이(**못박이관절**)에서 찾아볼 수 있습니다.
못박이관절은 이 주위의 치아인대에 의해 형성됩니다. 치아인대는 이를 **위턱뼈** 또는 **아래턱뼈**에 단단히 고정합니다.

봉합 안의 치밀한 섬유 조직과 서로 아귀가 잘 맞아떨어지는 머리뼈의 모양 덕분에 머리뼈는 단단히 붙어 있을 수 있습니다.

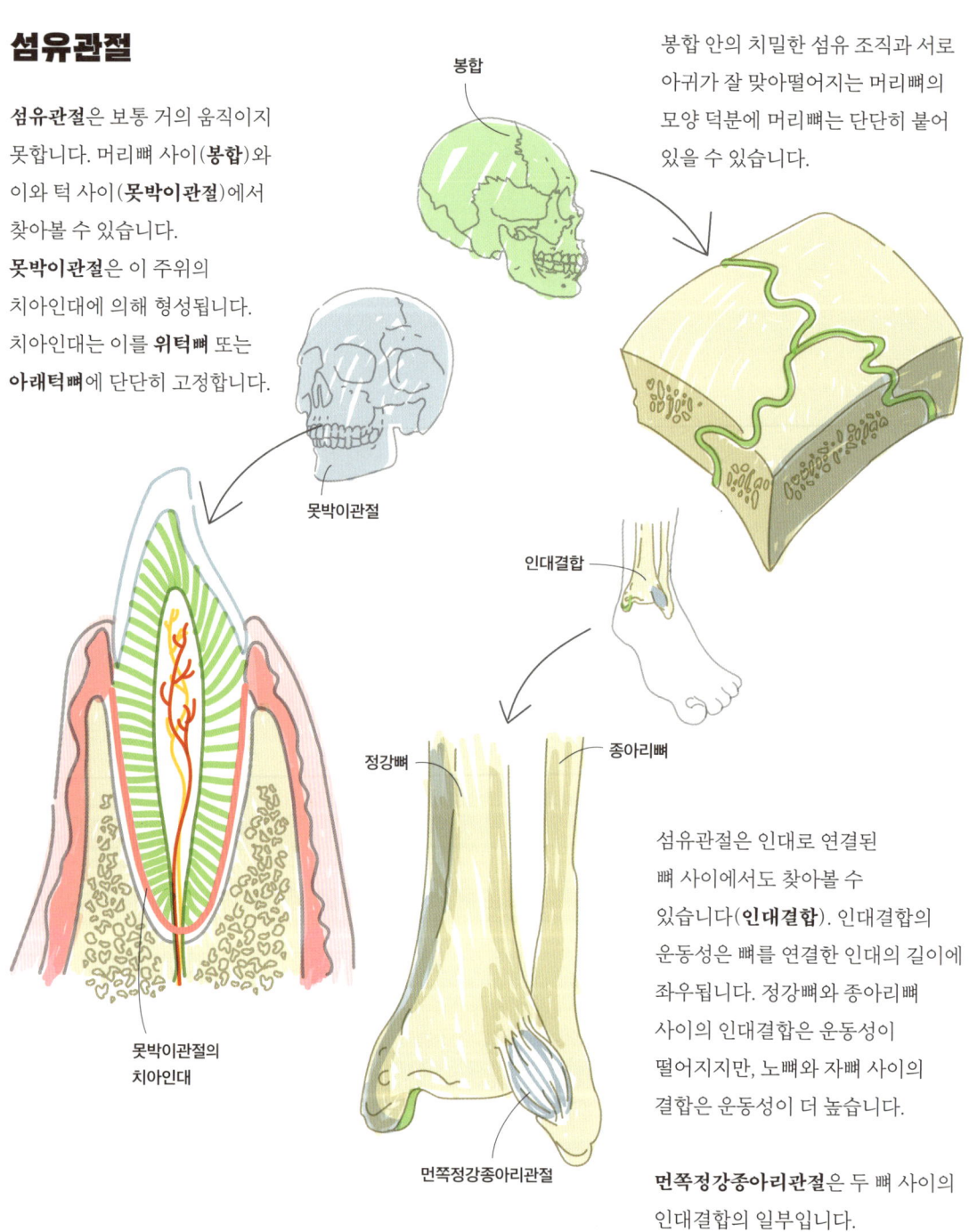

섬유관절은 인대로 연결된 뼈 사이에서도 찾아볼 수 있습니다(**인대결합**). 인대결합의 운동성은 뼈를 연결한 인대의 길이에 좌우됩니다. 정강뼈와 종아리뼈 사이의 인대결합은 운동성이 떨어지지만, 노뼈와 자뼈 사이의 결합은 운동성이 더 높습니다.

먼쪽정강종아리관절은 두 뼈 사이의 인대결합의 일부입니다.

연골관절

연골관절은 관절을 이루는 뼈가 연골로 붙어 있습니다.

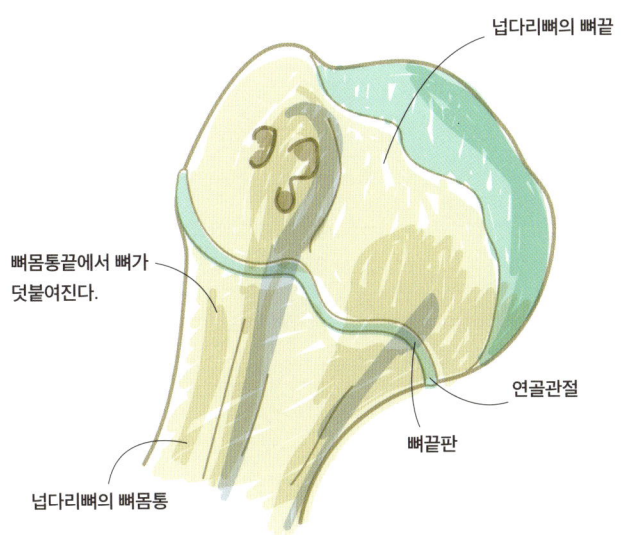

유리연골결합은 두 뼈(또는 뼈발생중심)가 유리연골로 붙어 있습니다. 가장 좋은 예는 **뼈끝판**입니다. 뼈끝판은 성장판으로 사춘기가 끝나면 사라집니다.

섬유연골결합(섬유연골결합관절 참조)은 두 뼈가 섬유연골로 붙어 있습니다. 척추뼈 사이(척추원반)와 골반의 두덩뼈 2개를 **두덩결합**에서 찾아볼 수 있습니다.

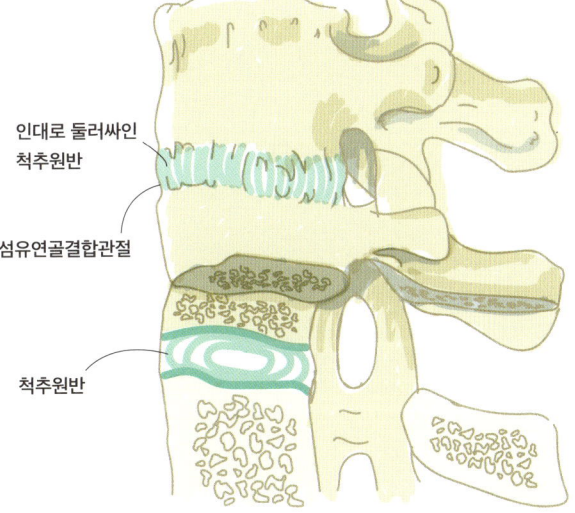

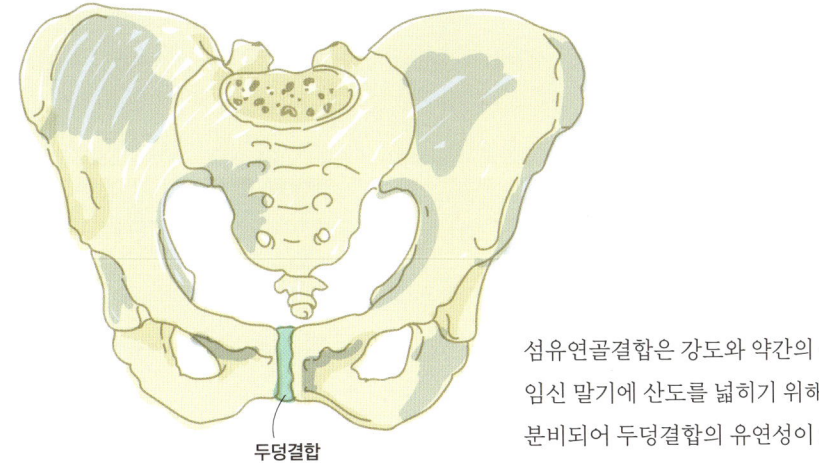

섬유연골결합은 강도와 약간의 유연성을 갖춘 관절입니다. 임신 말기에 산도를 넓히기 위해 릴랙신이라는 호르몬이 분비되어 두덩결합의 유연성이 커집니다.

윤활관절

윤활관절은 흔히 형태와 운동 범위에 따라 분류합니다. 윤활관절의 안정성은 관절 표면의 순응도(얼마나 잘 맞는지)와 관절을 강화하는 인대, 관절을 가로지르는 근육의 탄력에 따라 달라집니다. 그래서 근육이 튼튼하면 관절이 불안정해지거나 골관절염으로 닳거나 찢어지는 것을 막을 수 있습니다.

윤활관절의 특징

- 관절 표면에 있는 유리연골 유형의 매끄러운 **관절연골**은 압축력을 흡수합니다.
- 윤활액으로 차 있는 관절 또는 윤활공간은 마찰을 최소화합니다.
- 섬유조직(섬유피막)을 통해 관절에 안정성을 제공하는 **관절주머니**가 있습니다.
- 관절주머니 안쪽을 덮고 있는 **윤활막**은 관절을 채우는 윤활액을 생산합니다.
- 끈적이는 윤활액은 날계란 흰자와 비슷하게 걸쭉하며 관절 표면을 매끄럽게 합니다.
- 강화한 인대는 보통 관절주머니 바깥에 있지만(관절주머니바깥인대), 안에 있을 때도(관절주머니속인대) 있습니다.
- 액체로 차 있는 윤활주머니는 관절과 나란히 있으며, 관절공간과 만날 수 있습니다.
- 신경이 풍부해 관절의 통증을 감지하고 늘어나는 정도를 감시합니다.

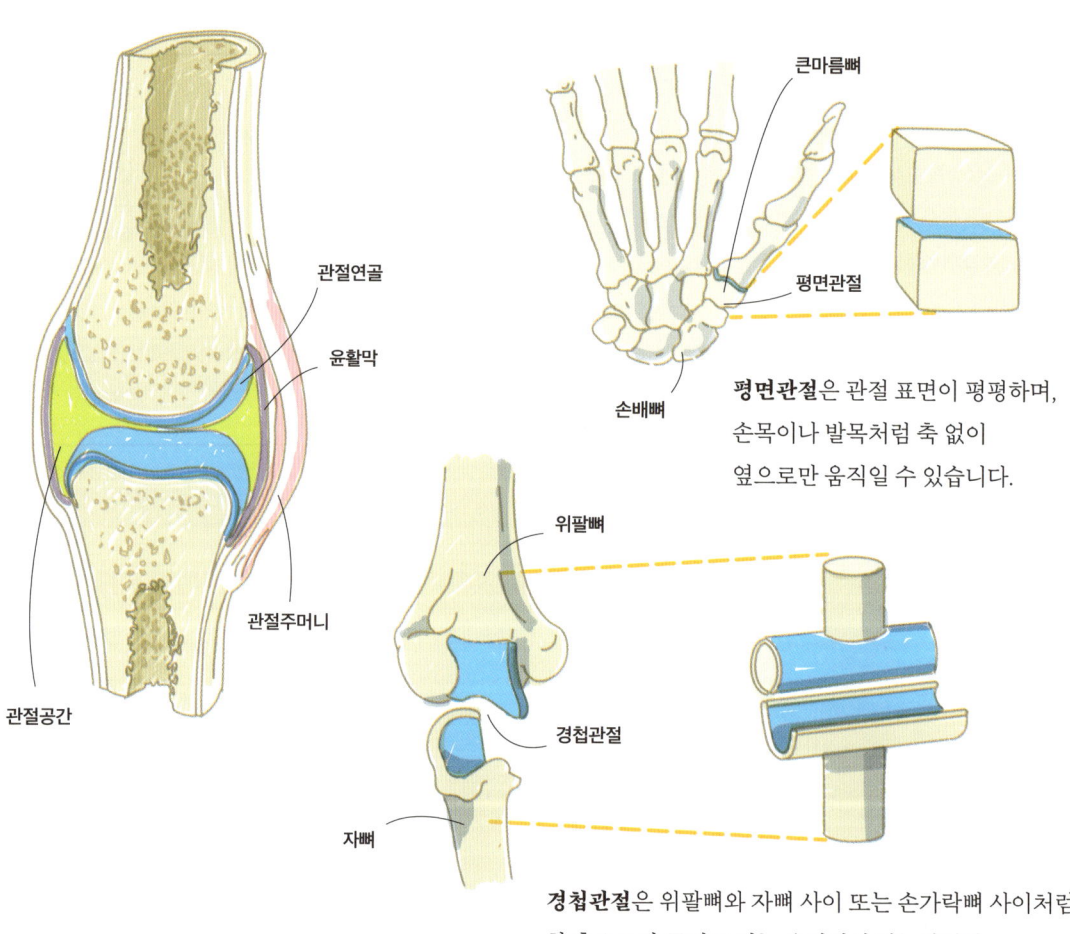

평면관절은 관절 표면이 평평하며, 손목이나 발목처럼 축 없이 옆으로만 움직일 수 있습니다.

경첩관절은 위팔뼈와 자뼈 사이 또는 손가락뼈 사이처럼 한 축으로만 굽히고 펴는 움직임이 가능합니다.

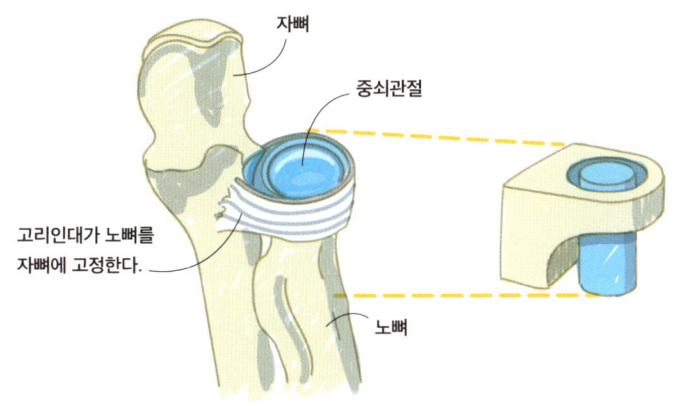

중쇠관절은 먼쪽과 몸쪽 노자관절처럼 한 뼈가 다른 뼈에 대해 한 축으로만 회전할 수 있게 합니다.

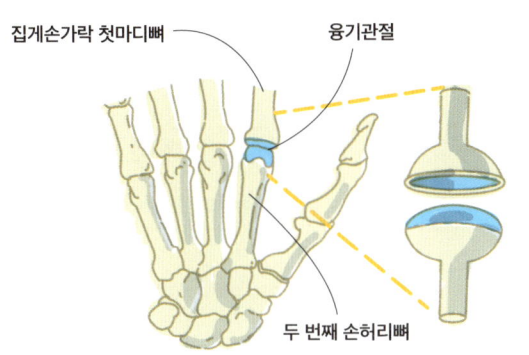

융기관절은 손허리손가락관절처럼 굽힘·폄, 내전·외전의 두 축 움직임이 가능합니다.

안장관절은 서로 맞물리는 안장처럼 생겼습니다. 덕분에 두 축 움직임(첫 번째 손목손허리뼈처럼 굽힘·폄, 내전·외전)이 가능합니다.

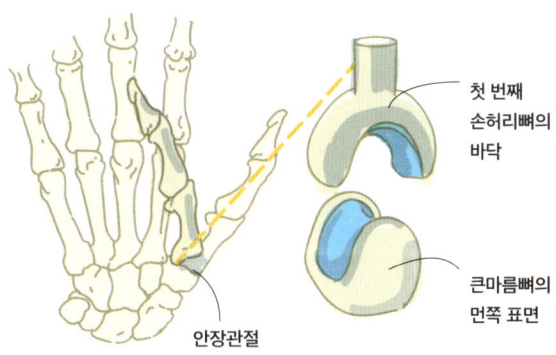

절구관절은 다양한 축의 움직임(어깨관절과 엉덩관절처럼 굽힘·폄, 내전·외전, 회전)이 가능합니다.

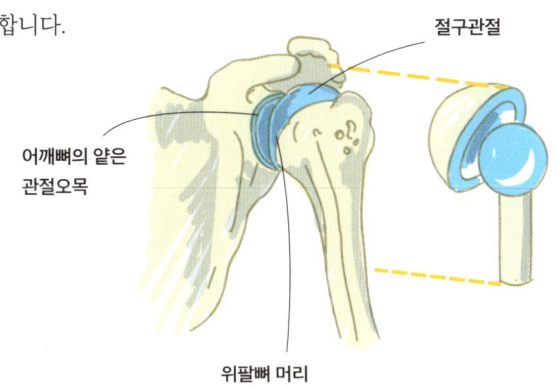

무릎관절

몇몇 관절은 앞서 설명한 분류에 딱 들어맞지 않습니다. 예를 들어, 무릎관절은 두융기관절로 주로 굽히고 펴는 움직임만 가능하고 내전과 외전은 되지 않지만, 무릎을 고정했다 풀었다 하기 위해 약간의 회전은 할 수 있습니다.

✓ 다시 보기

뼈와 관절

뼈의 구조

- **뼈세포**: 뼈모세포, 뼈세포, 뼈파괴세포 등이 있다.
- **뼈의 발달**: 뼈는 연골 틀 안에서 또는 막 사이에서 생겨난다.
- **긴뼈의 구조**: 강도를 최대화하고 무게를 최소화하기 위해 관과 같은 구조를 하고 있다.
- **뼈의 성장**: 연골성 뼈끝판에서 이루어진다.

몸통뼈대의 뼈

- **머리뼈**: 머리뼈는 얼굴뼈대와 뇌머리뼈로 나뉜다.
- **갈비뼈와 복장뼈**: 12쌍의 갈비뼈와 복장뼈는 가슴 안의 중요한 장기를 보호한다.
- **척주**: 불규칙뼈인 척추뼈 26개로 이루어져 있다. 척추뼈는 머리뼈바닥에서 꼬리뼈로 갈수록 커진다.
- **연골관절**: 관절을 이루는 뼈가 연골로 이어져 있다.
- **섬유관절**: 보통 거의 움직이지 못한다.

4장

근육계

근육계는 뼈대에 붙은 가로무늬근육 혹은 수의근육을 이용해 몸을 움직입니다. 몸통 근육은 서 있거나 앉아 있는 동안 자세를 유지하기 위해 수축한 채로 같은 길이를 유지할 수 있습니다. 몸통벽의 근육은 가슴과 배 안의 섬세한 내부 장기를 보호하며, 폐 환기나 소변 보기(배뇨), 대변 보기 같은 중요한 내부 기능을 보조합니다.

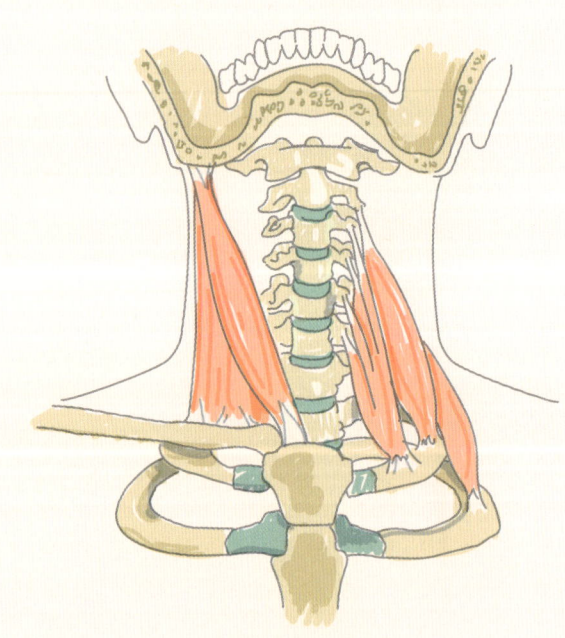

힘줄

**뼈대근육은 하나 이상의 근육 힘살로 이루어져 있으며, 적어도 두 군데에서 힘줄로 뼈와 붙어 있습니다.
붙은 지점 중 안쪽 또는 몸쪽을 이는곳이라고 부르고 먼쪽 또는 가쪽을 닿는곳이라고 합니다.**

힘줄은 근육과 뼈를 이어주며, 근육의 수축력을 이용해 관절이 움직이게 합니다. 이 방식에 따라 우리 몸 안에서는 제1, 2, 3종 지레를 모두 찾을 수 있습니다.

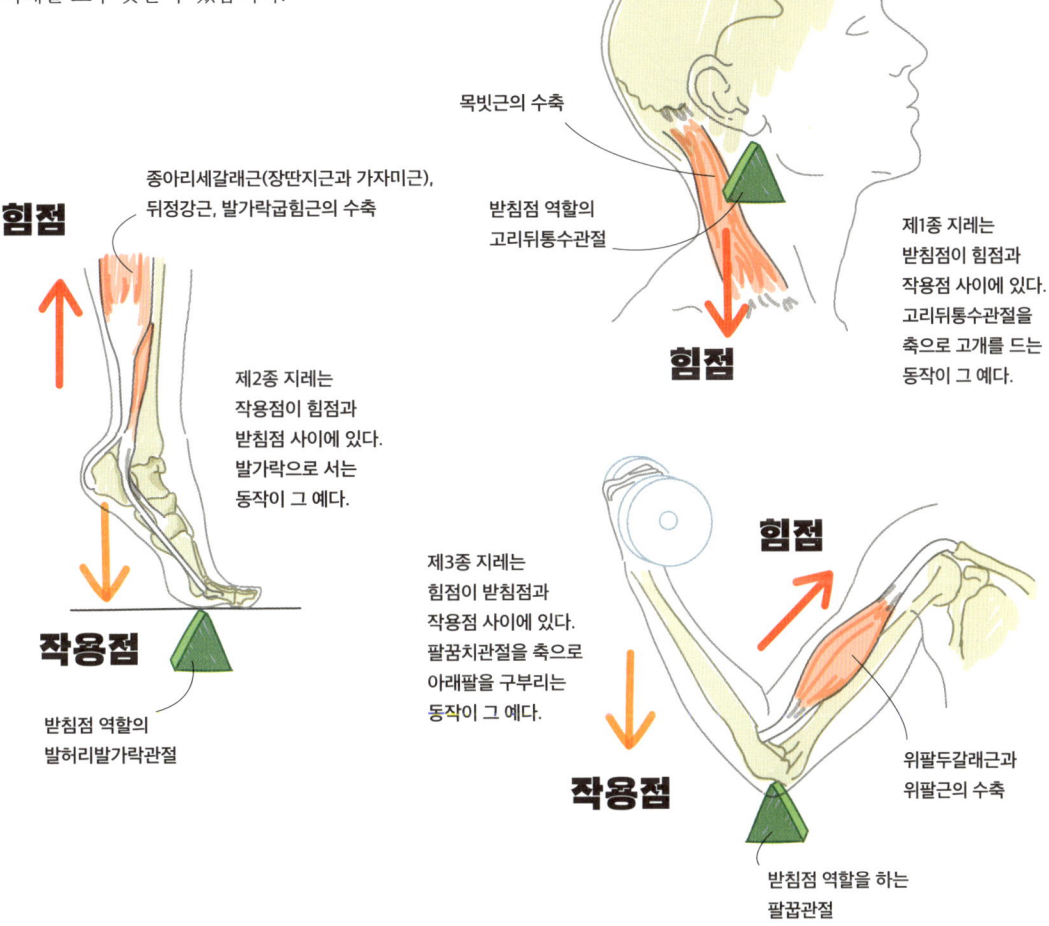

힘줄이 뼈에 닿는 곳은 인장강도가 뼈에 필적, 혹은 뼈를 능가하는 특별한 부위입니다. 힘줄은 매우 튼튼해 근육이 갑자기 수축하면 닿는곳의 뼈를 나머지 뼈에서 떨어져 나오게 할 수도 있습니다. 이를 **찢김골절**이라고 합니다. 근육의 기능은 보통 힘살을 수축해 이는곳과 닿는곳이 가까워지게 하는 것입니다. 실제 움직임은 어느 쪽 끝이 고정되어 있는지에 따라 달라집니다. 따라서 팔의 위팔세갈래근은 상지가 자유로울 때는 손을 머리 위로 들어 올릴 수 있으며, 손으로 바닥을 짚고 팔굽혀펴기를 할 때는 몸통을 들어 올릴 수 있습니다.

머리와 얼굴 근육

머리와 목의 근육에는 얼굴 근육, 씹기근육, 바깥눈근육, 물렁입천장, 인두, 후두의 근육이 있습니다.

얼굴근육은 어떻게 얼굴 피부를 움직일까

얼굴근육은 얼굴의 표정을 만듭니다. 적어도 한쪽 끝이 얼굴 피부의 진피에 붙어 있어 표정을 바꿀 수 있습니다. 얼굴근육을 제어하는 건 뇌줄기에서 나오는 얼굴신경(뇌신경 CN7)입니다. 얼굴 근육은 얼굴에 난 구멍을 둘러싸는 둥근 형태일 수도 있습니다.

어떤 얼굴근육은 이마에 있는 **이마근**과 목에 있는 **넓은목근**처럼 종이 같습니다. 다른 작은 얼굴근육은 **큰광대근**과 **작은광대근**, **위입술올림근**처럼 작은 띠와 같습니다.

볼근은 볼 앞쪽의 깊은 곳에 있는 얼굴근육으로 음식을 씹을 때 이 사이에서 음식물을 움직이는 데 도움이 됩니다.

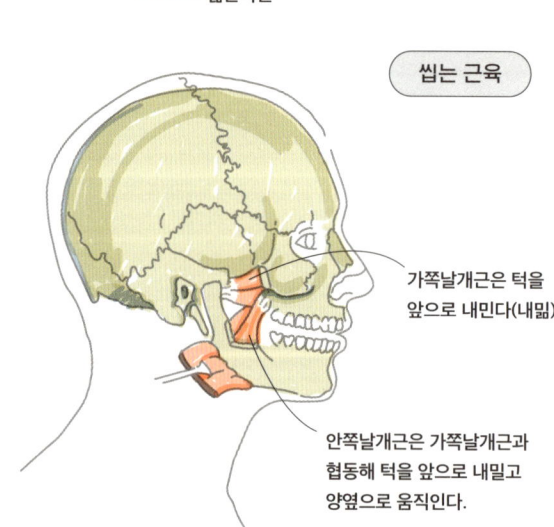

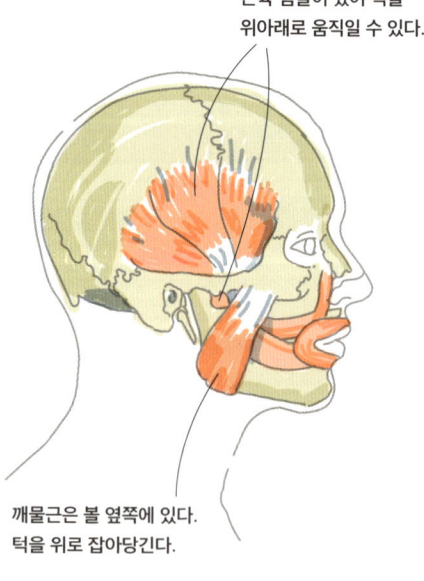

바깥눈근육

바깥눈근육은 눈알을 움직입니다. **위곧은근**, **안쪽곧은근**, **아래곧은근**, **가쪽곧은근**의 네 곧은근은 눈 주위에 90도 간격으로 배열되어 눈알을 각각 위쪽, 안쪽, 아래쪽, 가쪽으로 움직입니다. 눈꺼풀올림근은 눈꺼풀을 들어 올립니다.
위빗근과 **아래빗근** 두 빗근은 눈은 코쪽으로 모았을 때 각각 눈알을 아래와 위로 돌릴 수 있습니다.
바깥눈근육은 뇌줄기에서 나오는 눈돌림신경, 도르래신경, 갓돌림신경과 연결되어 있습니다.

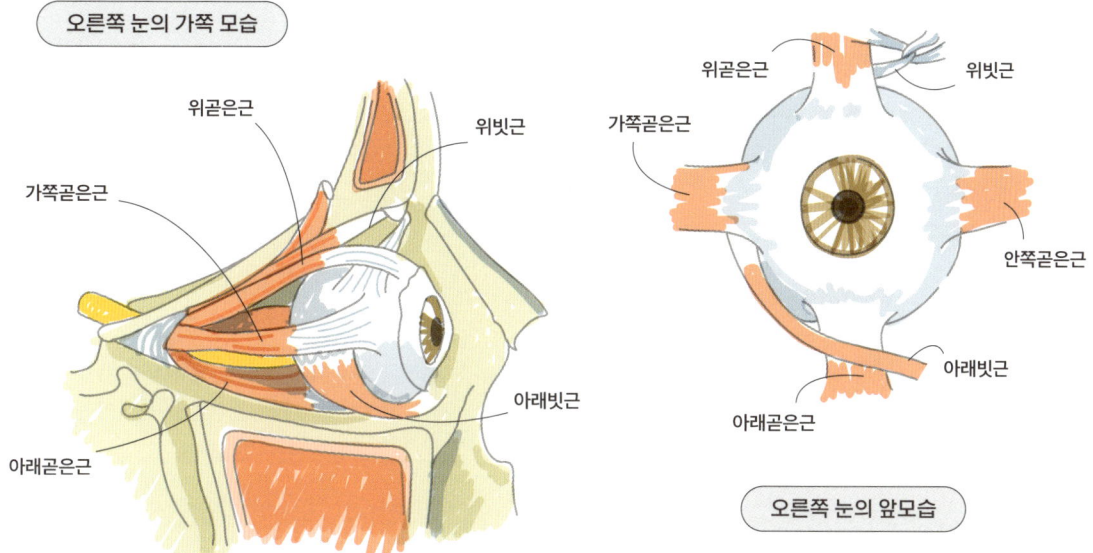

혀와 입천장, 인두

혀는 근육질 기관입니다. 세 평면 위에 배열된 **내재근**은 혀의 모양을 바꿉니다. **외재근**은 혀의 위치를 바꿉니다.

혀는 삼키고, 말하고, 씹는 동안 음식물을 옮기는 데 중요합니다. 혀 근육은 대부분 뇌줄기에서 나오는 혀밑신경과 연결되어 있습니다.

입천장은 코안과 입안을 가르는 뼈와 근육으로 이루어진 칸막이입니다. 입천장 근육은 주로 미주신경이 제어하며, 삼키는 동안에는 코를 닫습니다.
인두는 머리뼈바닥에 달린 근육질 관입니다. 미주신경의 제어로 인두가 수축하면 삼킨 음식물이 **식도**로 넘어갑니다.

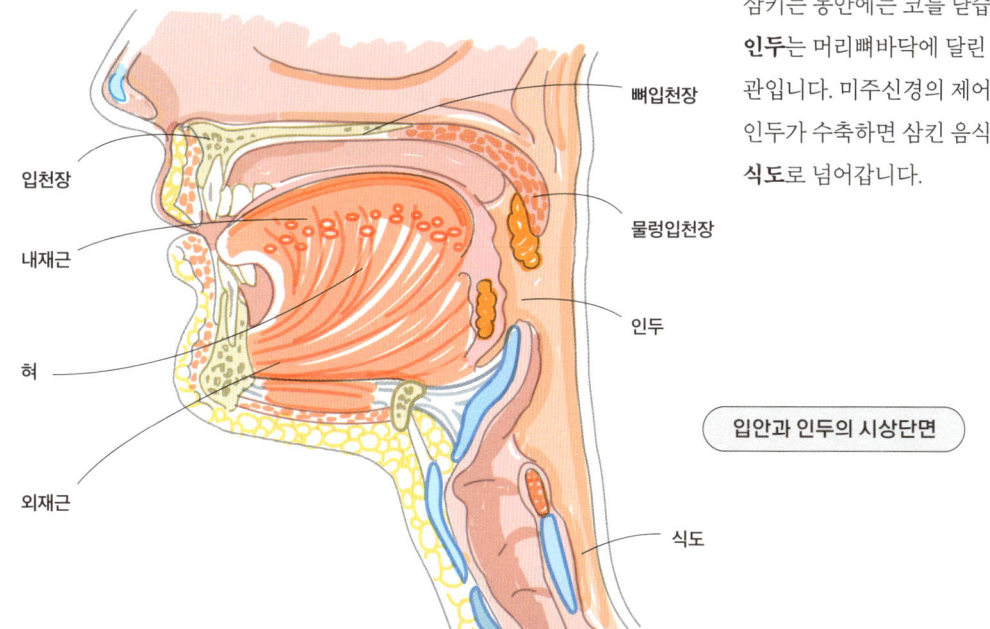

목과 몸통 근육

몸통의 근육은 자세를 유지하고, 머리와 몸통을 구부리거나 돌리며, 배와 골반의 장기를 지탱하고, 폐 환기에 매우 중요한 역할을 합니다. 등 근육은 척주 아래까지 이어집니다.

목 근육

목 근육은 척주의 앞쪽과 뒤쪽에 있습니다. 척주 앞쪽 근육에는 머리를 고정하고 돌리는 **목빗근**과 갈비뼈를 들어 올리는 **목갈비근육**이 있습니다.

- 목빗근
- 빗장뼈
- 복장뼈자루
- 척주 뒤쪽 근육은 목과 머리를 펴고, 어깨뼈와 어깨를 들어 올린다.
- 목갈비근육은 위쪽 갈비뼈를 들어 올린다.
- 1번 갈비뼈
- 2번 갈비뼈

가로막

가로막은 가장 중요한 **들숨근육**입니다. 가슴안과 배안을 분리하는 이중 돔 구조의 섬유근육막입니다.

- 가로막의 중심 섬유 부위
- 아래대정맥이 지나가도록 뚫린 부위
- 식도가 지나가도록 뚫린 부위
- 가로막의 근육 부위

가로막이 수축하면 돔이 내려오며 가슴안 공간이 넓어지고, 공기를 폐로 끌어들입니다. 가로막은 무거운 물체를 들거나 기침하거나 구토하거나 배변하거나 출산할 때 배안의 압력을 높여 등 근육을 보조하는 역할도 합니다.

갈비사이근

갈비사이근은 서로 인접한 갈비뼈 사이의 공간을 채웁니다. 갈비뼈를 들거나 내려 폐 환기(각각 들숨과 날숨)를 도울 수 있습니다. 주로 가로막이 수축할 때 갈비사이공간이 안쪽으로 내려앉지 않게 합니다.

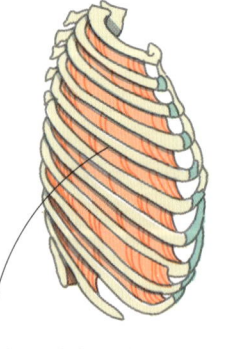
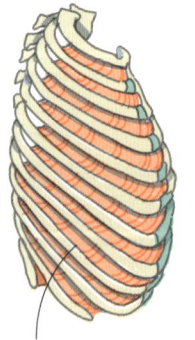

바깥갈비사이근은 아래쪽과 앞쪽으로 주행한다(주행 방향: 근육의 결 방향).

속갈비사이근은 위쪽과 앞쪽으로 주행한다.

앞쪽 배근육

배벽근육은 내부 장기를 보호하고 지지합니다. 배를 압축해 간접적으로 가로막을 올림으로써 호흡을 내뱉게 하는 중요한 **날숨근육**입니다. 또한, 재채기와 기침을 할 때는 재빨리 수축합니다. 배근육이 수축하면 배 안의 압력이 높아져 배설이나 구토를 하게 되고 출산 시 태아를 몸 밖으로 내보냅니다.

배벽근육은 세 겹의 가쪽 근육으로 이루어져 있습니다. 바깥쪽부터 안쪽으로 각각 **배바깥빗근**, **배속빗근**, **배가로근**입니다.

배벽의 앞에는 몸통을 굽히는 **배곧은근**이 있습니다. 몸 한쪽의 두 빗근을 수축하면 몸통을 옆으로 굽힙니다(가쪽굽힘). 한쪽의 배바깥빗근과 반대쪽의 배속빗근을 수축하면 몸통 위쪽이 수축한 배속빗근 쪽으로 구부러지며 회전합니다.

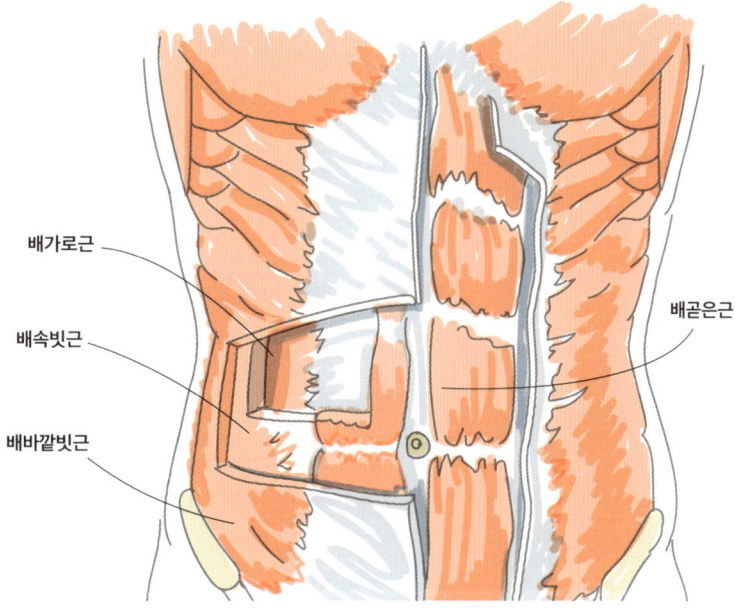

뒤쪽 배근육

허리네모근은 12번 갈비뼈와 허리뼈, 엉덩뼈능선에 붙어 있습니다. 중요한 자세근육으로 몸통의 가쪽 굽힘을 보조합니다.
큰허리근은 허리뼈에서 나와 넙다리뼈에 닿습니다. 엉덩관절에서 넓적다리를 구부립니다.
엉덩근은 엉덩뼈오목에서 나와 넙다리뼈에(그리고 일반 힘줄로 큰허리근에) 닿습니다. 엉덩관절에서 넓적다리를 구부립니다.

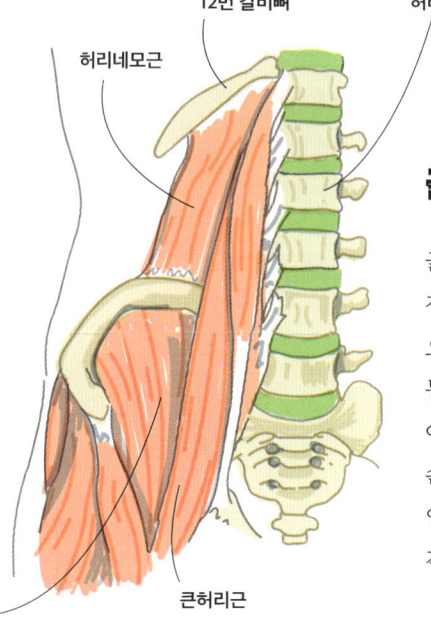

골반바닥근육

골반바닥근육은 골반의 장기(방광과 자궁)를 보호하고, 오줌과 똥의 배출(배뇨와 배변) 통로를 제어합니다. 골반바닥은 여러 차례의 임신과 자연분만으로 손상을 입을 수 있습니다. 그 결과 일부 여성은 배뇨와 배변에 불편을 겪기도 합니다.

상지 근육

상지의 근육은 상지를 움직이는 어깨 근육과 팔꿈을 구부리거나 펴는 근육, 아래팔 근육, 손의 내재근으로 이루어져 있습니다.

어깨근육

어깨근육은 어깨세모근, 앞가슴근군, 뒤안쪽군(넓은등근, 앞톱니근, 등세모근)돌림근띠군으로 나뉠 수 있습니다.

어깨의 둥근 모양을 만드는 건 **어깨세모근**입니다. 앞쪽 섬유는 위팔뼈를 굽히고, 위쪽 섬유는 위팔뼈를 벌리고(외전), 뒤쪽 섬유는 위팔뼈를 폅니다.

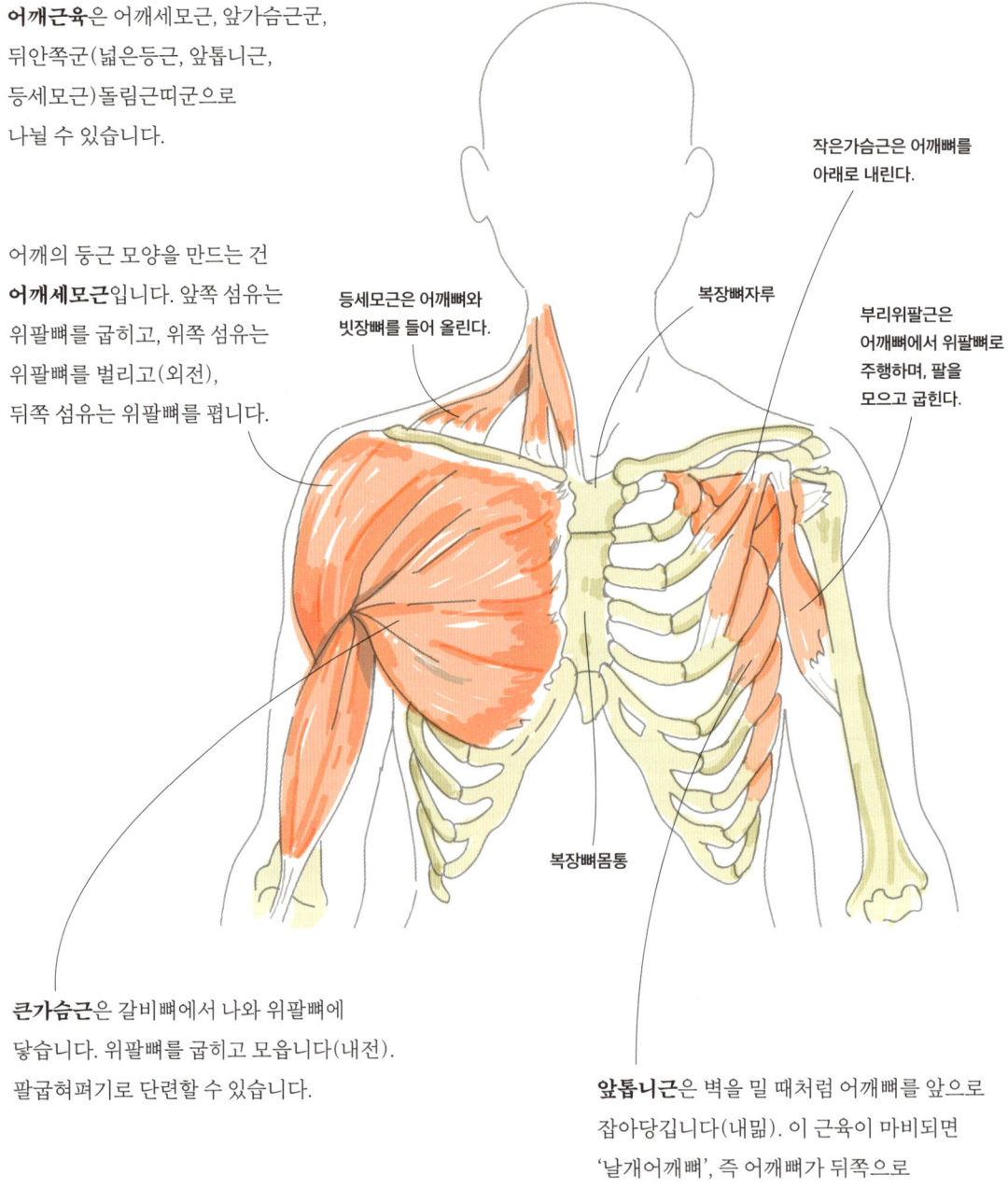

등세모근은 어깨뼈와 빗장뼈를 들어 올린다.

작은가슴근은 어깨뼈를 아래로 내린다.

복장뼈자루

부리위팔근은 어깨뼈에서 위팔뼈로 주행하며, 팔을 모으고 굽힌다.

복장뼈몸통

큰가슴근은 갈비뼈에서 나와 위팔뼈에 닿습니다. 위팔뼈를 굽히고 모읍니다(내전). 팔굽혀펴기로 단련할 수 있습니다.

앞톱니근은 벽을 밀 때처럼 어깨뼈를 앞으로 잡아당깁니다(내밂). 이 근육이 마비되면 '날개어깨뼈', 즉 어깨뼈가 뒤쪽으로 튀어나오는 증상이 생깁니다.

돌림근띠는 어깨 관절주머니 주위에 붙어 있으며, **가시위근**(팔을 벌림), **어깨밑근**(팔을 안쪽으로 회전), **가시아래근**(팔을 가쪽으로 회전)으로 이루어져 있습니다.

큰원근은 돌림근띠에 속하지 않습니다. 어깨뼈에서 위팔뼈 몸통으로 주행하며, 위팔뼈를 펴고 안쪽으로 돌립니다.

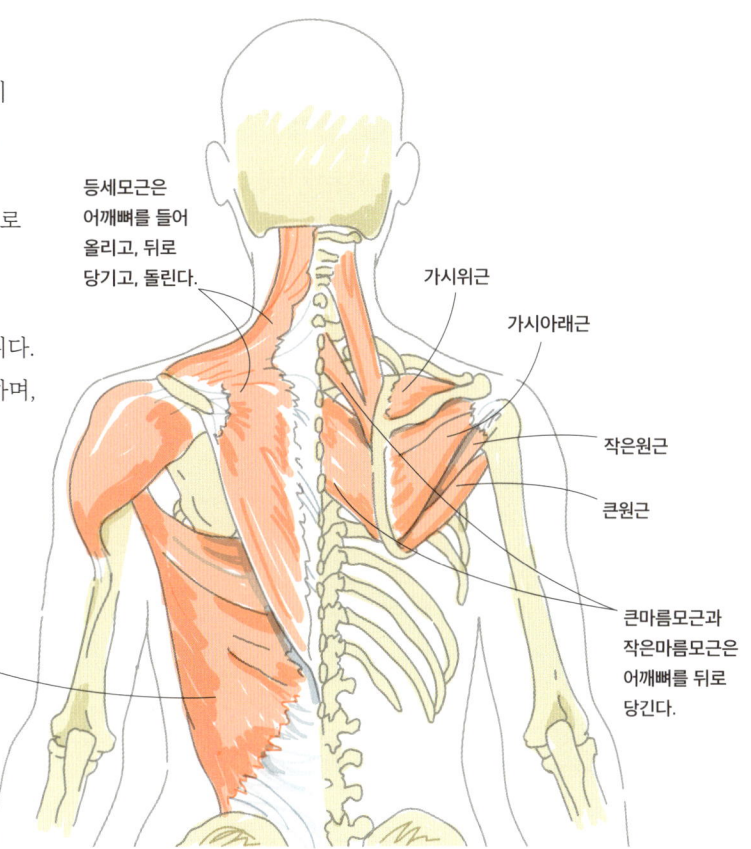

등세모근은 어깨뼈를 들어 올리고, 뒤로 당기고, 돌린다.

가시위근

가시아래근

작은원근

큰원근

큰마름모근과 작은마름모근은 어깨뼈를 뒤로 당긴다.

넓은등근은 수영과 등반할 때 사용하는 강력한 모음근과 폄근이다.

팔꿉의 굽힘근과 폄근

앞쪽 팔의 근육(**위팔두갈래근과 위팔근**)은 팔꿉을 굽힙니다. 어깨 관절을 가로지르는 위팔두갈래근은 팔을 굽힐 수도 있습니다. 위팔두갈래근의 힘줄은 노뼈를 감고 있기 때문에 아래팔을 강하게 뒤칠(회외) 수 있습니다(손바닥을 앞쪽이나 위쪽으로 향합니다).

뒤쪽 팔의 근육(**위팔세갈래근**)은 팔꿉의 강력한 폄근입니다. 세 갈래가 있으며, 한 갈래는 어깨뼈(긴갈래), 나머지 두 갈래는 위팔뼈(가쪽과 안쪽갈래)에 붙어 있습니다. 닿는곳은 자뼈 위의 팔꿈치머리입니다.

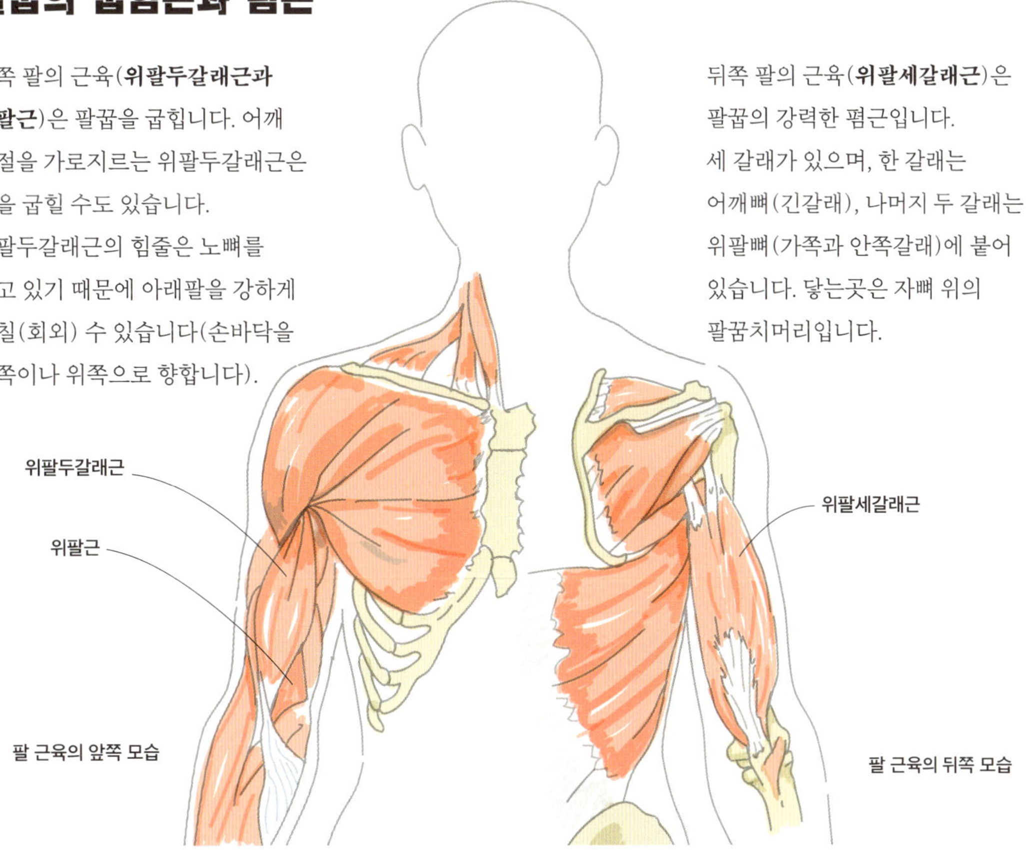

위팔두갈래근

위팔근

위팔세갈래근

팔 근육의 앞쪽 모습

팔 근육의 뒤쪽 모습

아래팔과 손의 근육

아래팔의 근육은 두 분류로 나눌 수 있습니다. 앞쪽 아래팔의 손목 및 손가락굽힘근군과 뒤쪽 아래팔의 손목 및 손가락폄근군입니다. 손의 내재근은 세 분류로 나뉩니다. 새끼두덩근, 엄지두덩근, 손바닥근입니다. 굽힘근으로는 다음과 같은 근육이 있습니다. 얕은손가락굽힘근, 깊은손가락굽힘근, 노쪽손목굽힘근, 자쪽손목굽힘근, 긴엄지굽힘근.

아래팔과 손의 굽힘근

새끼두덩근: 새끼손가락 바닥에 있습니다. 새끼손가락을 구부리고 벌리며, 엄지손가락과 마주 보게 합니다.

얕은손가락굽힘근: 몸쪽손가락뼈사이관절을 구부립니다.

노쪽손목굽힘근: 아래팔의 노뼈 쪽에 있습니다. 손목을 굽히거나 엄지손가락 쪽으로 기울입니다.

원엎침근: 둥글고 얕은 근육으로, 아래팔을 엎침(회내) 수 있습니다(손바닥이 아래쪽 또는 뒤쪽을 향하도록 손을 돌립니다).

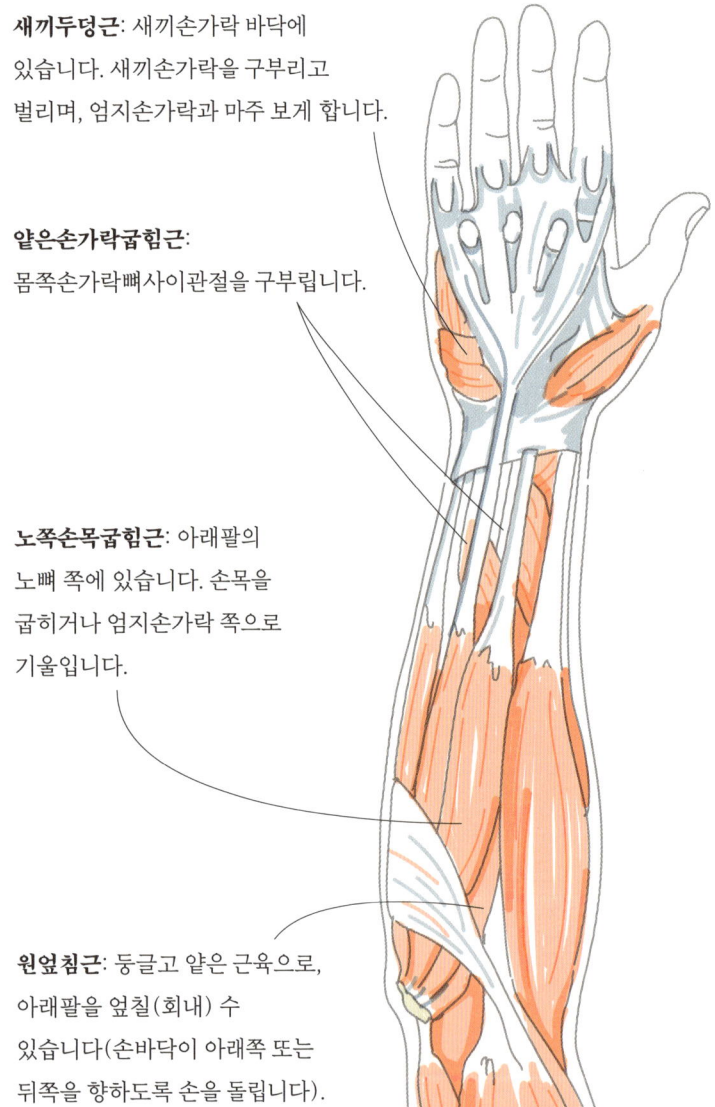

얕은 근육이 표시된
오른쪽 아래팔과 손의 앞쪽 모습

깊은 근육이 표시된
오른쪽 아래팔과 손의 앞쪽 모습

깊은손가락굽힘근: 먼쪽손가락뼈사이관절을 구부립니다.

엄지두덩근: 엄지손가락 바닥에 있습니다. 엄지손가락을 구부리고 벌리며, 다른 손가락과 마주 보게 합니다. 엄지손가락 바닥이 다른 손가락 바닥과 닿도록 구부리는 동작은 기능적으로 중요합니다.

자쪽손목굽힘근: 아래팔의 자뼈 쪽에 있습니다. 손목을 구부리고 새끼손가락 쪽으로 기울입니다.

네모엎침근: 네 면이 있는 깊은 근육으로 아래팔을 엎쳐 손바닥이 아래쪽 또는 뒤쪽을 향하게 합니다.

긴엄지굽힘근: 엄지손가락의 손가락뼈사이관절을 구부립니다. 강하게 움켜쥐는 데 중요한 근육입니다.

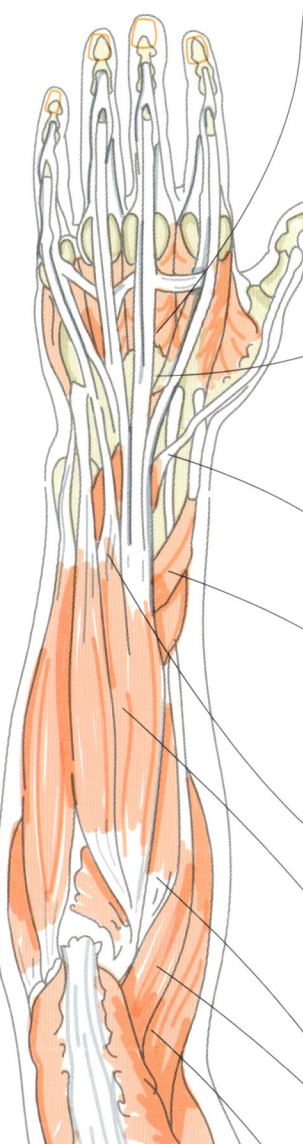

아래팔과 손의 펼침근

펼침근이 표시된 왼쪽 아래팔과 손의 뒤쪽 모습

손바닥 근육: 손바닥 안쪽과 손허리뼈 사이에 있습니다. 손가락을 벌리고 모읍니다. 뼈사이근은 손가락뼈사이관절에서 손가락을 펴고, 손허리손가락관절에서 구부립니다. 이 근육들은 바늘귀에 실을 꿰는 것처럼 섬세한 동작을 하는 데 중요한 역할을 합니다.

집게폄근: 집게손가락에 있는 독립적인 폄근으로 다른 손가락을 구부린 채 집게손가락을 펴 무언가를 가리킬 때 중요한 근육입니다.

긴엄지폄근: 엄지손가락의 손가락뼈사이관절을 폅니다.

짧은엄지폄근: 엄지손가락의 손허리손가락관절에서 첫마디뼈를 펴고 벌립니다.

새끼폄근: 새끼손가락을 펴는 독립적인 폄근입니다.

손가락폄근: 손허리손가락관절에서 손가락(검지에서 새끼손가락)을 폅니다.

긴·짧은노쪽손목폄근: 손목을 젖히고 엄지손가락 쪽으로 기울입니다.

위팔노근: 아래팔이 조금 엎친(돌아간) 상태일 때 팔꿈을 구부립니다.

하지 근육

하지의 근육으로는 볼기 부위, 넓적다리, 종아리, 발에 있는 근육이 있습니다.
이들 근육은 주로 서거나 오르거나 걷는 데 쓰이며, 손 근육처럼 정밀하게 움직이지는 못합니다.

볼기 근육

볼기 부위의 근육은 세 겹으로 이루어져 있습니다.

중간볼기근과 작은볼기근: 엉덩관절에서 넓적다리를 벌리고, 입각기(보행 중 발이 땅에 닿아 있는 시기) 동안 골반을 지지합니다.

큰볼기근: 계단을 오를 때 엉덩관절에서 넓적다리를 펴는 엉덩이 근육

궁둥구멍근: 깊은볼기근은 엉덩관절에서 넓적다리를 가쪽으로 돌립니다.

속폐쇄근과 바깥쌍동근

넙다리네모근

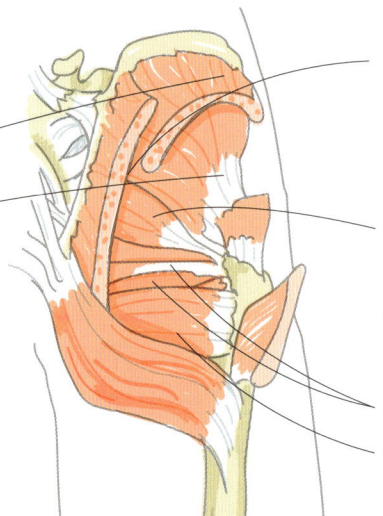

넓적다리근육

넓적다리근육은 앞쪽과 안쪽, 뒤쪽의 세 분류로 나뉩니다.

앞쪽

넙다리네갈래근(넙다리곧은근, 안쪽넓은근, 중간넓은근, 가쪽넓은근): 무릎을 폅니다.

넙다리곧은근: 넙다리네갈래근 중에서 가장 앞에 있습니다. 엉덩이를 지나가며, 넓적다리를 굽히기도 합니다.

넙다리빗근: 엉덩관절과 무릎관절을 모두 지나며, 둘을 모두 굽혀 양반다리를 할 수 있게 합니다.

뒤쪽: 넙다리뒤근

반막모양근, 반힘줄모양근, 넙다리두갈래근: 모두 엉덩관절과 무릎관절을 지납니다. 엉덩관절에서 넓적다리를 펴고, 무릎을 굽힙니다.

안쪽: 모음근

두덩근: 엉덩관절에서 넓적다리를 모으고 구부립니다.

긴모음근, 큰모음근, 짧은모음근: 엉덩관절에서 넓적다리를 모읍니다.

두덩정강근: 넓적다리를 모으고 안쪽으로 돌립니다.

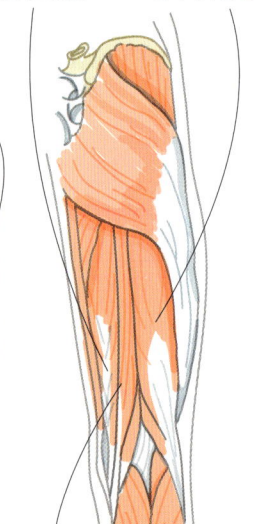

반막모양근 넙다리두갈래근

반힘줄모양근

종아리와 발의 근육

종아리의 근육은 앞쪽과 뒤쪽, 가쪽의 세 분류로 나뉩니다.

앞정강근: 발가락이 위를 향하도록 발목에서 발을 굽히고, 안쪽번짐(발바닥을 안쪽으로 젖히는 동작)에 관여합니다.

긴발가락폄근: 발가락이 위를 향하도록 발목에서 발을 굽히고, 가쪽 발가락(두 번째에서 다섯 번째)을 폅니다.

긴엄지폄근: 발가락이 위를 향하도록 발을 굽히고, 엄지발가락을 폅니다.

앞쪽: 발목과 발가락의 폄근

종아리와 발 근육: 앞쪽

종아리와 발 근육: 가쪽

발 뒤에 있는 근육(**짧은발가락폄근, 짧은엄지폄근**)은 발가락을 폅니다. **긴종아리근**과 **짧은종아리근**은 발바닥을 가쪽으로 젖힙니다.

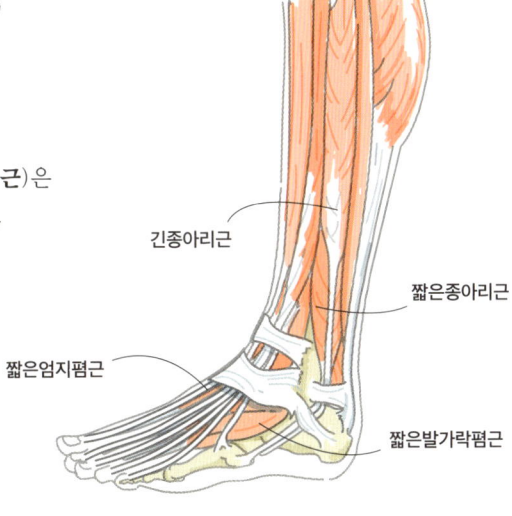

긴종아리근
짧은종아리근
짧은엄지폄근
짧은발가락폄근

종아리와 발 근육: 뒤쪽

뒤쪽에는 얕은 근육과 깊은 근육이 있습니다. 모두 발목과 발가락 굽힘근과 발바닥을 안쪽으로 젖히는 근육입니다. **종아리세갈래근**은 얕은 뒤쪽 근육입니다. 여기에는 얕은안쪽장딴지근과 얕은가쪽장딴지근, 그보다 좀 더 깊은 가자미근이 있습니다.

깊은 위쪽 근육에는 발목과 가쪽의 발가락 4개를 구부리는 긴발가락굽힘근, 발목을 구부리고 발을 안쪽으로 젖히는 뒤정강근이 있습니다.

긴엄지굽힘근은 발목과 엄지발가락을 굽힙니다.

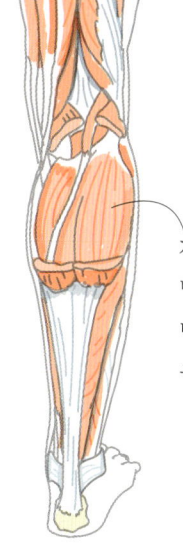

장딴지근: 무릎과 발목 관절을 지나므로 무릎을 굽히고, 발목을 발바닥쪽으로 (발가락이 아래를 향하게) 굽힙니다.

가자미근: 발목을 발바닥쪽으로 굽힙니다.

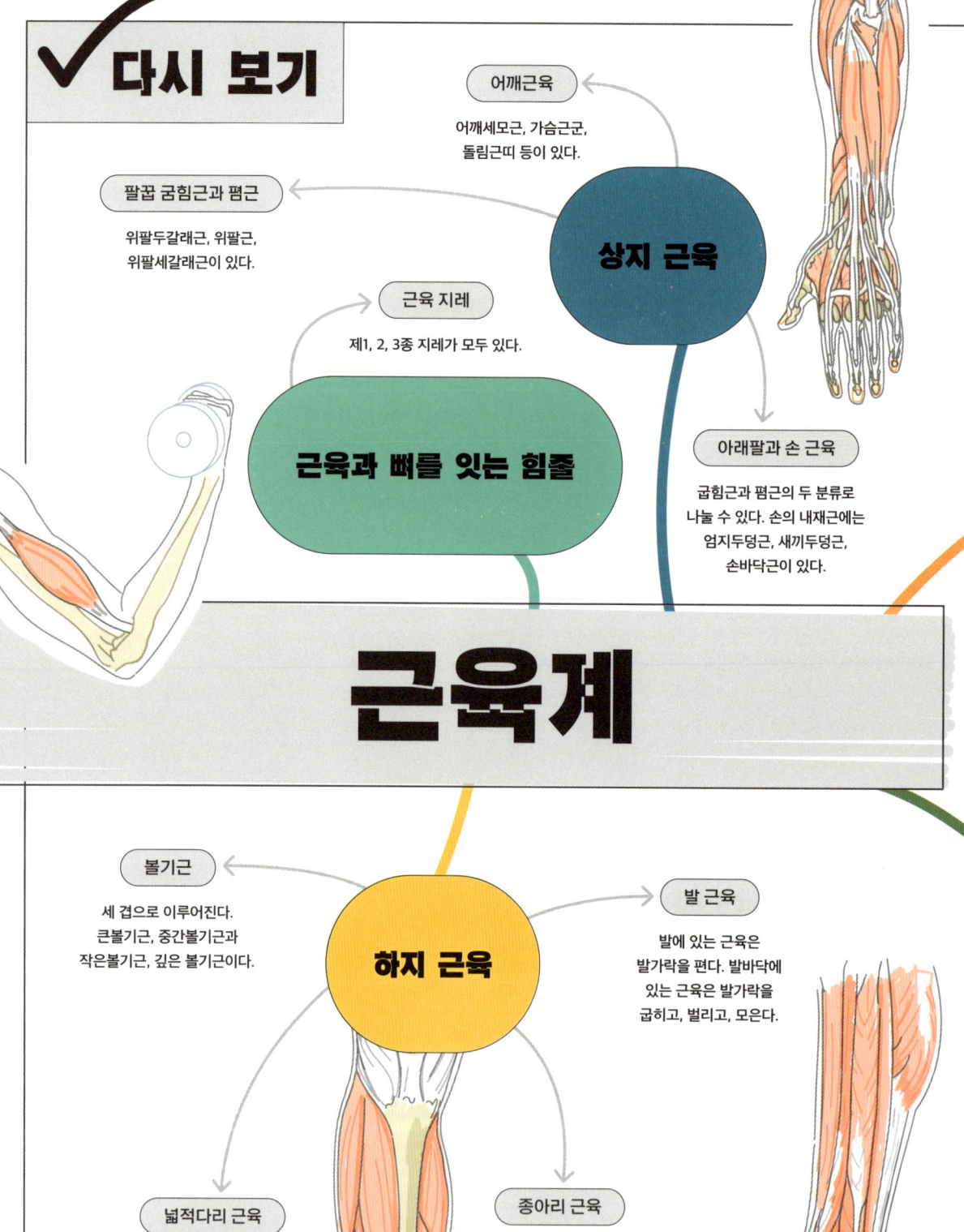

✓ 다시 보기

근육계

상지 근육

- **어깨근육**: 어깨세모근, 가슴근군, 돌림근띠 등이 있다.
- **팔꿉 굽힘근과 폄근**: 위팔두갈래근, 위팔근, 위팔세갈래근이 있다.
- **근육 지레**: 제1, 2, 3종 지레가 모두 있다.
- **아래팔과 손 근육**: 굽힘근과 폄근의 두 분류로 나눌 수 있다. 손의 내재근에는 엄지두덩근, 새끼두덩근, 손바닥근이 있다.

근육과 뼈를 잇는 힘줄

하지 근육

- **볼기근**: 세 겹으로 이루어진다. 큰볼기근, 중간볼기근과 작은볼기근, 깊은 볼기근이다.
- **넓적다리 근육**: 앞쪽과 안쪽, 뒤쪽의 세 분류로 나뉜다.
- **종아리 근육**: 앞쪽과 뒤쪽, 가쪽의 세 분류로 나뉜다.
- **발 근육**: 발에 있는 근육은 발가락을 편다. 발바닥에 있는 근육은 발가락을 굽히고, 벌리고, 모은다.

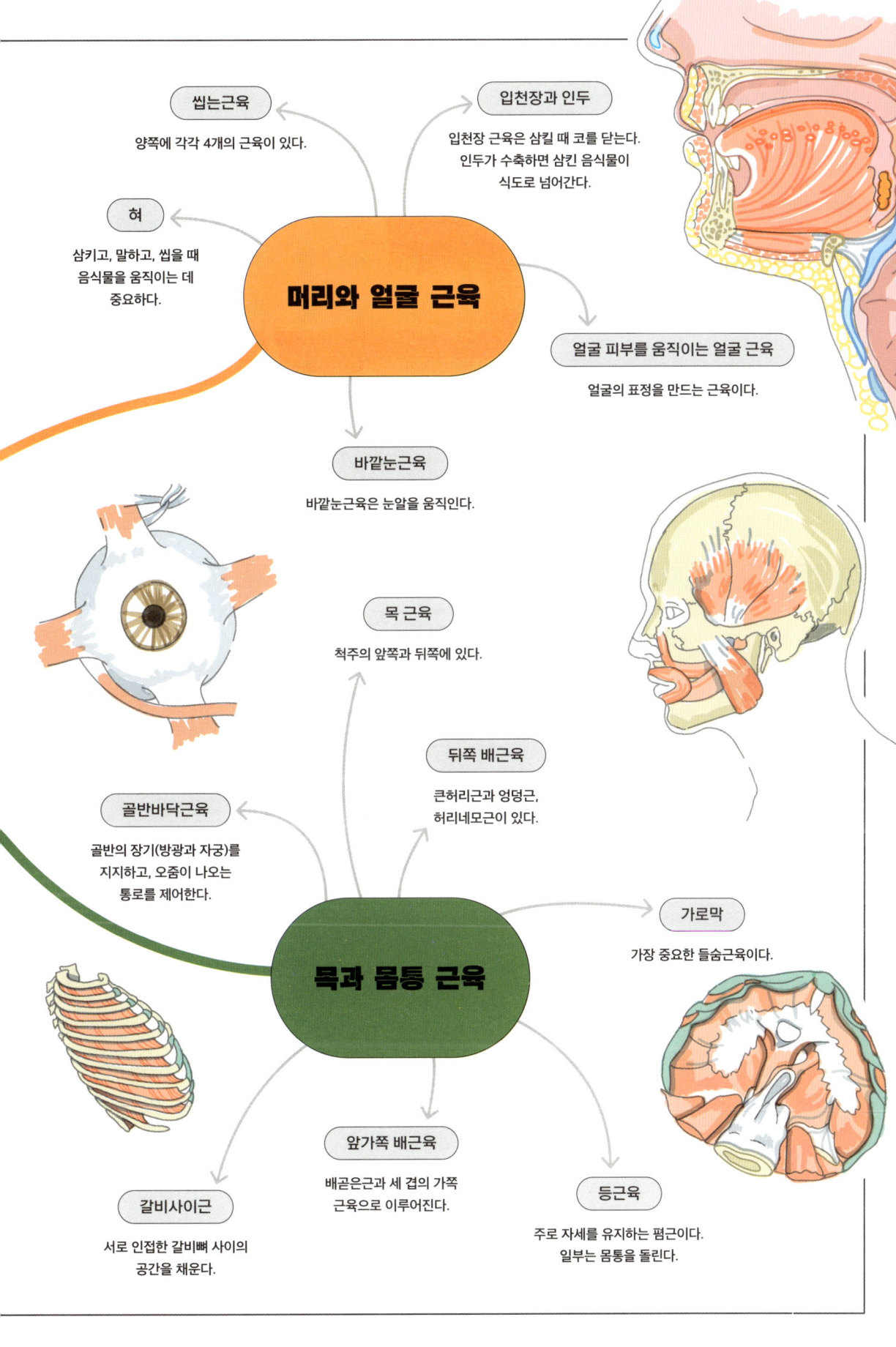

5장

신경계와 감각

신경계에는 중추신경계와 말초신경계가 있습니다. 중추신경계(뇌와 척수)는 머리뼈와 척주에 의해 생기는 등쪽몸안 속에서 보호받고 있습니다. 감각 정보는 뇌신경과 척수신경을 타고 뇌에 도달합니다. 감각에 대한 몇몇 반응(무릎반사, 뜨거운 물체에 닿으면 움츠리는 것, 동공 축소 등)은 반사성이지만, 대부분은 척수나 뇌 수준에서 중앙처리를 거칩니다. 그 뒤에 운동신경로를 따라 근육이나 분비샘으로 반응이 전달됩니다.

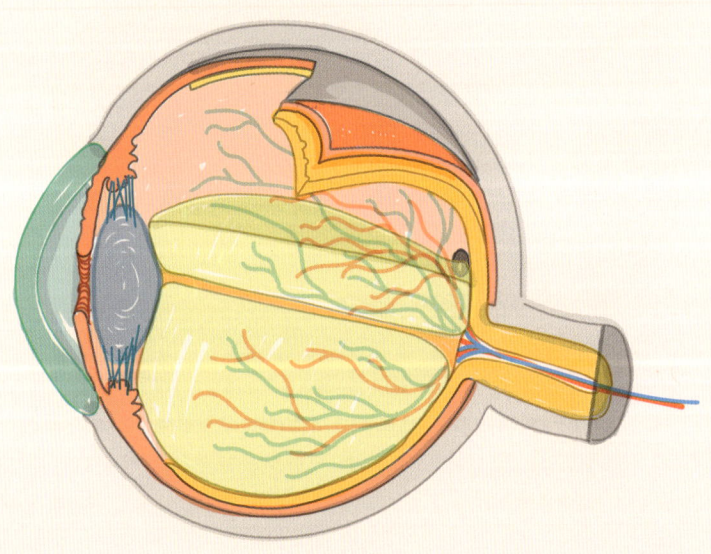

뉴런의 구조

전형적인 **뉴런**에는 정보의 입력과 출력을 위해 분화한 구조가 있습니다. 가지돌기는 입력 경로이며, 축삭은 출력 경로입니다. 평균적인 뇌에는 약 8000만 개의 뉴런이 있습니다.

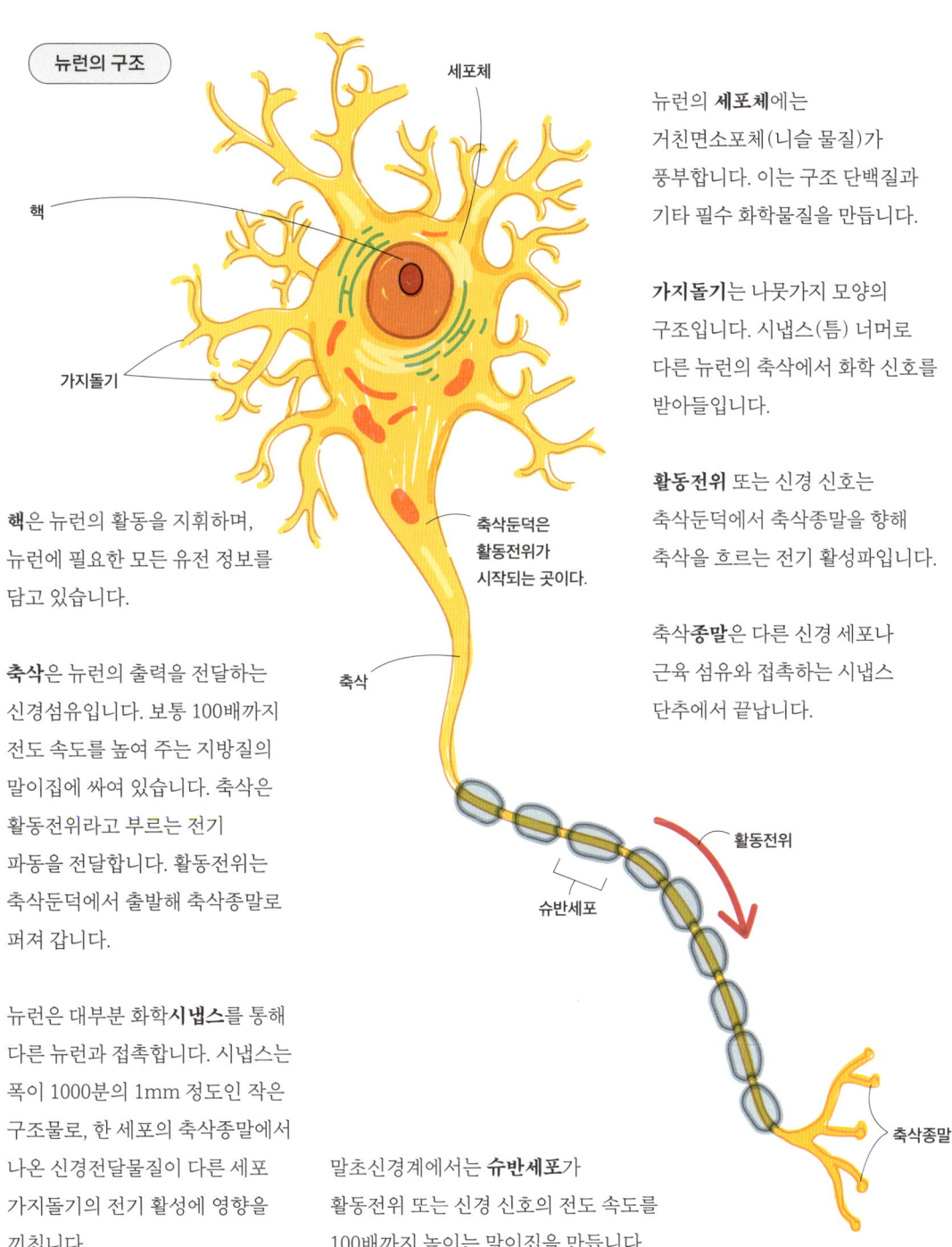

뉴런의 구조

뉴런의 **세포체**에는 거친면소포체(니슬 물질)가 풍부합니다. 이는 구조 단백질과 기타 필수 화학물질을 만듭니다.

가지돌기는 나뭇가지 모양의 구조입니다. 시냅스(틈) 너머로 다른 뉴런의 축삭에서 화학 신호를 받아들입니다.

활동전위 또는 신경 신호는 축삭둔덕에서 축삭종말을 향해 축삭을 흐르는 전기 활성파입니다.

축삭**종말**은 다른 신경 세포나 근육 섬유와 접촉하는 시냅스 단추에서 끝납니다.

핵은 뉴런의 활동을 지휘하며, 뉴런에 필요한 모든 유전 정보를 담고 있습니다.

축삭은 뉴런의 출력을 전달하는 신경섬유입니다. 보통 100배까지 전도 속도를 높여 주는 지방질의 말이집에 싸여 있습니다. 축삭은 활동전위라고 부르는 전기 파동을 전달합니다. 활동전위는 축삭둔덕에서 출발해 축삭종말로 퍼져 갑니다.

뉴런은 대부분 화학**시냅스**를 통해 다른 뉴런과 접촉합니다. 시냅스는 폭이 1000분의 1mm 정도인 작은 구조물로, 한 세포의 축삭종말에서 나온 신경전달물질이 다른 세포 가지돌기의 전기 활성에 영향을 끼칩니다.

말초신경계에서는 **슈반세포**가 활동전위 또는 신경 신호의 전도 속도를 100배까지 높이는 말이집을 만듭니다.

신경계의 기능적 구조

신경계의 세 가지 기본 기능은 감각(입력), 중앙처리(통합), 운동(출력)입니다. 운동과 감각 기능은 말초신경계와 중추신경계 사이의 경계를 넘나듭니다. 따라서 감각과 운동 요소는 말초신경계와 중추신경계 양쪽에 있습니다.

감각 기능

감각수용기는 외부 또는 내부 환경을 감지하고 정보를 부호화해 중추신경계로 보냅니다. 감각 정보를 나르는 뉴런을 **구심성** 뉴런이라고 합니다. 감각 뉴런은 뇌와 척수 신경에서 찾을 수 있습니다.

통합 기능

통합은 감각 정보를 저장하고 분석하며, 그 정보를 바탕으로 행동을 결정하는 일입니다.

망막신경절세포: 눈의 망막에 있는 감각 뉴런으로, 시각 신경을 통해 정보를 뇌에 전달합니다.

다중통합뉴런: 뇌 안에 있으며, 감각 정보를 처리하고 어떤 행동을 할지 결정합니다.

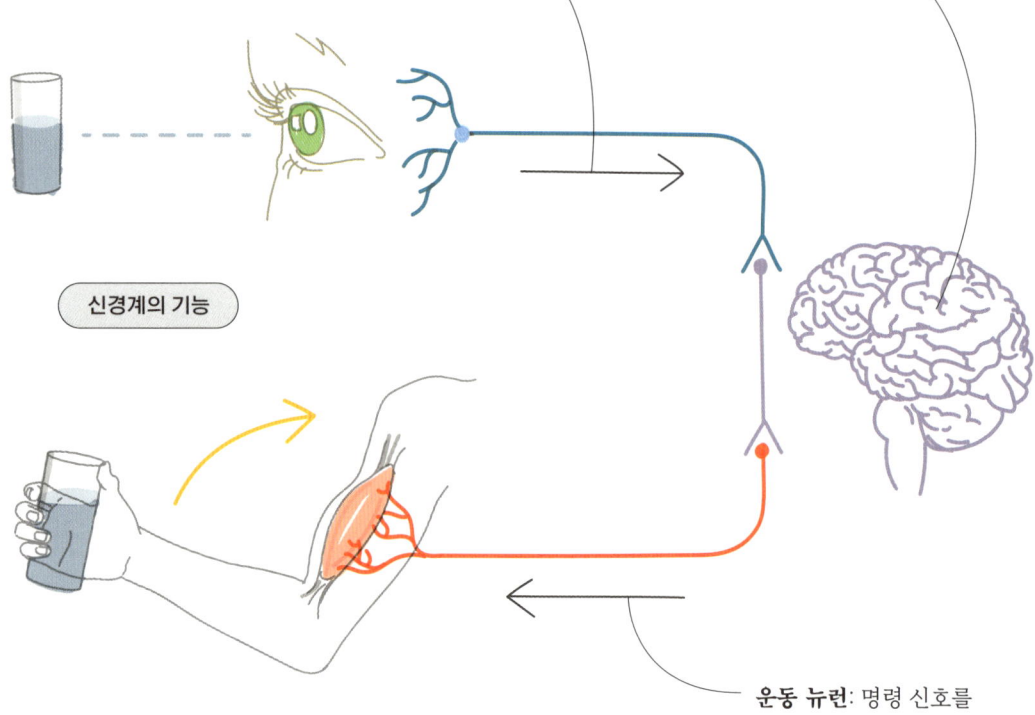

신경계의 기능

운동 뉴런: 명령 신호를 몸의 근육과 분비샘에 전달해 사지를 움직이거나 몸의 내부 상태를 바꿉니다.

운동 기능

신경계는 운동 기능을 통해 주위 환경에 반응합니다. 중추신경계에서 나오는 정보를 나르는 운동 뉴런을 **원심성** 뉴런이라고 부릅니다. 원심성 뉴런은 민무늬근육, 심장근육, 뼈대근육, 내부 장기나 피부의 분비샘에 작용할 수 있습니다.

몸 신경계

몸 신경계는 몸의 표면, 뼈, 관절, 뼈대근육에 관여하는 말초신경계의 일부입니다. **몸감각 뉴런**은 피부와 근육방추, 관절 뻗침수용기, 특수 감각(눈과 귀 등)에서 오는 정보를 나릅니다. **몸운동 뉴런**은 중추신경계에서 나오는 정보를 뼈대근육(수의근)으로만 전달합니다.

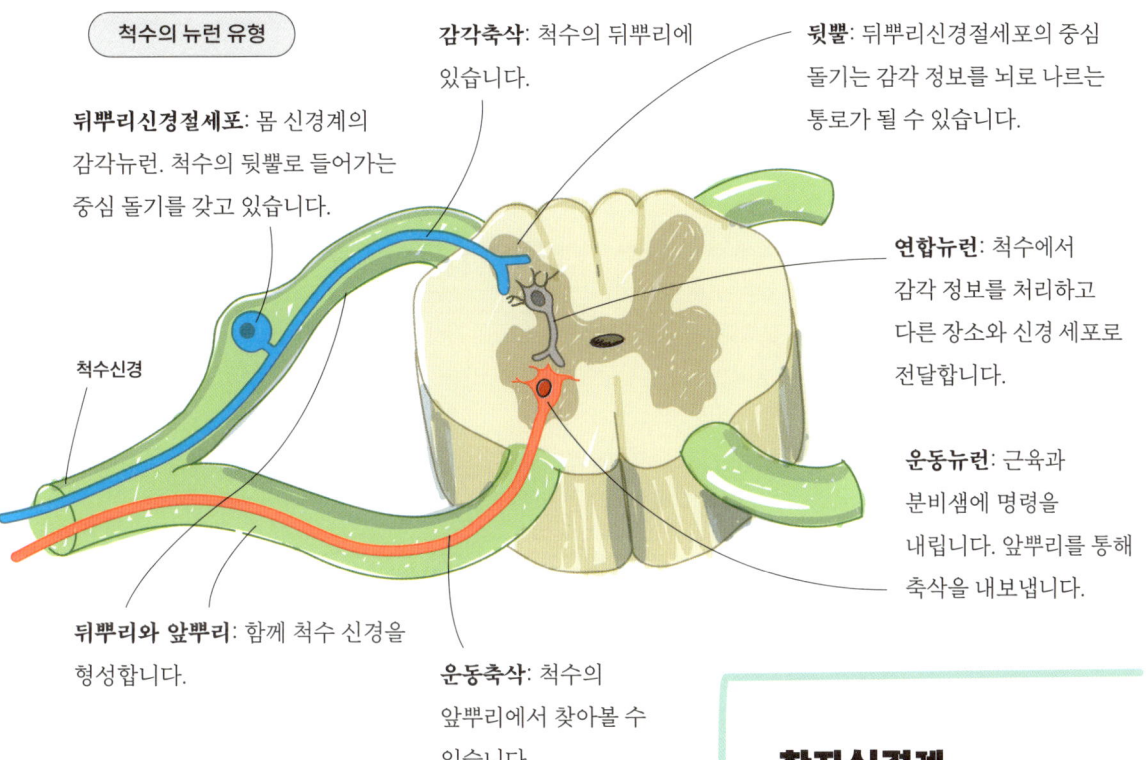

척수의 뉴런 유형

뒤뿌리신경절세포: 몸 신경계의 감각뉴런. 척수의 뒷뿔로 들어가는 중심 돌기를 갖고 있습니다.

감각축삭: 척수의 뒤뿌리에 있습니다.

뒷뿔: 뒤뿌리신경절세포의 중심 돌기는 감각 정보를 뇌로 나르는 통로가 될 수 있습니다.

연합뉴런: 척수에서 감각 정보를 처리하고 다른 장소와 신경 세포로 전달합니다.

운동뉴런: 근육과 분비샘에 명령을 내립니다. 앞뿌리를 통해 축삭을 내보냅니다.

척수신경

뒤뿌리와 앞뿌리: 함께 척수 신경을 형성합니다.

운동축삭: 척수의 앞뿌리에서 찾아볼 수 있습니다.

자율신경계

자율신경계는 내부 장기의 반자동 제어에 관여합니다. 자율신경계에는 내부 장기의 정보를 중추신경계로 전달하는 **내장감각뉴런**과 내장의 민무늬근육과 분비샘을 제어하는 **내장운동(자율)뉴런**이 있습니다.
내장감각뉴런은 과도한 소화관의 당김이나 팽창, 또는 상피의 손상으로 소화관 벽에서 생기는 통증을 전달하기도 합니다.
자율신경계는 전통적으로 교감신경계와 부교감신경계로 나뉩니다.
교감신경계는 긴급 상황에 에너지를 써야 할 때 사용합니다. 출력은 가슴과 위쪽 허리의 척수(T1에서 L1)에서 나옵니다.
부교감신경계는 휴식과 소화에 사용하며, 에너지를 재충전합니다. 출력은 눈돌림신경, 얼굴신경, 혀인두신경, 미주신경과 뇌신경(CN 3, 7, 9, 10), 엉치척수분절 S2~S4에서 나옵니다.

창자신경계

창자신경계에는 감각뉴런, 운동뉴런, 연합뉴런이 있습니다. 자율신경계와 마찬가지로 창자신경계도 완전히 불수의적입니다.

감각창자뉴런은 소화관 내부의 화학적 변화와 소화관 벽의 팽창을 감시합니다.

운동창자뉴런은 창자의 민무늬근육을 제어해 **꿈틀운동**(소화관 아래로 음식을 천천히 내려 보내기 위한 주기적인 수축)을 일으킵니다. 또, 위산과 창자샘의 분비를 제어합니다.

뇌의 구조와 기능

뇌는 앞뇌와 뇌줄기로 나뉘며, 뇌줄기에는 소뇌가 붙어 있습니다. 인간의 전뇌는 대뇌 겉질(대뇌 피질)로 크게 확장되어 있지만, 전뇌의 깊숙한 구조(사이뇌와 줄무늬체) 역시 중요합니다.

뇌의 발달

뇌는 배아의 신경관에서 발달합니다. 신경 조직은 피부와 기원이 같으며 배아의 등쪽에서 평평한 올챙이 모양의 표면(**신경판**)으로 시작합니다. 이 평평한 표면이 말려서 관(**신경관**) 모양이 되고 초기 뇌를 형성합니다.
머리쪽 끝은 세 덩어리(**일차뇌포**)로 발달해 이후 각각 앞뇌, 중간뇌, 마름뇌가 됩니다. 꼬리쪽 끝은 척수가 됩니다. 앞뇌 뇌포는 팽창해 **끝뇌**(성인의 대뇌 겉질과 바닥핵)와 **사이뇌**(성인의 시상)가 됩니다. 중간뇌 뇌포는 중간뇌가 됩니다. 마름뇌 뇌포는 **뒤뇌**(다리뇌)와 **숨뇌**(연수)로 발달합니다.

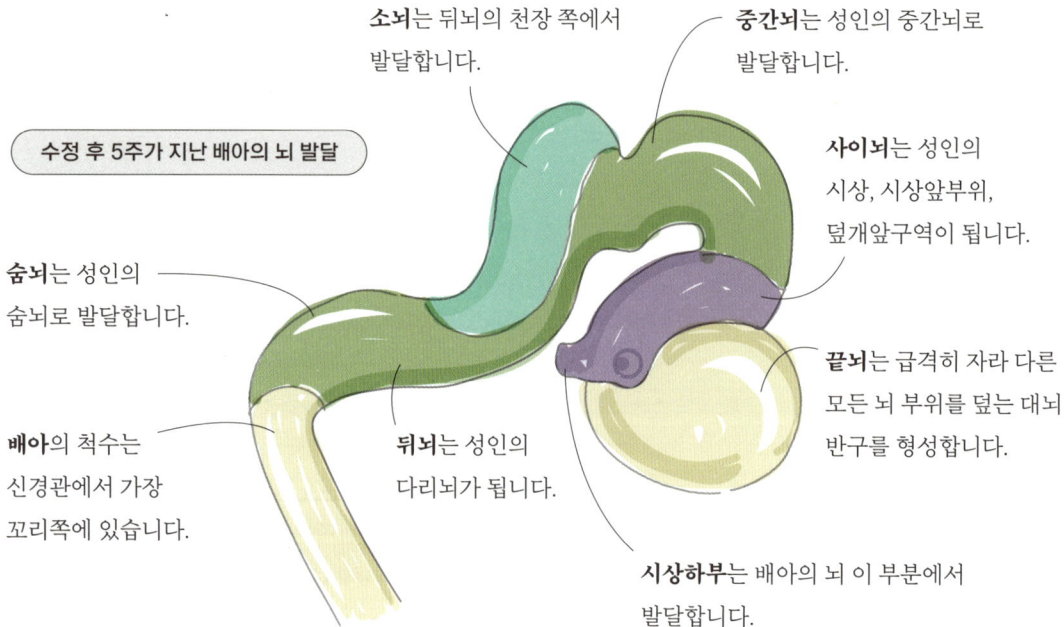

소뇌는 뒤뇌의 천장 쪽에서 발달합니다.

중간뇌는 성인의 중간뇌로 발달합니다.

수정 후 5주가 지난 배아의 뇌 발달

사이뇌는 성인의 시상, 시상앞부위, 덮개앞구역이 됩니다.

숨뇌는 성인의 숨뇌로 발달합니다.

끝뇌는 급격히 자라 다른 모든 뇌 부위를 덮는 대뇌 반구를 형성합니다.

배아의 척수는 신경관에서 가장 꼬리쪽에 있습니다.

뒤뇌는 성인의 다리뇌가 됩니다.

시상하부는 배아의 뇌 이 부분에서 발달합니다.

뇌줄기

모든 척추동물의 뇌줄기의 구조는 비슷합니다. 5억 년 동안 기능이 똑같았기 때문입니다. 뇌줄기는 뇌에서 아주 오래된 부위입니다.
뇌줄기의 핵심 구성 요소로는 뇌신경핵(머리와 목, 내부 장기의 감각과 운동 기능 담당), 뇌와 척수를 연결하는 상행·하행 통로, 여러 자율 기능을 위한 그물체 등이 있습니다.
뇌줄기는 중간뇌와 다리뇌, 숨뇌로 이루어져 있습니다. 중간뇌는 덮개앞구역과 머리쪽에서 연결되어 있고, 숨뇌는 머리뼈바닥의 큰구멍을 통해 꼬리쪽에서 척수와 이어져 있습니다.

앞뇌의 깊은 구조

소뇌는 뇌줄기에서 뻗어 나와 있습니다. 뒤뇌에서 갈라져 나온 **마름뇌입술**에서 발달했지요. 이 한 쌍의 입술은 임신 중기에 가운데에서 만나 소뇌의 몸체를 형성합니다. 소뇌는 속귀, 척수, 다리뇌로부터 정보를 입력받으며, 몸 전체의 운동 기능을 조절합니다.

앞뇌의 깊은 구조는 배아의 끝뇌 깊은 부위와 사이뇌에서 발달합니다.
사이뇌는 덮개앞구역과 시상, 시상앞부위를 형성합니다.
끝뇌 깊은 부위는 줄무늬체, 창백핵, 사이막(중격) 등이 됩니다.
현대 해부학에서는 시상하부를 끝뇌와 동일시하고 있습니다.

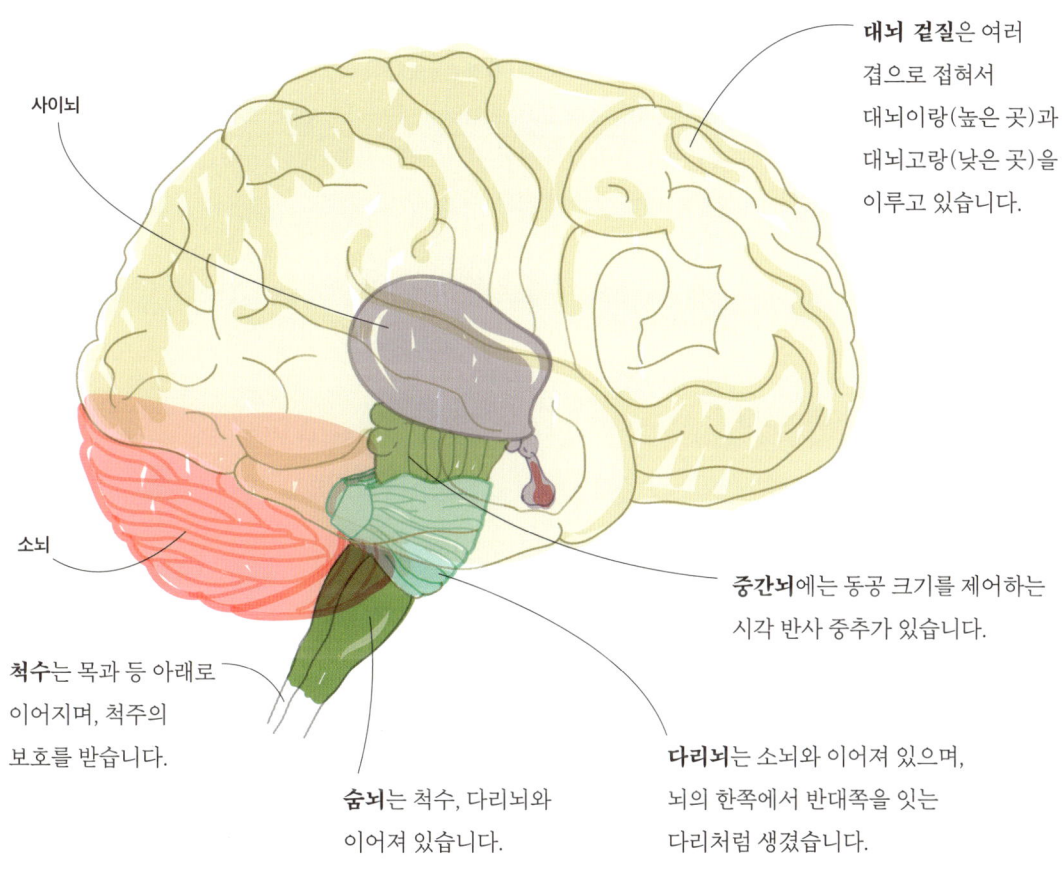

뇌의 주요 부위

대뇌 겉질은 여러 겹으로 접혀서 대뇌이랑(높은 곳)과 대뇌고랑(낮은 곳)을 이루고 있습니다.

사이뇌

소뇌

척수는 목과 등 아래로 이어지며, 척주의 보호를 받습니다.

숨뇌는 척수, 다리뇌와 이어져 있습니다.

중간뇌에는 동공 크기를 제어하는 시각 반사 중추가 있습니다.

다리뇌는 소뇌와 이어져 있으며, 뇌의 한쪽에서 반대쪽을 잇는 다리처럼 생겼습니다.

접힌 겉질 표면

앞뇌의 **대뇌** 표면은 빽빽하게 접혀서 뇌들보로 이어진 두 반구의 대뇌 겉질을 형성합니다. 표면적은 약 0.12㎡입니다. 높은 곳을 **이랑**, 그 사이의 움푹한 낮은 곳을 **고랑**이라고 부릅니다. **대뇌 겉질**은 여섯 층으로 이루어진 회색질로 이루어져 있으며, 그 안에는 약 150억 개의 뉴런이 있습니다. 해마 같은 겉질의 일부는 부분적으로 가려져 있습니다. **후각망울** 역시 앞뇌 아래쪽에서 뻗어 나와 있습니다(104~105쪽 참조).

대뇌 겉질의 기능

뇌의 표면은 대뇌 겉질이라고 부르며 접힌 채 높은 곳(대뇌이랑)과 낮은 곳(대뇌고랑)으로 이루어져 있습니다.
겉질의 표면 각 영역은 운동, 감각, 언어, 판단, 계획 등 서로 다른 기능을 수행합니다.

엽, 틈새, 고랑

겉질 표면은 4개의 엽으로 나뉩니다. 이마엽, 마루엽, 관자엽, 뒤통수엽으로, 각각은 대체로 같은 이름의 뼈 아래에 있습니다. **가쪽고랑**은 이마엽과 관자엽을 나눕니다.

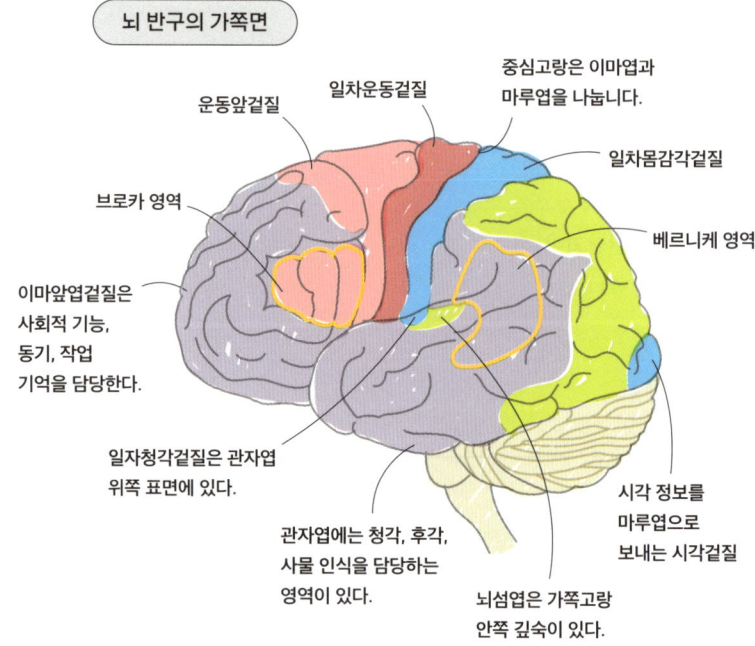

뇌 반구의 가쪽면
- 운동앞겉질
- 일차운동겉질
- 중심고랑은 이마엽과 마루엽을 나눕니다.
- 일차몸감각겉질
- 브로카 영역
- 베르니케 영역
- 이마앞엽겉질은 사회적 기능, 동기, 작업 기억을 담당한다.
- 일자청각겉질은 관자엽 위쪽 표면에 있다.
- 관자엽에는 청각, 후각, 사물 인식을 담당하는 영역이 있다.
- 시각 정보를 마루엽으로 보내는 시각겉질
- 뇌섬엽은 가쪽고랑 안쪽 깊숙이 있다.

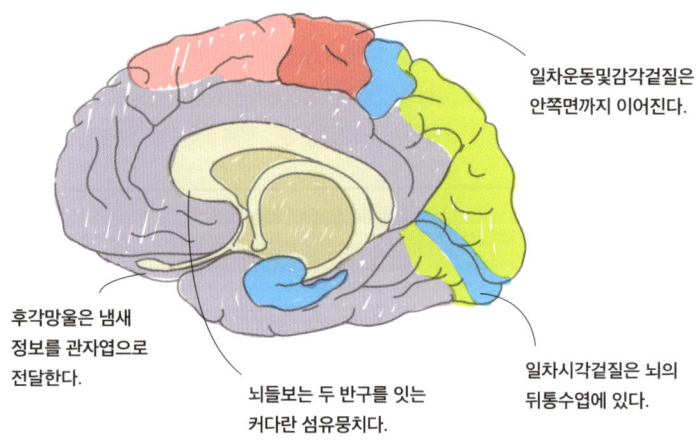

뇌 반구의 안쪽면
- 일차운동및감각겉질은 안쪽면까지 이어진다.
- 후각망울은 냄새 정보를 관자엽으로 전달한다.
- 뇌들보는 두 반구를 잇는 커다란 섬유뭉치다.
- 일차시각겉질은 뇌의 뒤통수엽에 있다.

촉각

접촉, 통증, 온도, 관절의 위치, 진동은 **일차몸감각겉질**이라고 불리는 겉질의 기능 영역에서 담당합니다. **중심뒤이랑**이라는 돌출부 위에 있습니다. 몸의 서로 다른 부위로 겉질의 서로 다른 영역에서 담당합니다(**체형배열**이라는 특징입니다). 머리는 가장 아래쪽과 가쪽, 상지와 몸통, 하지, 생식기는 가쪽에서 안쪽입니다. 중요도가 높아 정보를 처리하는 신경 조직이 더 많이 필요한 얼굴과 손은 담당하는 영역이 넓습니다.

언어

사람은 대부분 왼쪽 반구에 언어 영역이 있습니다. **브로카 영역**(단어 표현)과 **베르니케 영역**(언어 이해, 단어 선택, 문장 구성)이 두 핵심 영역입니다.

시각

시각은 뒤통수엽의 **일차시각겉질**에서 담당합니다. 시각겉질의 표면에는 눈에 보이는 세상을 반영하는 지도(망막위상 조직)가 있으며, 겉질의 넓은 영역이 상세한 중심시를 담당하고 있습니다.
시각 정보는 마루엽으로 전달되어(등쪽 흐름) 시각 공간에서 물체의 위치를 분석합니다. 시각 정보는 또한 관자엽으로 전달되어(배쪽 흐름) 물체를 확인합니다.

작업 기억

뒤가쪽 이마앞엽은 작업 기억 기능을 수행합니다. 조리법을 따라 하거나 전화번호를 입력하는 것과 같은 활동을 하기 위해 필요한 행동의 순서를 저장하는 능력을 말합니다.

청각

청각은 관자엽의 위쪽 표면에 있는 **일차청각겉질**에서 담당합니다. 이 영역은 가쪽고랑 깊은 곳까지 이어집니다.
주파수(높낮이)가 다른 소리는 서로 다른 겉질이 담당합니다(음위상 조직).
청각겉질은 언어 이해 영역(베르니케 영역)으로 정보를 전달합니다.

대뇌 겉질 위의 운동 및 몸감각 지도

중심앞이랑의 운동 지도

중심뒤이랑의 몸감각 지도

일차운동겉질의 표면에는 몸의 각 근육에 대응하는 영역이 있다.

일차몸감각겉질의 표면에는 몸의 각 피부에 대응하는 영역이 있다.

후각과 미각

냄새 정보는 관자엽 안쪽면의 작은 영역에서 처리합니다.
맛은 가쪽고랑 내부의 이마엽 겉질과 **뇌섬엽**이라고 하는 깊은 영역에서 처리합니다.

계획과 판단

운동 영역 앞쪽의 **이마앞엽**은 사회적 기능, 계획, 판단을 담당합니다.

운동

이마엽의 여러 겉질 영역에서 움직임을 제어합니다. **운동앞겉질**은 **중심앞이랑**에 있는 **일차운동겉질**로 명령을 보냅니다. 겉질 표면에는 몸의 근육 지도가 있으며(운동위상 조직), 상당히 넓은 영역이 얼굴과 손 근육을 담당하고 있습니다.

85

뇌줄기와 소뇌

뇌줄기는 척수를 앞뇌와 중간뇌에 연결합니다. 척수로 정보를 보내는 상행·하행 통로가 되며, 호흡, 혈압과 심박수 조절, 소화 활동 조절 등 다른 중요한 자율 기능도 수행합니다.

뇌신경

2번 뇌신경(**시각 신경**)은 뇌줄기 위에 붙습니다. 3~12번 뇌신경은 뇌줄기에 붙습니다. 3번(**눈돌림신경**)과 4번(**도르래신경**) 뇌신경은 중간뇌에 붙습니다. 5번 뇌신경(**삼차신경**)은 다리뇌에 붙습니다. 6번(**갓돌림신경**)과 7번(**얼굴신경**), 8번(**속귀신경**)은 다리뇌와 숨뇌 사이의 이음부를 따라 붙습니다. 9번(**혀인두신경**)과 10번(**미주신경**), 11번(**더부신경**), 12번(**혀밑신경**)은 숨뇌에 붙습니다.

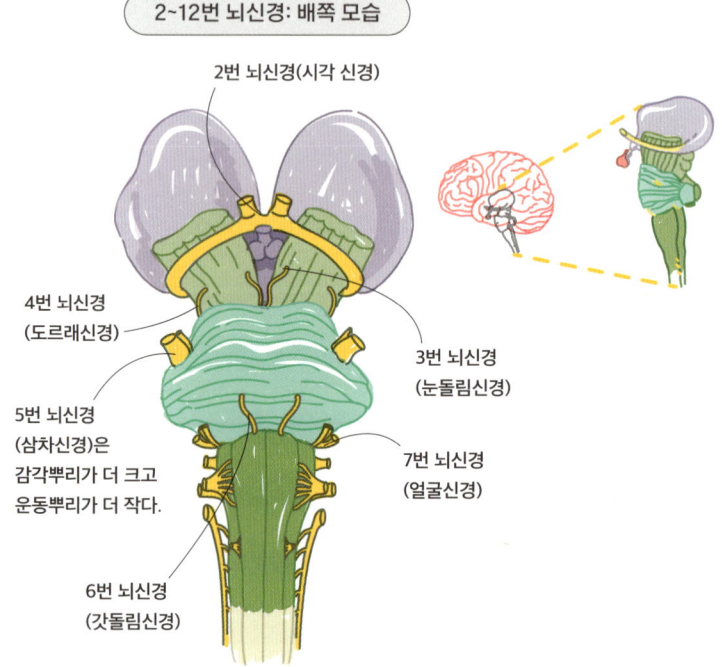

그물체

그물체는 뇌줄기에서 나온 뉴런의 집단으로 이루어져 있습니다. 이 뉴런 집단은 호흡과 혈액 순환을 조절하기 위해 서로 연결되어 있습니다. 이곳에는 호흡 리듬, 혈압, 심장 근육 수축의 힘과 빈도, 속도를 조절하는 중추가 있습니다. 다리뇌와 숨뇌에는 폐 환기를 조절하는 별도의 중추가 있습니다. 이런 중추는 혈액의 산소와 이산화탄소 농도에 반응해 호흡 리듬(들숨과 날숨의 주기)을 조절합니다.

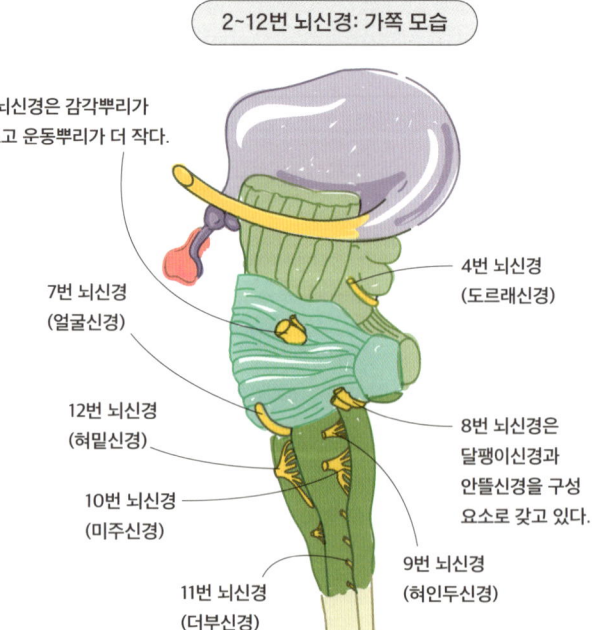

호흡 중추는 목 부위 척수의 가로막신경핵에 명령을 내려 가로막을 움직이고, 가슴 부위 척수에 명령을 내려 갈비사이근을 움직입니다.

다리뇌와 숨뇌의 다른 중추는 심장 박동과 혈압을 조절합니다. 이들은 숨뇌의 미주신경핵에 있는 자율뉴런과 척수의 교감뉴런에 명령을 내립니다.

세로토닌과 노르에피네프린(노르아드레날린), 도파민을 신경전달물질로 사용하는 뉴런들 역시 그물체에 있습니다. 이들은 뇌의 다양한 영역에 투영되어 감각 주의, 수면, 기분, 감정적 반응을 조절합니다.

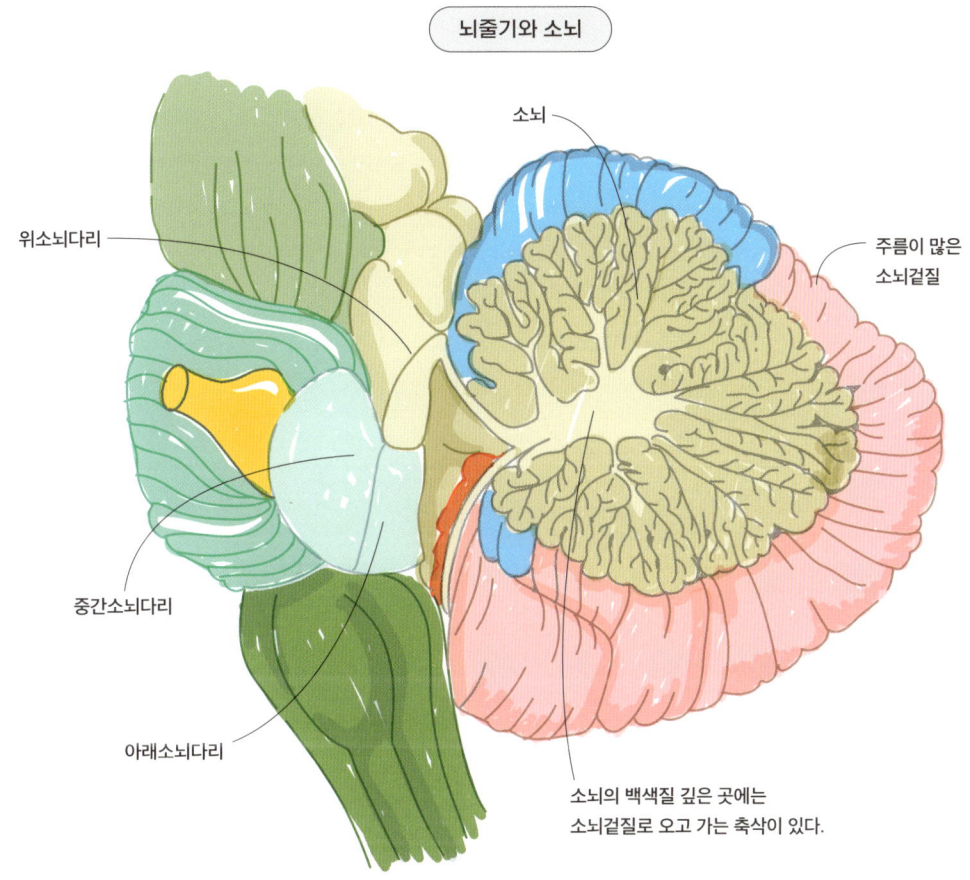

뇌줄기와 소뇌

소뇌

소뇌는 대뇌와 비슷해 비슷한 이름이 붙었습니다. 소뇌는 운동 조절에 핵심적인 역할을 해 매끄럽고 순차적인 근육의 움직임을 가능하게 합니다. 소뇌는 대뇌의 운동겉질에서 오는 지시에 따라 표면(**소뇌 겉질**)에 저장되어 있는 일상 운동을 활성화할 수 있습니다. 소뇌는 세 **소뇌다리**(위, 중간, 아래)로 뇌줄기와 이어집니다. 커다란 신경섬유 속질(**백색질**)을 둘러싼 주름진 소뇌 겉질로 이루어져 있습니다. 소뇌 안 깊은 곳에는 소뇌핵이 있습니다. 이곳의 신경 세포는 소뇌에서 나온 정보를 밖으로 내보냅니다.

소뇌의 기능

소뇌는 다양한 기능이 있습니다.
- 머리의 균형 및 회전 정보를 이용해 눈과 머리의 움직임을 조절합니다.
- 척수로 가는 통로를 통해 근육의 긴장도를 조절합니다.
- 미리 정해진 운동을 수행할 때 적절한 근육을 순차적으로 활성화합니다.

척수의 구조와 기능

척수의 길이는 약 45cm이며, 머리뼈바닥에서 갈비뼈 바로 아래의 등 중간까지 이어집니다.
척수에는 위아래로 신호를 보내는 통로와 감각과 운동 기능을 처리하는 뉴런이 있습니다.

척수의 기본 구조

척수의 중심에는 **회색질**(뉴런과 뉴런의 가지돌기)이 있고, 그 주위를 **백질**(상행·하행 신경 통로)이 둘러싸고 있습니다. 회색질은 뒷뿔과 중간구역, 배쪽뿔로 나뉩니다. 신경관(**중심관**)의 나머지는 척수 중심에 있습니다.
뒷뿔은 온도와 표면의 통증, 복잡한 접촉, 진동, 더 깊은 영역에서 근육의 늘어남과 같은 감각 입력을 처리합니다.
중간구역은 내부 장기에서 오는 입력을 처리하며, 내부 장기를 제어하는 뉴런이 있습니다.
배쪽뿔에는 뼈대근육을 움직이는 운동 뉴런이 있습니다.

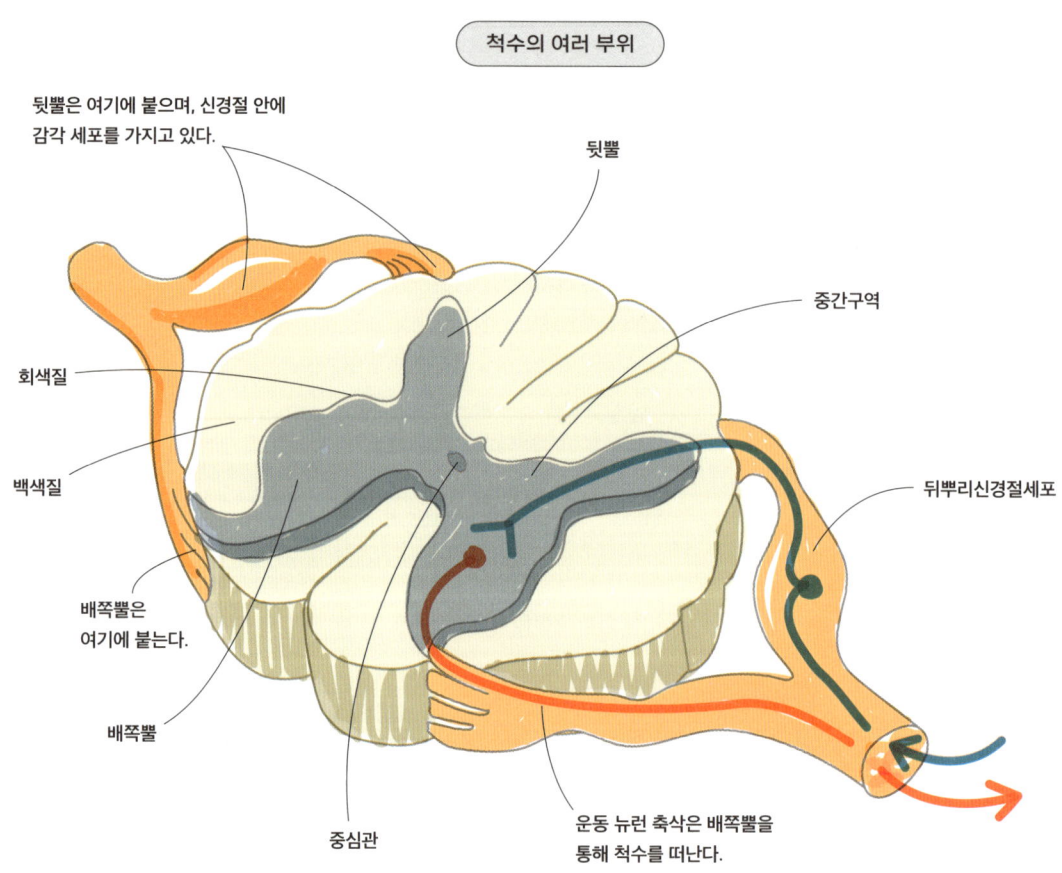

척수의 여러 부위

척수와 뇌척수막, 척주

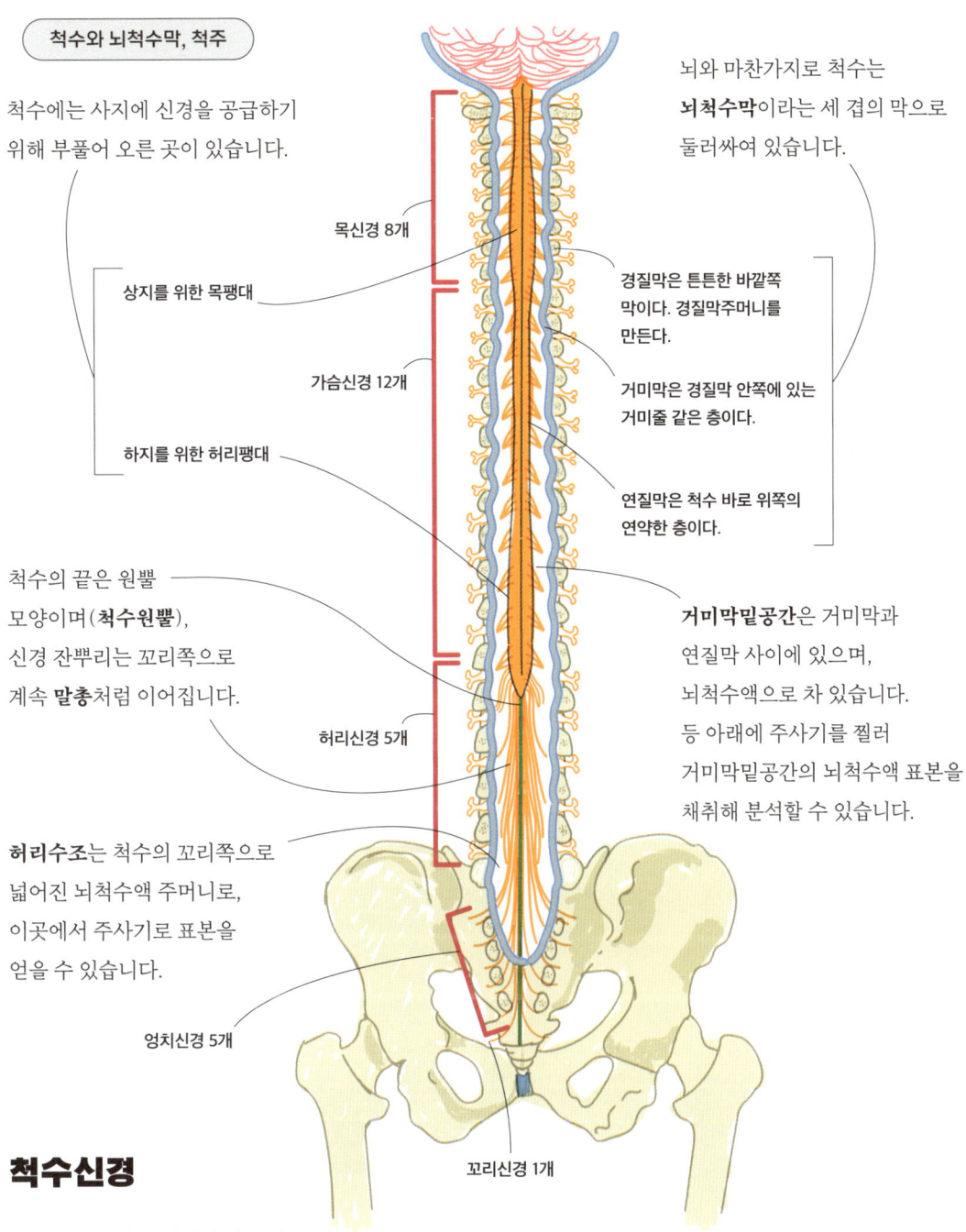

척수에는 사지에 신경을 공급하기 위해 부풀어 오른 곳이 있습니다.

- 상지를 위한 목팽대
- 하지를 위한 허리팽대

척수의 끝은 원뿔 모양이며(**척수원뿔**), 신경 잔뿌리는 꼬리쪽으로 계속 **말총**처럼 이어집니다.

허리수조는 척수의 꼬리쪽으로 넓어진 뇌척수액 주머니로, 이곳에서 주사기로 표본을 얻을 수 있습니다.

- 목신경 8개
- 가슴신경 12개
- 허리신경 5개
- 엉치신경 5개
- 꼬리신경 1개

뇌와 마찬가지로 척수는 **뇌척수막**이라는 세 겹의 막으로 둘러싸여 있습니다.

경질막은 튼튼한 바깥쪽 막이다. 경질막주머니를 만든다.

거미막은 경질막 안쪽에 있는 거미줄 같은 층이다.

연질막은 척수 바로 위쪽의 연약한 층이다.

거미막밑공간은 거미막과 연질막 사이에 있으며, 뇌척수액으로 차 있습니다. 등 아래에 주사기를 찔러 거미막밑공간의 뇌척수액 표본을 채취해 분석할 수 있습니다.

척수신경

척수에는 31쌍의 신경이 있으며, 영역에 따라 숫자가 붙어 있습니다. 뒤뿌리와 앞뿌리의 이음부에서 형성됩니다.

목신경: C1~C8
가슴신경: T1~T12
허리신경: L1~L5
엉치신경: S1~S5
꼬리신경: C01

척수신경은 모여서 사지를 위한 얼기를 형성합니다. C5에서 T1은 팔신경얼기를, L2~S3은 허리엉치신경얼기를 만듭니다. 각각의 척수신경은 몸감각 및 운동 신경 섬유를 가지고 있습니다. 등허리 유출(T1~L1)과 엉치 유출(S2~S4)의 신경도 자율신경섬유(내장감각과 내장운동)를 가지고 있습니다.

상행 신경 통로

상행 통로는 정보를 머리쪽(위)으로 전달하며, 감각성입니다.

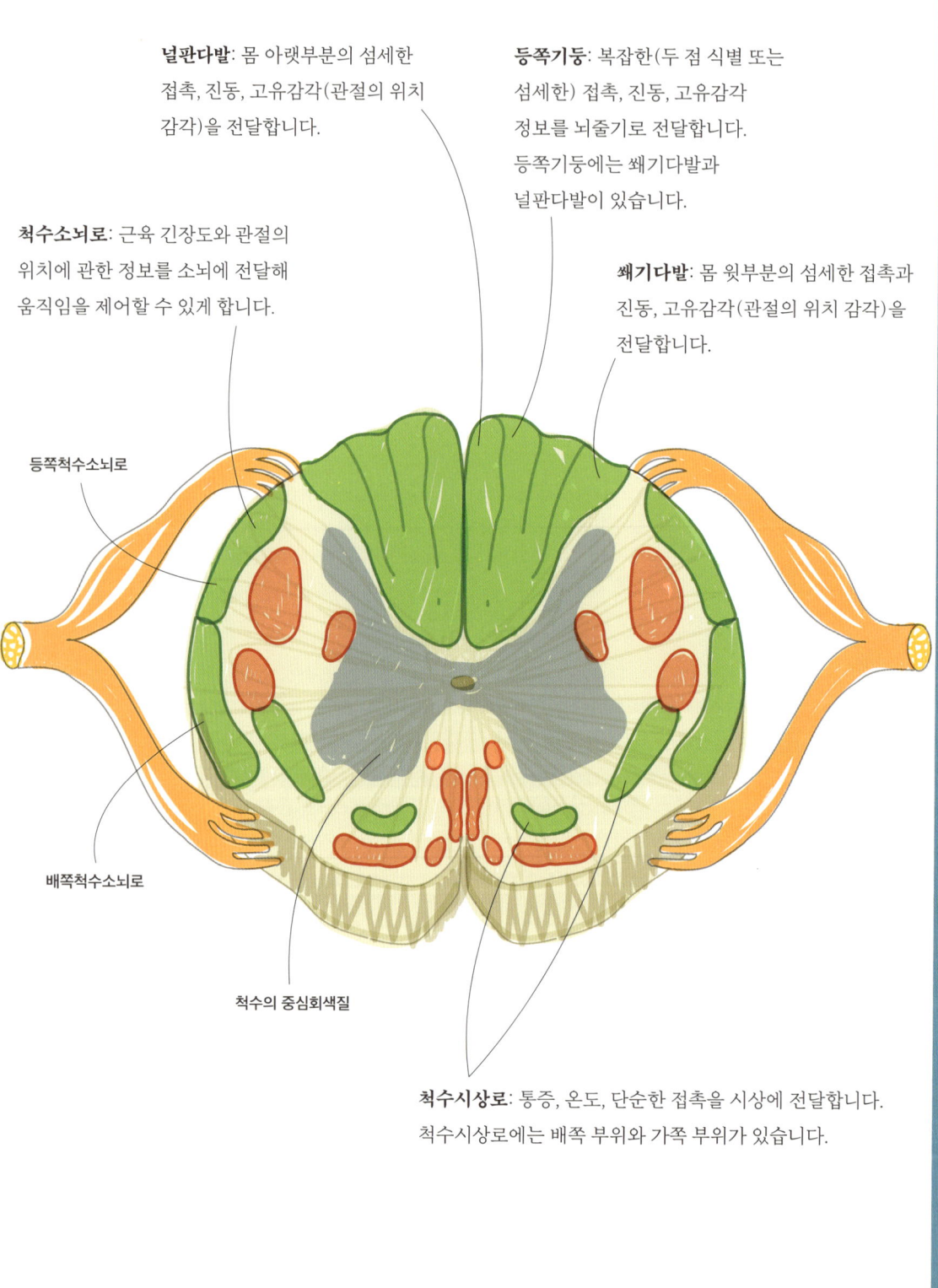

널판다발: 몸 아랫부분의 섬세한 접촉, 진동, 고유감각(관절의 위치 감각)을 전달합니다.

등쪽기둥: 복잡한(두 점 식별 또는 섬세한) 접촉, 진동, 고유감각 정보를 뇌줄기로 전달합니다. 등쪽기둥에는 쐐기다발과 널판다발이 있습니다.

척수소뇌로: 근육 긴장도와 관절의 위치에 관한 정보를 소뇌에 전달해 움직임을 제어할 수 있게 합니다.

쐐기다발: 몸 윗부분의 섬세한 접촉과 진동, 고유감각(관절의 위치 감각)을 전달합니다.

등쪽척수소뇌로

배쪽척수소뇌로

척수의 중심회색질

척수시상로: 통증, 온도, 단순한 접촉을 시상에 전달합니다. 척수시상로에는 배쪽 부위와 가쪽 부위가 있습니다.

하행 신경 통로

하행 통로는 정보를 꼬리쪽(아래)로 전달하며, 대부분 운동성입니다. 하지만 일부는 감각 입력을 조정할 수 있습니다.

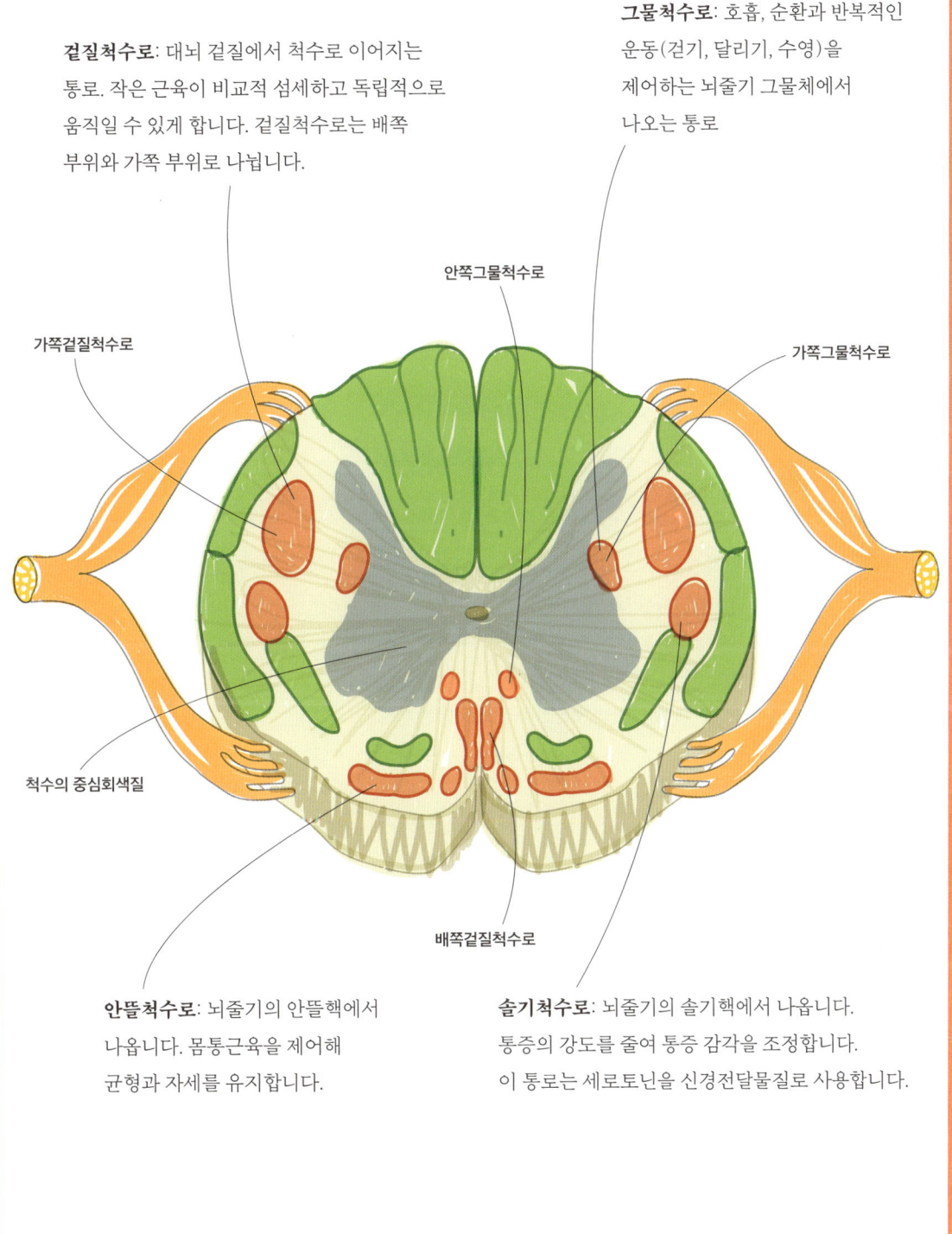

겉질척수로: 대뇌 겉질에서 척수로 이어지는 통로. 작은 근육이 비교적 섬세하고 독립적으로 움직일 수 있게 합니다. 겉질척수로는 배쪽 부위와 가쪽 부위로 나뉩니다.

그물척수로: 호흡, 순환과 반복적인 운동(걷기, 달리기, 수영)을 제어하는 뇌줄기 그물체에서 나오는 통로

- 가쪽겉질척수로
- 안쪽그물척수로
- 가쪽그물척수로
- 척수의 중심회색질
- 배쪽겉질척수로

안뜰척수로: 뇌줄기의 안뜰핵에서 나옵니다. 몸통근육을 제어해 균형과 자세를 유지합니다.

솔기척수로: 뇌줄기의 솔기핵에서 나옵니다. 통증의 강도를 줄여 통증 감각을 조정합니다. 이 통로는 세로토닌을 신경전달물질로 사용합니다.

머리와 목 신경

머리와 목의 신경에는 뇌에 붙어 있는 12개의 뇌신경과 목 부위 척수 위쪽의 가지들이 있습니다. 두 뇌신경(후각신경과 시각신경)은 앞뇌에 붙어 있으며, 나머지 뇌신경은 뇌줄기에 붙어 있습니다.

뇌신경은 몇 개나 있을까?

사람에게는 12쌍의 뇌신경이 있습니다. 배아에게는 하나가 더(CN0) 있습니다. 뇌에서 앞뇌를 잇는 종말신경으로, 발달 과정에서 사라집니다.

후각신경(CN1)은 후각상피에서 후각망울을 잇고 있으며, 유일하게 가느다란 신경 섬유로 이루어져 있습니다. 냄새 정보 처리는 후각망울과 앞뇌의 후각 겉질에서 이루어집니다.

시각신경(CN2)은 100~150만 개의 신경 섬유로 이루어져 있는 순수한 감각신경으로, 눈알 뒤에서 출발합니다. 각 신경섬유는 망막신경절세포 하나의 축삭입니다(99쪽 참고). 각 망막의 코쪽 절반에서 나온 신경섬유는 시상하부 아래의 시각교차에서 교차합니다. 관자쪽 섬유는 같은 면에 있고, 코쪽 섬유만 교차하는 것이지요. 왼쪽 시야 정보를 담은 섬유는 뇌의 오른쪽으로 가고, 그 반대도 마찬가지입니다.

바깥눈근육 신경은 **눈돌림신경**(CN3), **도르래신경**(CN4), **갓돌림신경**(CN6)으로, 눈알을 움직이는 바깥눈근육을 움직이는 완전한 운동성 신경입니다.

눈돌림신경(CN3)은 위곧은근, 안쪽곧은근, 아래곧은근, 아래빗근을 움직입니다. 동공을 수축하고 수정체 모양을 조절해 초점을 맞추는 민무늬근육을 움직이는 부교감신경도 있습니다.

삼차신경(CN5)은 감각성과 운동성이 모두 있는 혼합성 신경입니다. 얼굴에 촉감, 통증, 온도 같은 감각 기능을 제공하며, 씹는 근육을 제어하기도 합니다. 각각 이마, 뺨, 턱을 지배하는 **눈신경**, **위턱신경**, **아래턱신경**의 세 가지(그래서 삼차신경입니다)가 있습니다.

- 후각신경(CN1)
- 시각신경(CN2)
- 눈돌림신경(CN3)
- 도르래신경(CN4)
- 삼차신경(CN5)
- 갓돌림신경(CN6)
- 얼굴신경(CN7)
- 속귀신경(CN8)

얼굴신경(CN7)은 또 다른 혼합성 신경입니다. 얼굴 표정을 만드는 근육과 눈물샘, 아래턱밑, 혀밑침샘을 지배합니다. 혀의 앞쪽 3분의 2에서 오는 맛감각을 전달합니다.

속귀신경(CN8)은 속귀의 청각(달팽이 구역)과 안뜰 기능(머리, 균형, 가속) 기관에서 오는 감각을 제공합니다.

혀인두신경(CN9)은 혼합성 신경입니다. 인두의 한 근육과 귀밑샘을 지배합니다. 입천장과 인두에서 오는 감각을 제공합니다.

미주신경(CN10) 역시 혼합성 신경입니다. 목과 가슴, 윗배를 돌아다니기 때문에 미주(정해진 길을 벗어남)라는 이름이 붙었습니다. 인두와 후두, 물렁입천장의 근육 대부분, 식도, 위 분비샘, 위의 민무늬근, 작은창자, 위쪽 큰창자를 지배합니다. 또한, 후두와 기도, 폐, 소화관의 감각을 제공합니다.

더부신경(CN11)은 또 다른 순수 운동성 신경입니다. 목빗근과 등세모근 위쪽을 지배합니다.

혀밑신경(CN12) 역시 순수 운동성 신경입니다. 혀의 내재근과 외재근을 지배합니다.

뇌줄기와 뇌신경

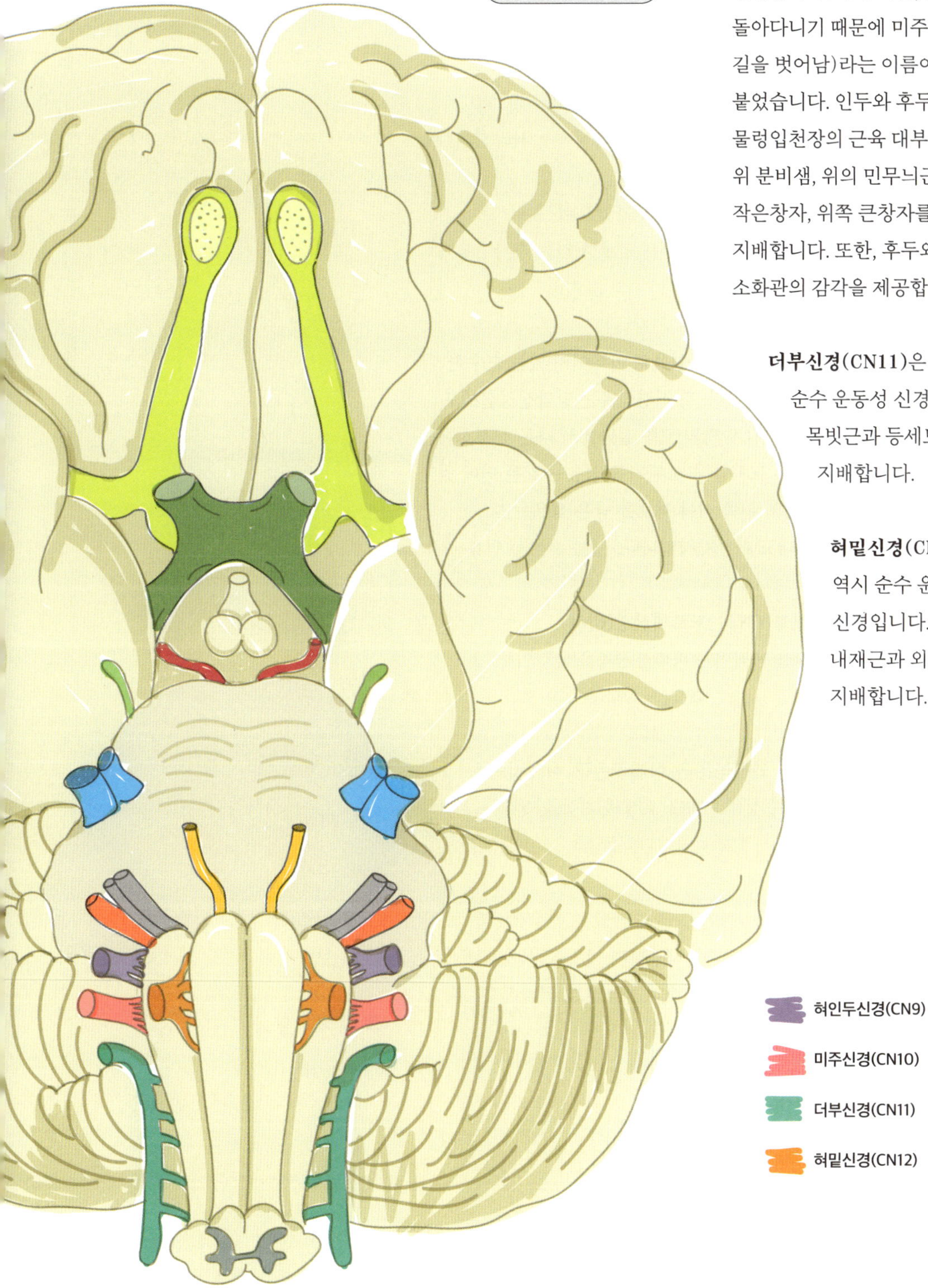

혀인두신경(CN9)
미주신경(CN10)
더부신경(CN11)
혀밑신경(CN12)

어깨와 상지의 신경

상지 근육과 피부는 팔신경얼기(목 부위 척수 분절 C5~가슴 분절 T1에 붙어 있습니다)의 지배를 받습니다.
팔신경얼기에는 노신경, 겨드랑신경, 근육피부신경, 정중신경, 노신경의 다섯 가지 주요 신경이 있습니다.

팔신경얼기

팔신경얼기는 척수신경 C5에서 T1에 형성됩니다. C5와 C6의 뿌리가 모여 위줄기를, C7의 뿌리가 중간줄기를, C8과 T1의 뿌리가 모여 아래줄기를 이룹니다. 각 줄기의 뒤신경갈래는 뒤신경다발을 형성하고, 위줄기와 중간줄기의 앞신경갈래는 가쪽신경다발을 만들며, 아래줄기는 계속 이어져 안쪽신경다발이 됩니다.

노신경은 팔꿈의 폄근(위팔세갈래근), 위팔노근, 손목과 손가락의 폄근, 손등의 감각을 지배하는 뒤신경다발에서 갈라져 나온 가지입니다.

자신경은 자쪽손목굽힘근, 깊은손가락굽힘근의 안쪽 절반, 새끼두덩근, 안쪽 손가락 1.5개(새끼손가락과 약손가락의 절반)를 덮는 피부의 감각을 지배합니다.

정중신경은 손목뼈가 만드는 터널을 통과해 이곳을 지나갑니다. 터널 안쪽의 압력이 높아지면 신경이 눌릴 수 있습니다.

상지의 신경

겨드랑신경: 세모근과 작은원근, 어깨융기를 덮은 피부의 감각을 지배하는 뒤신경갈래에서 나온 가지입니다.

노신경: 노신경은 이곳에서 위팔뼈의 뒤쪽 표면을 감고 지나갑니다. 위팔뼈 중간이 부러지면 신경도 손상을 입을 수 있습니다.

근육피부신경: 팔꿈의 굽힘근(위팔두갈래근과 위팔근)과 아래팔을 덮는 피부의 감각을 지배하는 가쪽신경다발에서 갈라져 나온 가지입니다.

팔신경얼기는 빗장뼈와 1번 갈비뼈 사이를 지나간다.

자신경: 안쪽위관절융기의 뒤쪽을 지나갑니다. 이곳은 '웃기는 뼈'라고 불립니다. 이곳의 신경을 두드리면 아래팔에서 새끼손가락까지 불쾌한 자극을 느낄 수 있기 때문입니다.

| 팔신경얼기의 형성 |

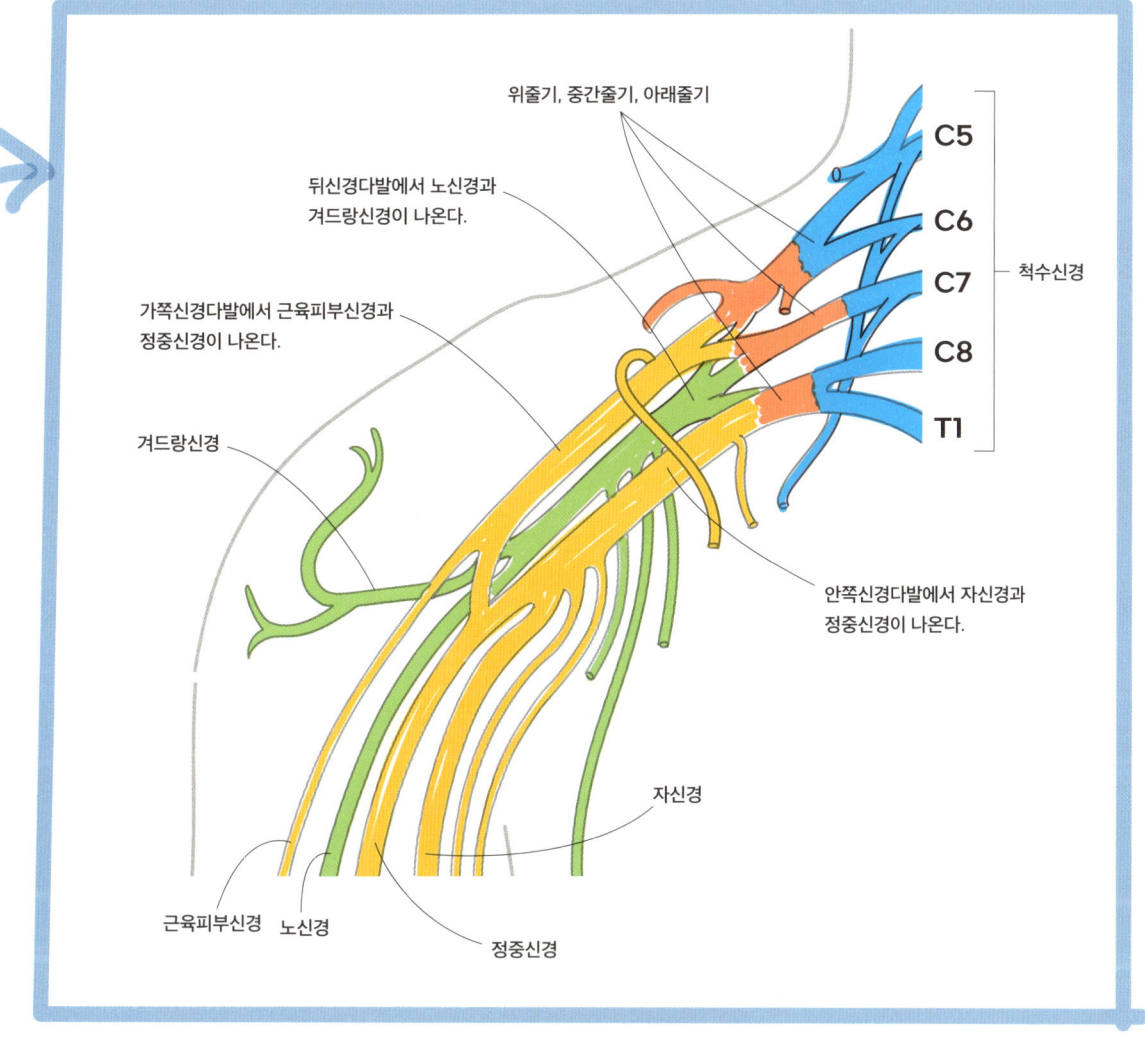

정중신경(94쪽 참조)은 가쪽신경다발과 안쪽신경다발에서 나온 가지가 합쳐져 생깁니다. 손가락과 손목의 굽힘근 대부분(자쪽손목굽힘근과 깊은손가락굽힘근의 안쪽 절반을 제외하고)과 아래팔의 엎침근, 엄지손가락 바닥의 엄지두덩근, 가쪽 손바닥과 가쪽 손가락 3.5개(엄지손가락, 집게손가락, 가운데손가락과 약손가락의 절반)의 피부 감각을 지배합니다.

신경과 트라우마

앞서 설명한 신경의 상당수는 부러지거나 잘리거나 압력을 받는 데 취약합니다.
노신경은 위팔뼈 가운데의 골절로 쉽게 손상을 입을 수 있습니다.
겨드랑신경은 몸쪽 위팔뼈의 골절로 손상을 입을 수 있습니다.
정중신경은 먼쪽 위팔뼈의 골절로 손상을 입을 수 있습니다.
손목 터널 속에서 압력을 받아 눌릴 수도 있습니다.
자신경은 안쪽 먼쪽 위팔뼈 뒤를 지나갑니다. 넘어지거나 유리에 베어 잘릴 수 있습니다.

궁둥이와 하지의 신경

말초신경계의 허리신경얼기와 엉치신경얼기는 하지의 피부와 근육을 지배합니다. 중요한 신경으로는 넙다리신경과 궁둥신경, 폐쇄신경이 있습니다. 궁둥신경은 정강신경과 종아리신경으로 갈라집니다.

허리엉치신경얼기

허리신경얼기는 척수신경 L1~L4에서 나옵니다. 작은 가지는 배벽과 큰허리근을 지배합니다. 가장 큰 가지는 **넙다리신경**과 **폐쇄신경**입니다.

엉덩아랫배신경과 엉덩고샅신경: 아랫배와 샅굴 부위를 지배합니다.

넙다리신경: 허리신경얼기의 한 가지(L2~L4)입니다.

넓적다리를 굽히는 근육(두덩근, 엉덩근, 넙다리빗근)과 무릎을 펴는 근육(넙다리네갈래근)을 지배합니다. 또한, 넓적다리 앞쪽과 안쪽 아래 감각, 종아리와 발의 안쪽 표면 감각(**두렁신경**)을 지배합니다.

가쪽넙다리피부신경: 넓적다리의 가쪽 위 피부를 지배합니다.

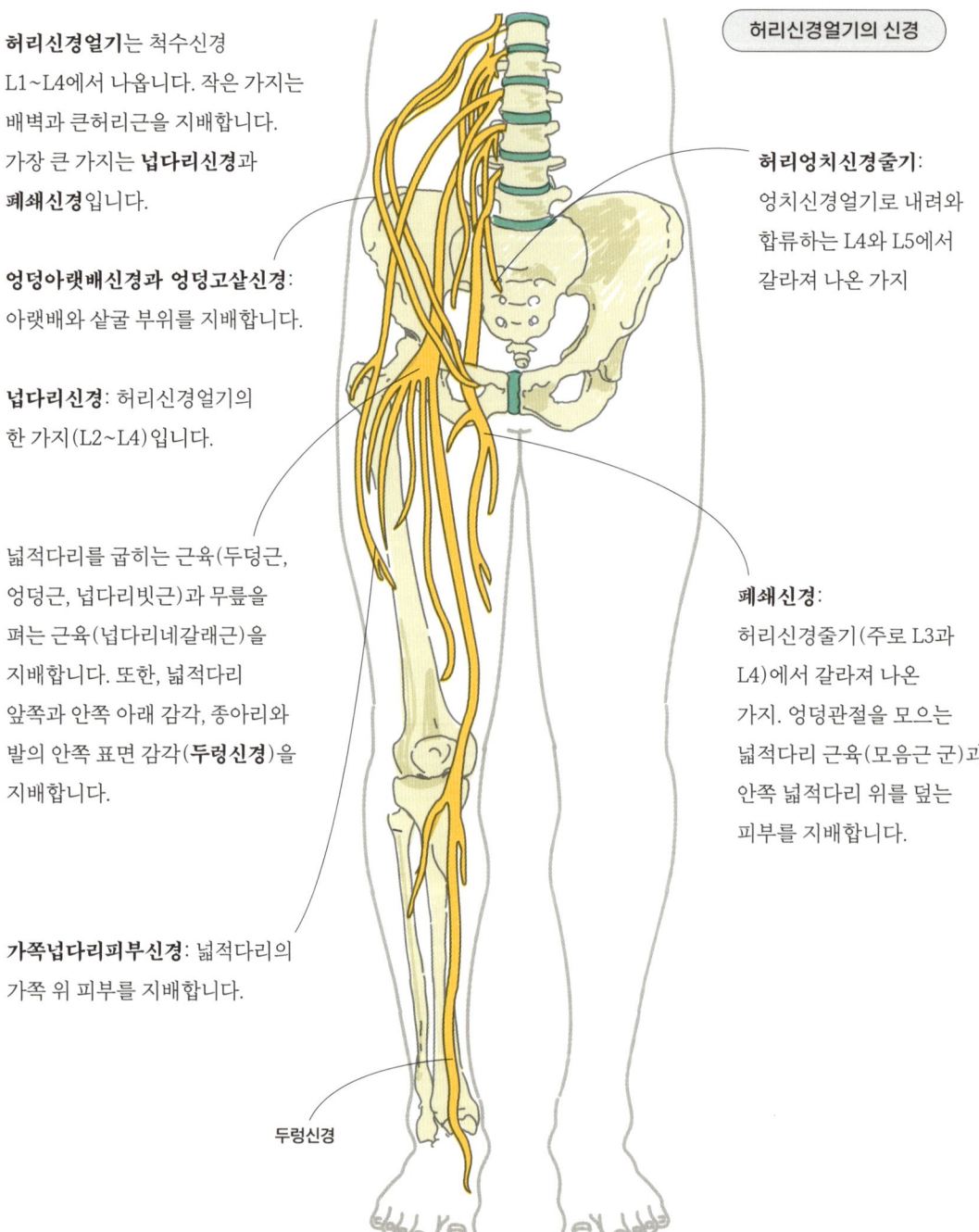

허리신경얼기의 신경

허리엉치신경줄기: 엉치신경얼기로 내려와 합류하는 L4와 L5에서 갈라져 나온 가지

폐쇄신경: 허리신경줄기(주로 L3과 L4)에서 갈라져 나온 가지. 엉덩관절을 모으는 넓적다리 근육(모음근 군)과 안쪽 넓적다리 위를 덮는 피부를 지배합니다.

두렁신경

엉치신경얼기는 척수신경 L4~S3에서 갈라져 나온 신경이 얽혀 있습니다. 여기에는 **궁둥신경**, **위볼기신경**, **아래볼기신경**, **음부신경**이 있습니다.

엉치신경얼기의 신경

볼기신경: 볼기 부위의 근육을 지배합니다.

음부신경: 샅(넓적다리 바닥 사이의 공간)의 근육과 피부를 지배하고, 배변과 배뇨를 제어합니다.

온종아리신경: 몸쪽 종아리뼈 끝 주위로 구부러지며, **얕은종아리신경**과 **깊은종아리신경**으로 나뉩니다.

깊은종아리신경: 종아리의 앞쪽 근육(발가락 폄근과 발등굽힘근)을 지배합니다.

얕은종아리신경: 종아리의 가쪽 근육(종아리 근육)을 지배합니다.

궁둥신경: 엉치신경얼기(L4~S3)의 한 가지입니다. 궁둥신경은 사실 결합조직으로 느슨하게 이어진 두 줄기(정강신경과 온종아리신경)입니다. 넙다리뒤근과 큰모음근으로 가지를 보냅니다. 궁둥신경은 보통 무릎에서 온종아리신경과 정강신경으로 갈라지지만, 때로는 넓적다리 위쪽에서 갈라지기도 합니다.

뒤넙다리피부신경: 넓적다리 뒤쪽과 종아리 위쪽 피부를 지배합니다.

정강신경: 무릎 뒤에서 **다리오금**을 통과합니다. 종아리 뒤쪽과 발바닥 근육을 지배합니다.

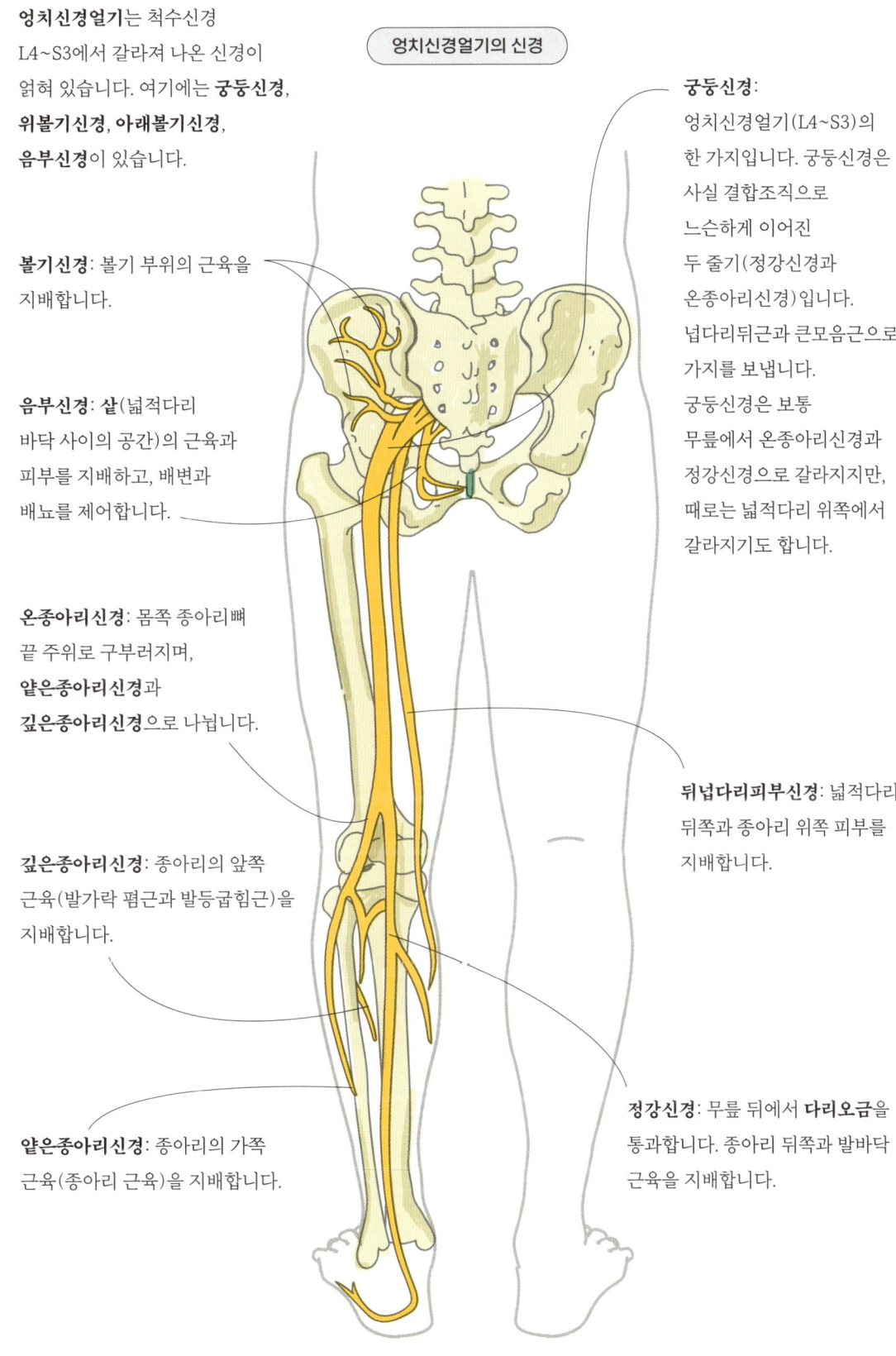

눈과 시각

볼 수 있으려면 망막에 상이 맺혀야 합니다. 시각 정보는 시각신경을 통해 뇌로 가며, 대뇌 겉질에서 시각 데이터를 처리해 중요한 행동 정보를 추출합니다.

눈의 구조

눈알은 2개의 기초 영역으로 나뉩니다. 액체 방수로 차 있는 **안구앞부분**과 젤리 같은 유리체액으로 차 있는 **안구뒷부분**입니다.

눈에는 세 층이 있습니다. 바깥쪽 섬유층은 안구뒷부분의 **공막**(흰자위)과 안구앞부분의 **각막**으로 이루어져 있습니다.

가운데 혈관층은 안구뒷부분의 혈관이 풍부한 **맥락막**과 안구앞부분의 **섬모체**로 이루어져 있습니다.

안쪽 감각층은 **망막**으로 이루어져 있습니다. 망막은 눈알의 뒤쪽 4분의 3에만 있습니다.

눈의 광학 표면은 각막과 **수정체**입니다. 굴절은 대부분 각막에서 일어나지만, 수정체는 가까운 곳이나 먼 곳을 보도록 초점을 조절할 수 있습니다.

수정체의 모양은 섬모체의 섬모체근이 수축하면서 달라집니다. 따라서 수정체를 붙잡고 있는 **띠섬유**의 장력이 사라지면 수정체는 원래의 둥근 모양으로 돌아옵니다.

시각신경은 망막의 감각 정보를 뇌로 전달합니다. 망막신경절세포의 축삭으로 이루어져 있습니다.

사람의 망막은 망막중심동맥의 공급을 받습니다. **중심동맥**은 **시(각)신경유두**에서 눈으로 들어옵니다. 중심동맥이 막히면 망막이 죽어 시력을 잃을 수 있습니다.

눈의 구조

- 공막
- 맥락막
- 안구뒷부분
- 섬모체
- 띠섬유
- 안구앞부분
- 각막
- 수정체
- 섬모체근
- 망막
- 시각신경유두
- 시각신경
- 망막중심동맥

망막과 시각신경

망막은 색소층 망막과 뉴런층 망막으로 이루어져 있습니다. **색소층**은 멜라닌이 있는 상피세포층으로, 망막층 망막과 맥락막 사이에서 빛의 산란을 줄입니다.

뉴런층 망막은 망막 뉴런(광수용기, 두극세포, 신경절세포)의 세 층으로 이루어져 있습니다. 각각은 시냅스 구역으로 나뉩니다.

빛은 **신경절세포**와 **두극세포**의 층을 통과해 **광수용기**에 닿습니다.

광수용기에는 두 종류가 있습니다. 흑백으로 희미한 빛을 감지하는 **막대세포**와 밝을 때 색을 예리하게 구별하는 **원뿔세포**입니다.

신경절세포의 축삭은 시각신경유두(맹점에 해당)에서 모여 눈 밖으로 나갑니다.

시각신경은 **시각교차**를 지나며 코쪽 망막에서 나온 축삭이 교차합니다. 축삭은 계속해서 **시각로**로 들어갑니다(아래 참조).

시각로 안의 신경섬유는 대체로 시상의 가쪽무릎핵에서 끝납니다. 일부는 중간뇌의 **덮개앞구역**과 **위둔덕**으로 이어져 시각 반사를 일으킵니다.

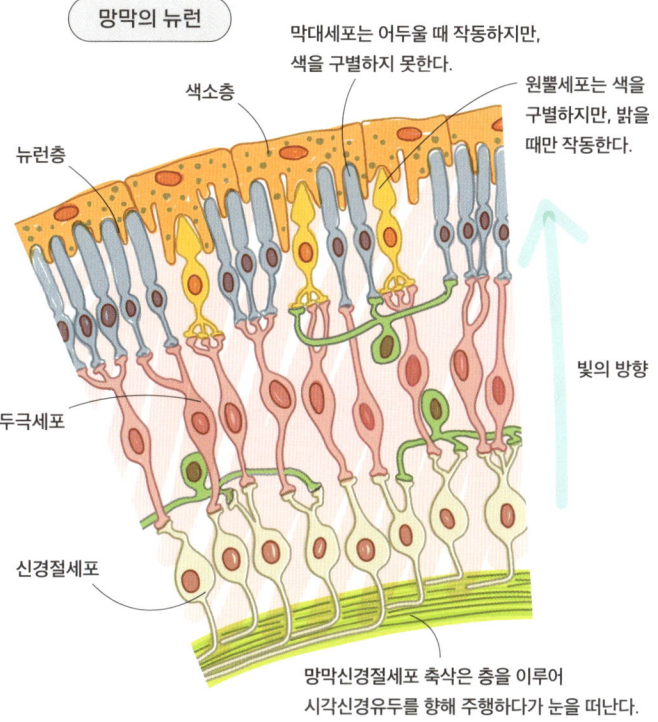

형태와 공간, 반사

시각 정보의 형태 분석은 사람의 얼굴이나 동물처럼 일상에서 접하는 물체의 모양과 색, 질감 등을 인식하는 관자엽(배쪽 흐름부터)에서 일어납니다.

가쪽무릎핵은 시각 공간을 구성하는 뒤통수엽의 **일차시각겉질**로 축삭을 보냅니다. 그 뒤 물체의 위치, 형태와 관련이 있는 이차시각겉질로 정보를 보냅니다.

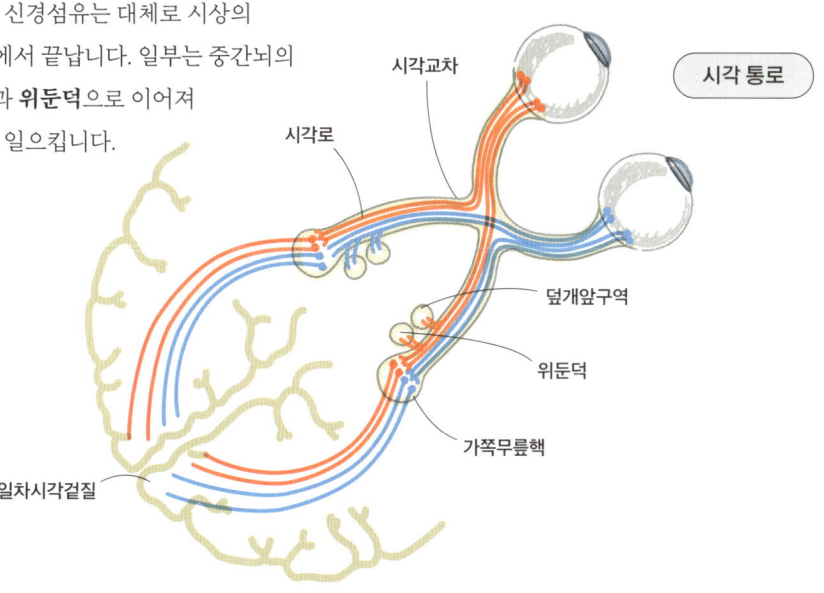

귀와 청각

귀는 바깥귀와 가운데귀, 속귀로 나뉩니다. 소리, 균형, 가속을 감지하는 기관은 속귀 안쪽에 있습니다.

바깥귀

바깥귀는 연골성 **귓바퀴**, 바깥귀길의 바깥쪽에 있는 **연골관**, 뼈로 된 안쪽 **바깥귀길**, **고막**으로 이루어져 있습니다. 바깥귀길의 **분비샘**은 세균과 균류의 성장을 억제하는 물질인 귀지를 만듭니다.

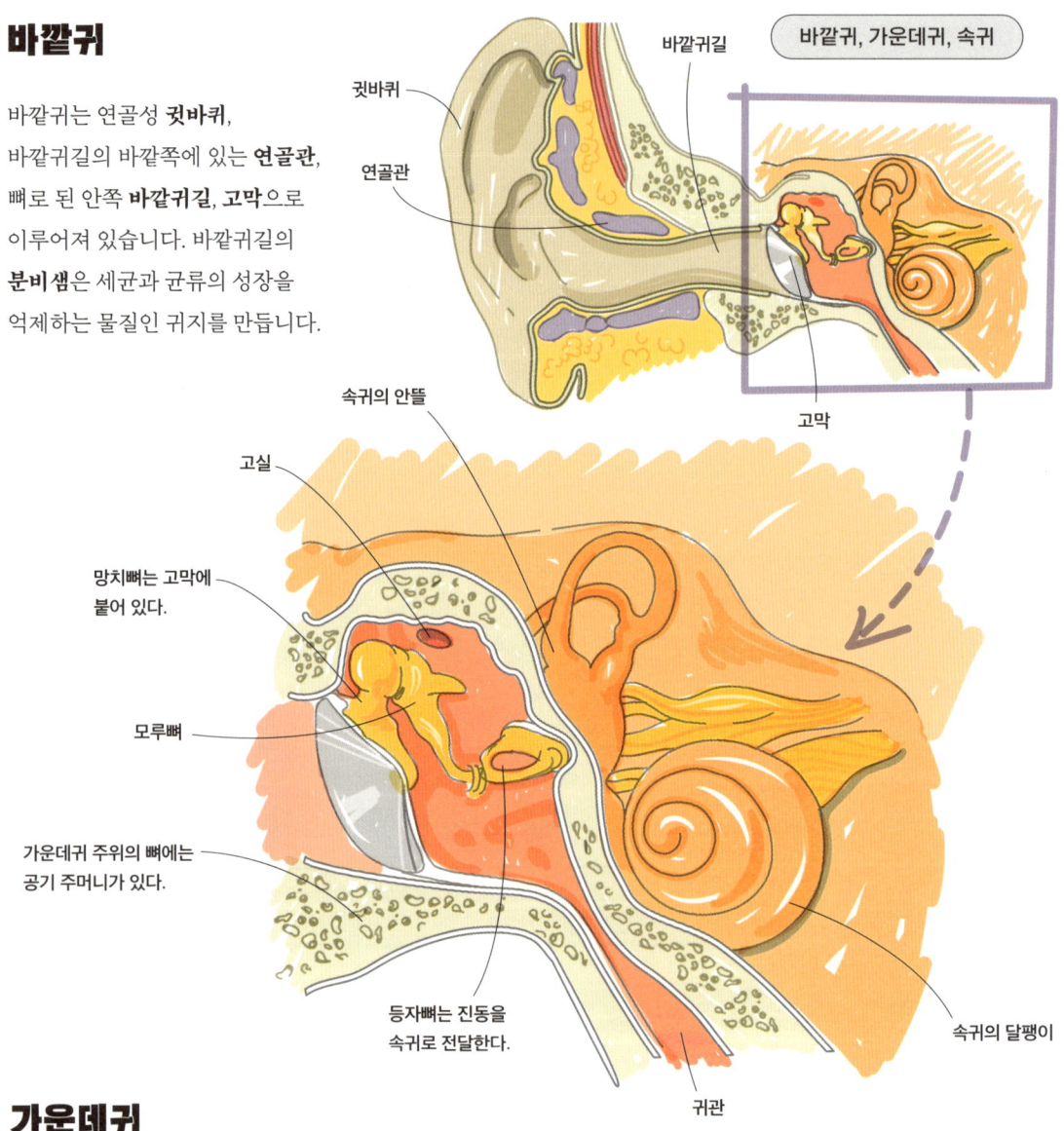

가운데귀

가운데귀는 공기로 차 있는 공간으로, 귀관(**유스타키오관** 또는 **귀인두관**)을 통해 코인두와 이어져 있습니다.
코인두와 연결되어 있어서 고도가 바뀔 때 고막 양쪽의 기압을 똑같이 조절할 수 있습니다.
고막과 안뜰창 사이의 공간을 잇고 있는 건 서로 붙어 있는 조그만 뼈 3개(귓속뼈 사슬)입니다.
망치뼈와 **모루뼈**, **등자뼈**는 고막의 진동을 20배 증폭해서 속귀로 진동 정보를 전달합니다.
가운데귀는 관자뼈 안의 꼭지벌집과 통합니다.

속귀

속귀는 액체로 차 있는 일련의 관(미로)으로 이루어져 있으며, 단단한 관자뼈 안에 박혀 있습니다. 바깥쪽 **뼈미로**는 안쪽의 **막미로**를 둘러싸고 있습니다.

속귀에는 두 가지 기능이 있습니다. 하나는 청각이고, 다른 하나는 균형(잡기)입니다.

달팽이는 청각을 감지하는 달팽이관, 고실계단, 안뜰계단으로 이루어져 있습니다.

안뜰기관은 타원주머니와 둥근주머니, 반고리관으로 이루어져 있으며, 균형을 잡고 선가속(직선)과 각가속(회전)을 감지하는 데 쓰입니다.

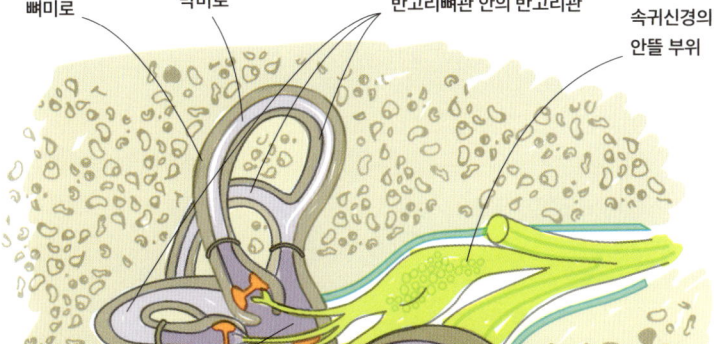

타원주머니와 **둥근주머니**에는 중력과 직선 가속을 감지하는 감각 구역(**평형반**)이 있습니다.

반고리관은 서로 수직을 이루는 세 평면 위에 놓여 있으며 머리의 회전(각가속)을 감지합니다.

달팽이관과 청각

귓속뼈 사슬의 진동은 안뜰창을 움직여 압력파를 **안뜰계단**으로 보냅니다. **바닥막**의 움직임은 털세포의 부동섬모(일종의 미세융모)를 구부립니다. 그러면 달팽이 신경 섬유에 신호가 발생합니다.

바닥막은 달팽이 바닥보다 더 단단합니다. 따라서 진동수가 높은 소리는 그곳에 있는 털세포를 더 효과적으로 자극합니다.

청각 정보는 **속귀신경**(CN8)의 달팽이 구역을 따라 뇌줄기를 거쳐 마지막으로 대뇌 겉질 관자엽의 청각겉질에 도달합니다.

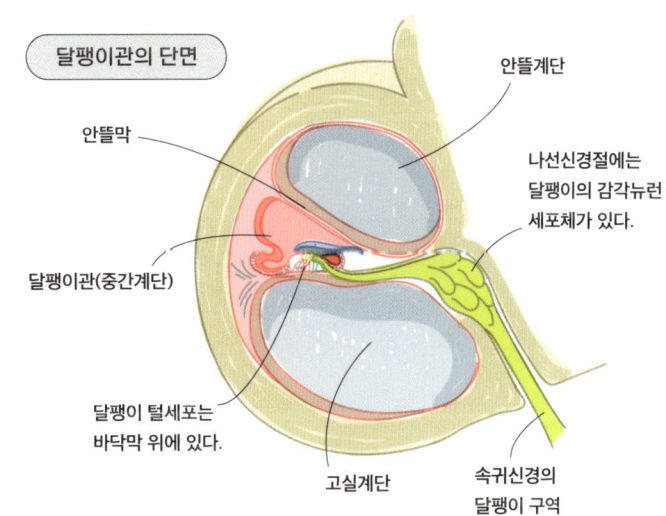

균형과 가속

안뜰 정보는 뇌줄기의 안뜰 뉴런군으로 전달됩니다. 이 뉴런은 소뇌와 소통하며 눈의 움직임을 조절하고, 척수와 소통하며 자세 근육을 제어합니다. 의식적인 균형 감각은 마루엽에서 감지합니다.

미각

맛은 화학적인 감각입니다. 미각을 자극하는 화학물질이 특정 수용기에 결합해 신호를 일으켜야 한다는 뜻입니다. 이런 수용기는 입안의 맛봉오리에 있습니다.

맛봉오리의 구조

맛봉오리는 가운데의 **맛구멍**과 세 가지 유형의 세포가 있는 달걀 모양 구조로, 입안 상피에 박혀 있습니다. 미각수용기 세포 주위는 **버팀세포**가 둘러싸고 있습니다. 이들은 미각수용기 세포로 발달합니다.

바닥세포는 맛봉오리 가장자리에 있는 줄기세포입니다. 버팀세포를 생산합니다.

미각수용기 세포에는 맛구멍에서 외부 표면으로 튀어나온 미세한 융모가 있습니다. 융모에는 맛을 내는 물질 분자의 수용기가 있습니다. 이 세포는 10일 동안만 활동하며, 이후 버팀세포로 대체됩니다.

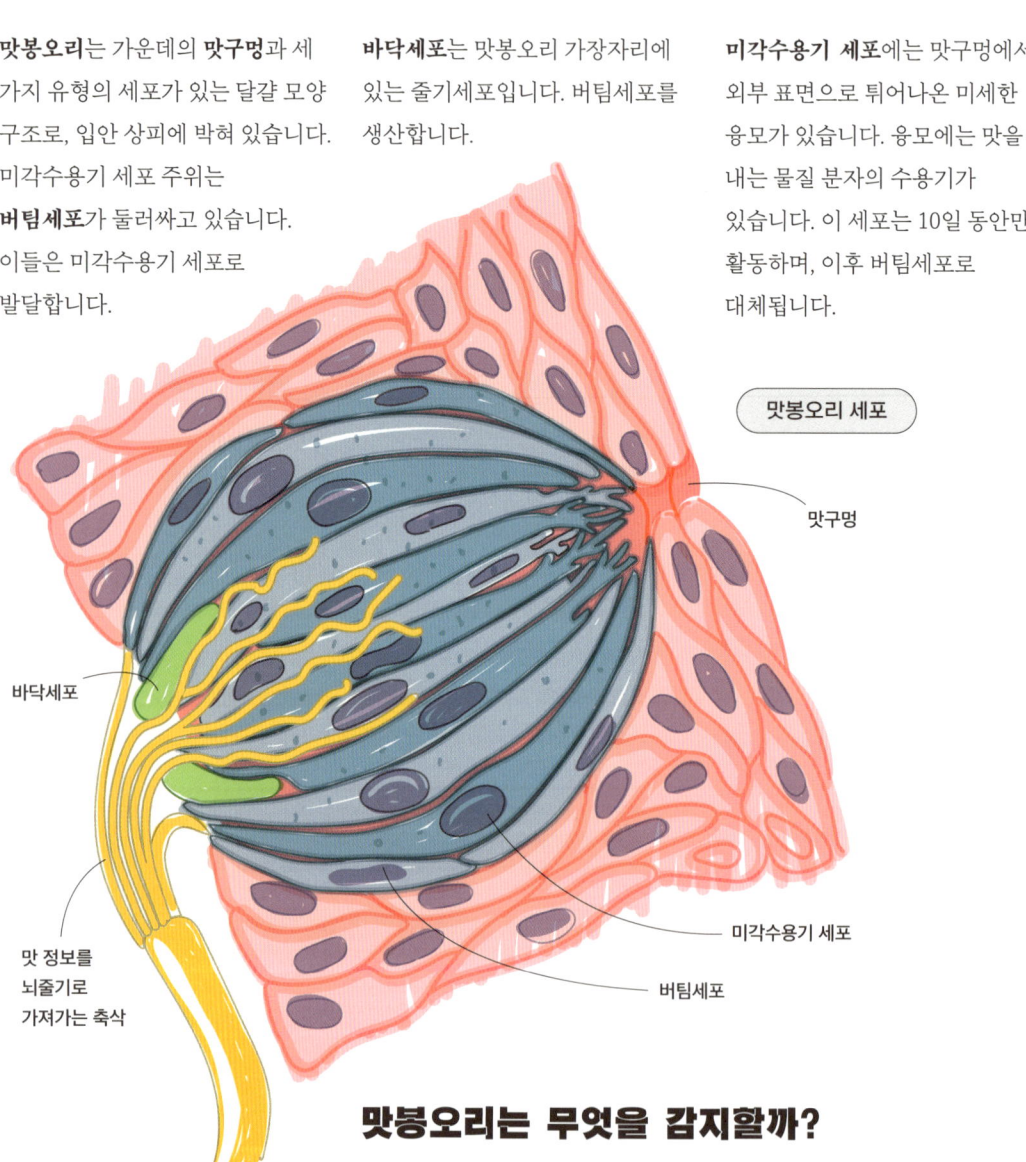

맛봉오리 세포

맛구멍

바닥세포

미각수용기 세포

버팀세포

맛 정보를 뇌줄기로 가져가는 축삭

맛봉오리는 무엇을 감지할까?

맛은 냄새보다 훨씬 둔감합니다. 맛에는 크게 다섯 가지가 있습니다. 단맛, 신맛, 짠맛, 쓴맛, 감칠맛입니다. 음식의 맛은 대부분 이 다섯 가지 맛의 조합이며, 여기에 코로 감지하는 냄새가 덧붙습니다.

맛봉오리는 어디에 있을까?

젊은 성인에게는 거의 1만 개의 맛봉오리가 있습니다. 하지만 나이가 들수록 수가 줄어듭니다. 맛봉오리는 대부분 혀와 물렁입천장, 인두, 후두덮개 위에 있습니다.

유두는 혀 표면에 있는 돌기로, 이곳에 맛봉오리가 있습니다. 유두는 혀 옆이나(**잎새유두**), 혀등(버섯처럼 생긴 **버섯유두**), 혀 뒤쪽에 작은 해자가 있는 성 모양 구조(**성곽유두**)에 있습니다.

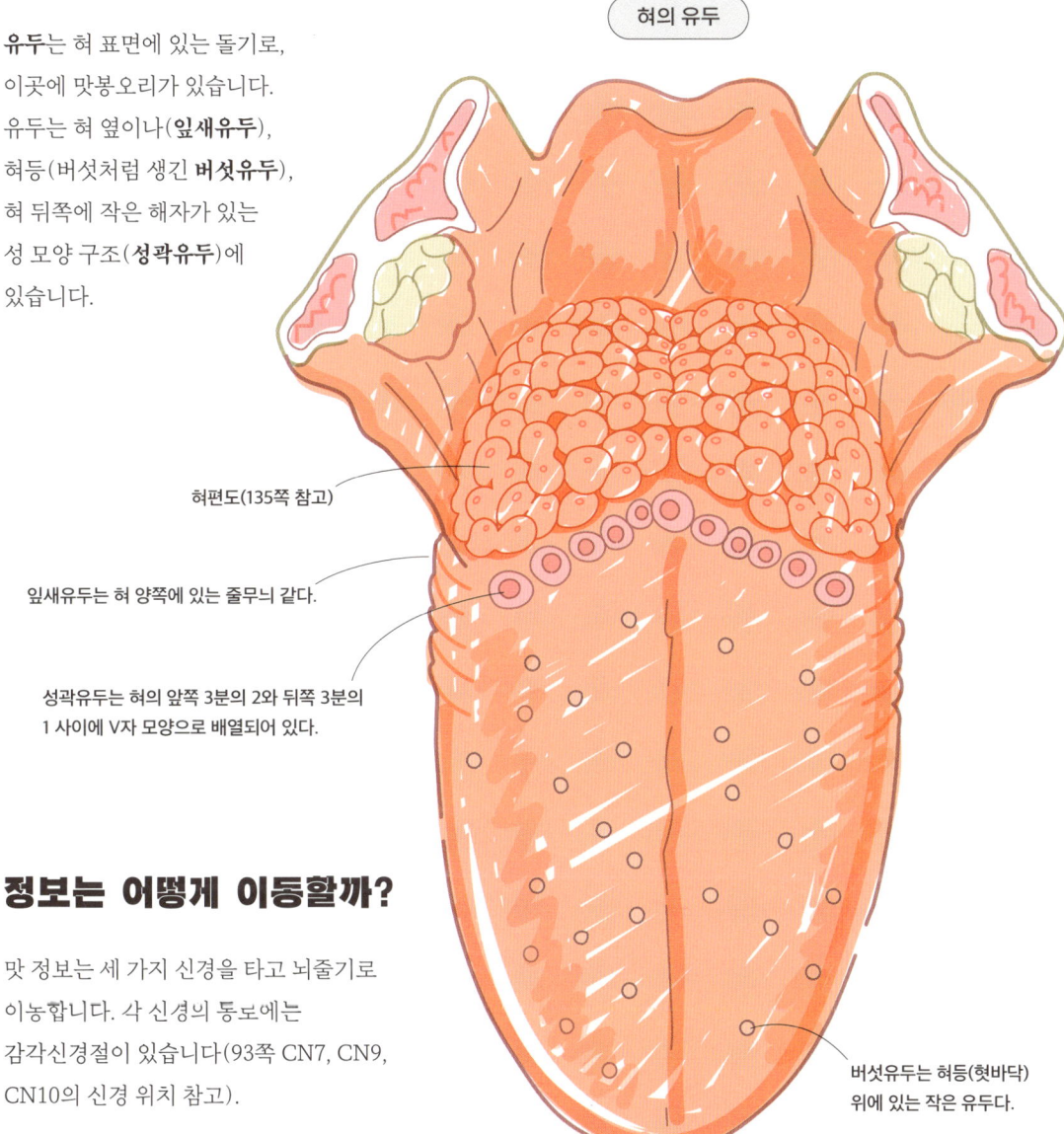

혀의 유두

혀편도(135쪽 참고)

잎새유두는 혀 양쪽에 있는 줄무늬 같다.

성곽유두는 혀의 앞쪽 3분의 2와 뒤쪽 3분의 1 사이에 V자 모양으로 배열되어 있다.

버섯유두는 혀등(혓바닥) 위에 있는 작은 유두다.

정보는 어떻게 이동할까?

맛 정보는 세 가지 신경을 타고 뇌줄기로 이동합니다. 각 신경의 통로에는 감각신경절이 있습니다(93쪽 CN7, CN9, CN10의 신경 위치 참고).

얼굴신경(CN7)은 혀의 앞쪽 3분의 2에서 오는 맛 정보를 전달합니다.

혀인두신경(CN9)은 혀의 뒤쪽 3분의 1에서 오는 맛 정보를 전달합니다.

미주신경(CN10)은 목과 후두덮개에서 오는 맛 정보를 전달합니다.

맛 정보는 숨뇌로 전달됩니다. 그곳에서 시상으로 갔다가, 다시 마루엽의 일차미각영역으로 가서 맛을 의식적으로 느끼게 됩니다.

무의식적인 맛 인지는 시상하부의 기능과 감정에 영향을 끼칩니다. 맛과 냄새가 일으키는 기억을 통해 작용하며, 뇌의 관자엽이 관장합니다.

후각

후각 또는 냄새는 맛과 마찬가지로 화학적 감각입니다. 따라서 후각을 자극하는 화학물질이 후각상피의 특정 수용기에 달라붙어 신호를 일으켜야 합니다. 신호는 후각신경(CN1)을 구성하는 가느다란 신경 섬유를 따라 후각망울에 도달합니다.

무슨 냄새를 맡을 수 있을까?

사람은 약 1만 가지 냄새를 구별할 수 있습니다. 사실 우리의 후각은 다섯 가지 맛만 느끼는 미각보다 훨씬 민감합니다. 우리가 음식을 즐길 수 있는 데에는 입에서 코인두로 올라가 후각상피에 도달하는 음식의 냄새가 큰 역할을 합니다.

후각상피의 넓이는 약 5㎠입니다. 후각상피는 벌집체판 아래에 있으며, 벌집뼈의 위코선반까지 이어집니다.

입천장은 입의 천장을 형성하며, **단단입천장**과 **물렁입천장**으로 나뉩니다. 입안과 코안을 구분해 음식을 삼키기 전에 덩어리로 만들 수 있습니다.

코안의 후각 영역

후각망울

후각신경섬유는 벌집체판을 통과해 후각망울에 닿는다.

들이마신 공기에는 후각을 자극하는 물질이 있다.

입안과 코안은 코인두를 통해 연결된다.

단단입천장과 물렁입천장은 입안과 코안을 나눈다.

후각의 중앙처리

후각로 신경섬유는 관자엽 안쪽 표면에 있는 **일차후각영역**에서 끝납니다. 그곳에서 후각을 의식적으로 느낍니다.
후각 입력 신호 역시 편도체와 시상하부에서 끝나면서 감정과 생식에 영향을 끼칩니다.

후각망울의 구조와 기능

한 쌍의 **후각망울**은 뇌의 이마엽 아래에 있으며, **벌집뼈의 벌집체판** 바로 위에 있습니다. 후각신경섬유는 후각망울에 닿고 **승모세포**와 다른 후각로 뉴런의 **가지돌기**에서 끝납니다. 여기서 생긴 신경섬유는 **후각로**로 들어가 앞뇌의 후각 영역에서 끝납니다.

바닥세포는 후각수용기 세포가 되는 줄기세포입니다. 끊임없이 분열하며 코안의 해로운 환경에서 30일 정도면 죽는 수용기세포를 보충합니다.

버팀세포는 수용기 세포에 물리적인 지지대 역할을 하며, 영양과 전기절연 기능을 제공합니다. 또한, 냄새 물질과 결합해 후각수용기로 나르는 단백질도 만듭니다.

후각샘(보우먼샘)은 냄새 물질을 녹여 수용기에 더 쉽게 도달할 수 있게 해주고 수용기를 보호하는 점액을 만듭니다.

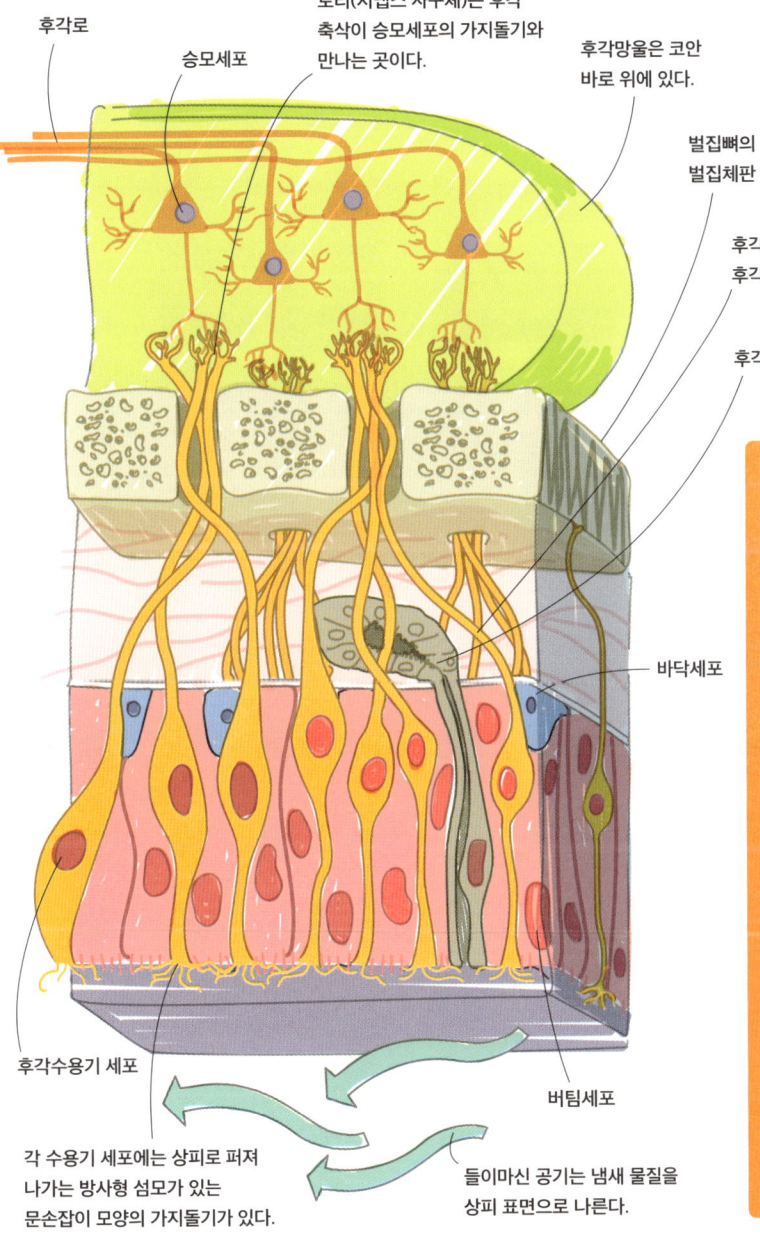

후각상피, 신경섬유와 후각망울

- 후각로
- 승모세포
- 토리(시냅스 사구체)는 후각 축삭이 승모세포의 가지돌기와 만나는 곳이다.
- 후각망울은 코안 바로 위에 있다.
- 벌집뼈의 벌집체판
- 후각수용기 세포의 축삭은 후각 신경 섬유다.
- 후각샘(보우먼샘)
- 바닥세포
- 후각수용기 세포
- 버팀세포
- 각 수용기 세포에는 상피로 퍼져 나가는 방사형 섬모가 있는 문손잡이 모양의 가지돌기가 있다.
- 들이마신 공기는 냄새 물질을 상피 표면으로 나른다.

후각상피의 구조

후각수용기 세포는 후각상피의 감각세포입니다. 후각상피에는 1000만~1억 개의 후각수용기 세포가 있으며, 나이가 들면서 수가 줄어듭니다. 각 수용기 세포에는 상피로 퍼져 나가는 방사형 섬모가 있는 문손잡이 모양의 가지돌기가 있습니다. 냄새 물질은 섬모 위의 후각수용기에 달라붙습니다. 그러면 활동전위가 발생하고, 활동전위는 수용기 세포 축삭을 따라 벌집체판을 통과해 이동하다가 후각망울에서 끝납니다.

✓ 다시 보기

신경계

자율신경계
내부 장기를 제어한다.

신경계의 기능
감각, 통합, 운동 등이 있다.

몸신경계
몸의 표면과 벽에 관련된 말초신경계의 일부

뇌의 구조와 기능

뇌줄기
중간뇌, 다리뇌, 숨뇌로 이루어진다.

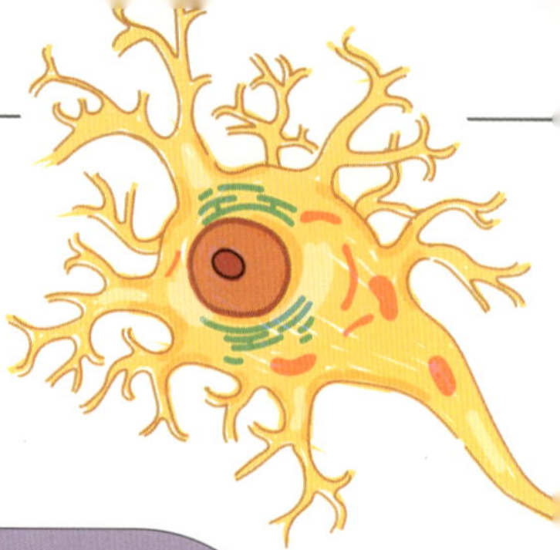

뉴런의 구조
뉴런에는 가지돌기와 축삭이 있다.

뇌신경
3~12번 뇌신경은 뇌줄기에 붙어 있다.

소뇌
운동을 조절한다.

신경계와 감각

대뇌 겉질의 기능

감각
겉질의 각 영역은 서로 다른 기능을 수행한다.

운동
이마엽의 여러 겉질 영역

언어
브로카 영역과 베르니케 영역

귀와 청각

바깥귀
귓바퀴, 바깥귀길, 고막으로 이루어진다.

속귀
달팽이관과 안뜰기관이 있다.

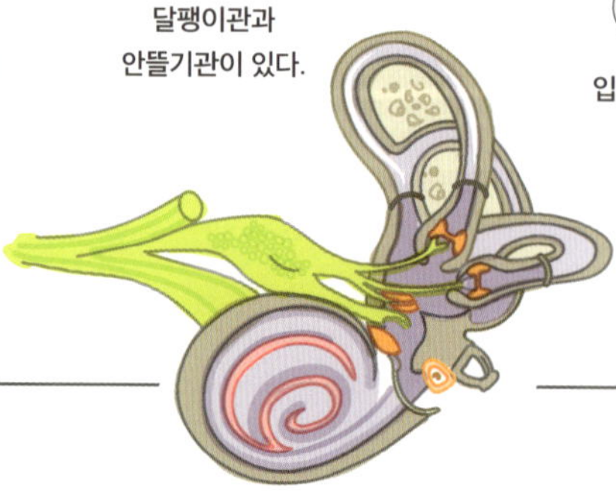

미각

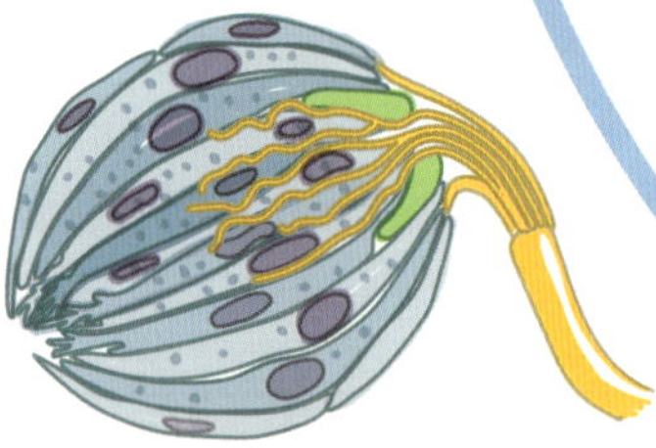

맛봉오리
입안 상피에 박혀 있는 달걀형 구조

후각계
후각상피와 후각망울로 이루어진다.

106

머리와 목 신경

후각신경(CN1)
후각상피에서 나오는 신경섬유다발

시각신경(CN2)
눈알 뒤에서 시작된다.

삼차신경(CN5)
얼굴 감각과 씹는 근육을 지배한다.

얼굴신경(CN7)
얼굴 근육과 일부 침샘, 맛을 지배한다.

속귀신경(CN8)
청력과 안뜰 기능에 관여한다.

미주신경(CN10)
목 근육과 소화관 분비샘을 지배한다.

어깨와 상지의 신경

자신경
일부 팔뚝 근육, 하반신 근육과 안쪽 손가락 1.5개의 감각을 지배한다.

정중신경
아래팔과 엄지손가락의 굽힘근 대부분과 가쪽 손가락 3.5개의 감각을 지배한다.

노신경
위팔세갈래근, 아래팔 폄근과 손등의 감각을 지배한다.

겨드랑신경
세모근과 작은원근, 어깨 위의 감각을 지배한다.

궁둥이와 하지의 신경

궁둥신경
정강신경과 온종아리신경으로 나뉜다.

넙다리신경
넓적다리를 굽히는 근육과 무릎을 펴는 근육을 지배한다.

폐쇄신경
넓적다리를 모으는 근육을 지배한다.

눈과 시각

망막과 시각신경
망막은 빛에 민감하다.

시각 겉질
시야의 지도가 있다.

6장

심혈관계

심혈관계, 혹은 순환계는 기체와 영양소, 노폐물, 면역세포, 중요한 단백질과 광물질을 몸 곳곳으로 효율적으로 전달합니다. 우리 심장은 1분에 60~70번 뛰며 몸의 혈관을 따라 매분 약 5ℓ의 혈액을 내보냅니다. 혈관 구조는 높은 압력을 견디거나(동맥) 조직과 효율적으로 물질을 교환하거나(모세혈관) 혈액을 저장하거나 심장으로 되돌려 보내는(정맥) 데 적합하게 되어 있습니다.

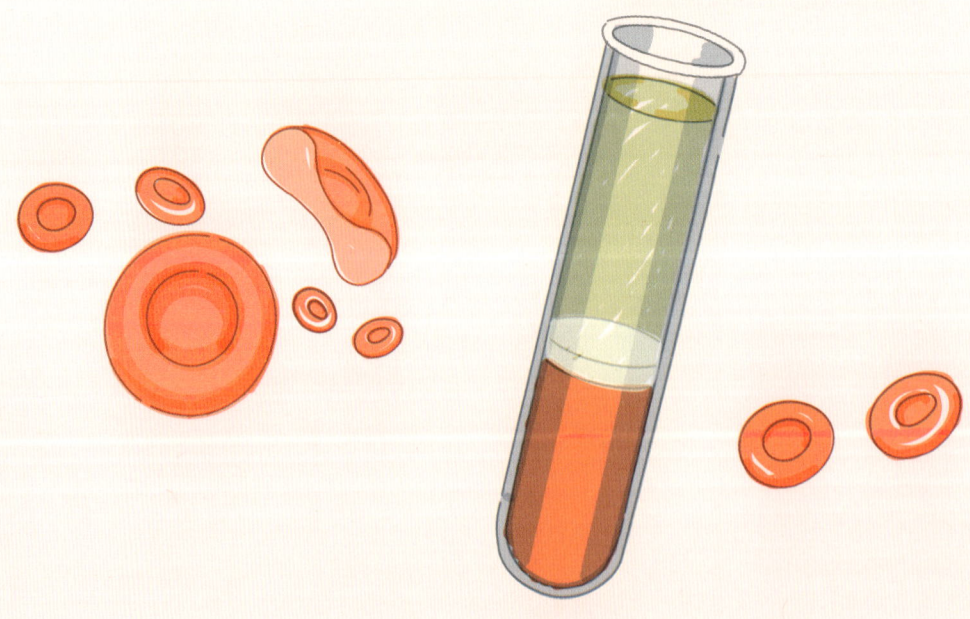

순환계

순환계는 근육질 펌프(심장)와 두 순차적인 순환, 온몸순환과 폐순환으로 이루어져 있습니다.

온몸순환과 폐순환

온몸순환은 기체와 영양소를 폐를 제외한 다른 모든 장기로 운반하는 것을 말합니다. **폐순환**은 폐와 심장 사이의 순환으로, 폐의 혈액에서 기체 교환이 일어납니다. 그렇게 들어온 혈액은 동맥을 타고 심장의 심실을 떠납니다. 이후 세동맥과 모세혈관, 세정맥, 정맥을 따라 이동한 뒤 심장의 심방으로 돌아왔다가 다시 나갑니다.

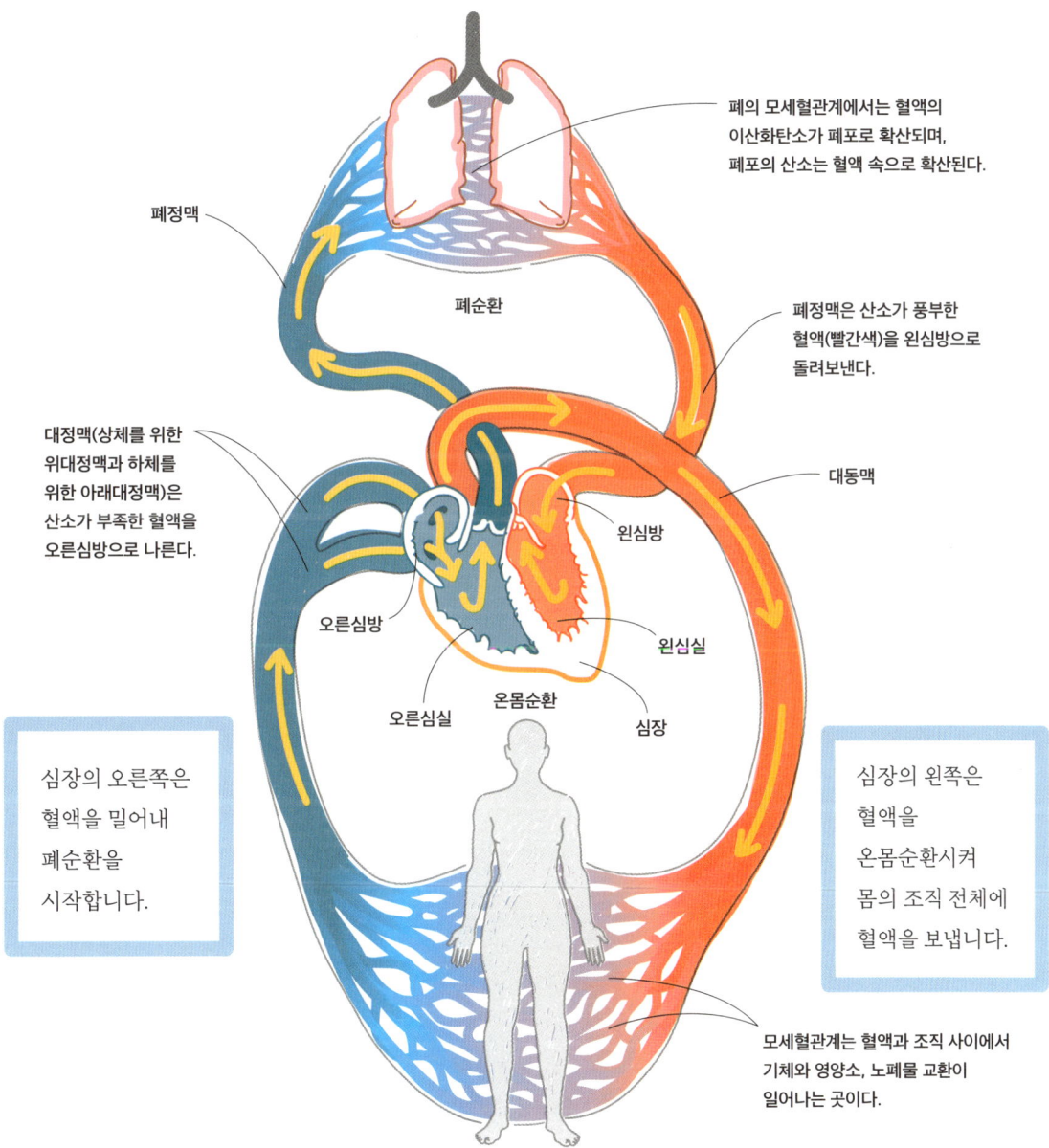

순환계의 혈관

순환계에는 기능에 따라 서로 다른 유형의 혈관이 있습니다. 각각의 혈관은 역할에 적합한 특성을 갖고 있지요.
동맥에는 높은 압력에 버티기 위해 민무늬근육과 탄력 있는 섬유로 이루어진 두꺼운 중간막이 있습니다.
아주 가느다란 세동맥은 혈압을 조절하고, 벽 안의 민무늬근육을 수축해 흐름을 조절합니다.
모든 혈관은 세 겹으로 이루어져 있으며, 내피라고 부르는 편평세포 층으로 덮여 있습니다.

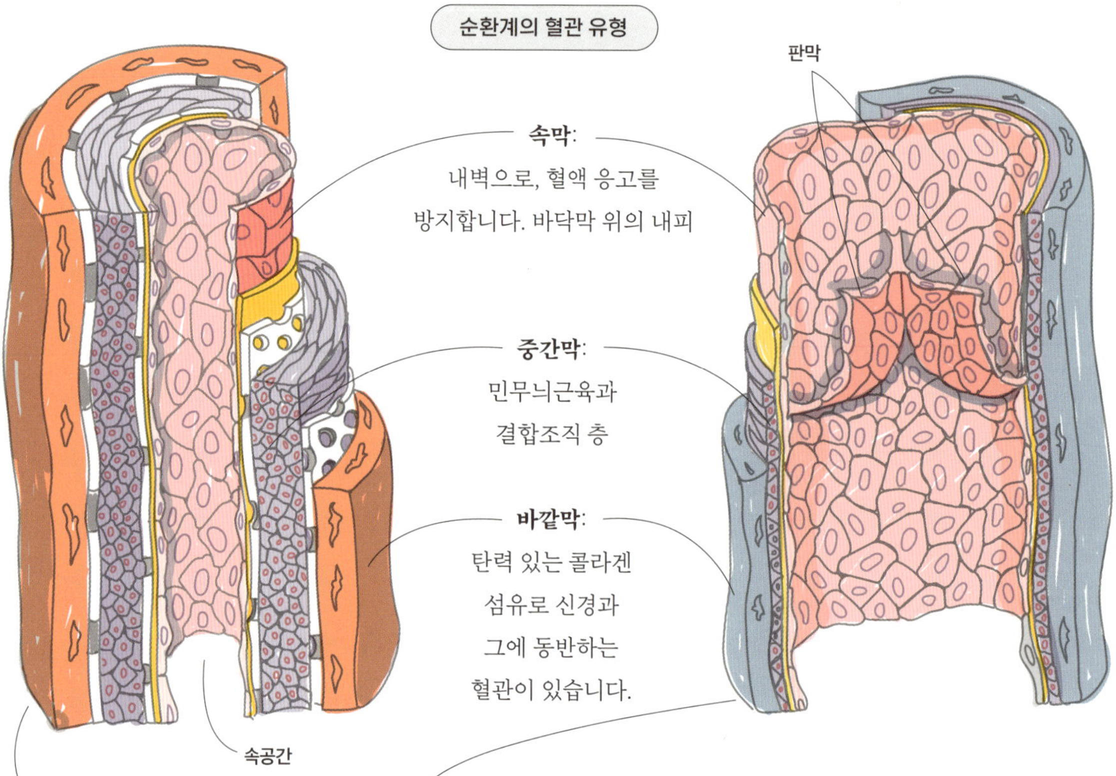

순환계의 혈관 유형

판막

속막: 내벽으로, 혈액 응고를 방지합니다. 바닥막 위의 내피

중간막: 민무늬근육과 결합조직 층

바깥막: 탄력 있는 콜라겐 섬유로 신경과 그에 동반하는 혈관이 있습니다.

속공간

동맥은 높은 압력으로 혈액을 심장에서 먼 쪽으로 보냅니다.

정맥은 낮은 압력으로 혈액을 심장으로 돌려보내며, 혈액 저장고 역할을 합니다. 정맥은 벽이 얇지만, 혈액을 저장하기 위해 내부 지름이 큽니다. 정맥에는 혈액의 역류를 막기 위한 판막이 있습니다.

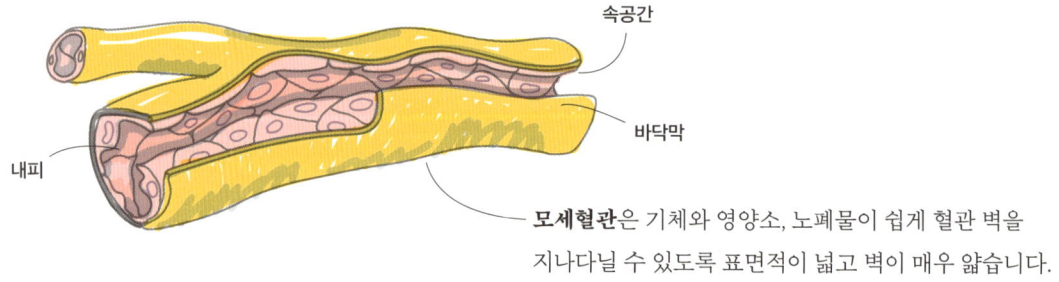

속공간

바닥막

내피

모세혈관은 기체와 영양소, 노폐물이 쉽게 혈관 벽을 지나다닐 수 있도록 표면적이 넓고 벽이 매우 얇습니다.

심장 주기

심장 주기는 심장이 뛸 때마다 일어나는 순차적인 현상을 말합니다. 주기는 온몸을 돈 정맥혈이 오른심방으로 돌아오고 폐에서 오는 정맥혈이 왼심방으로 돌아오면서 시작합니다. 그러면 두 심방이 수축하며(**심방수축기**), 열린 심방심실판막을 통해 혈액을 각각의 심실로 밀어냅니다.

심방수축기가 끝나면 심실 수축이 시작됩니다(**심실수축기**). 심실의 압력이 높아지면, 심방심실판막이 닫히고(첫 번째 심장 소리)

반달판막(왼심실의 대동맥판막과 우심실의 폐동맥판막)이 열리며 심실 안의 혈액이 대동맥과 폐동맥으로 나갑니다.

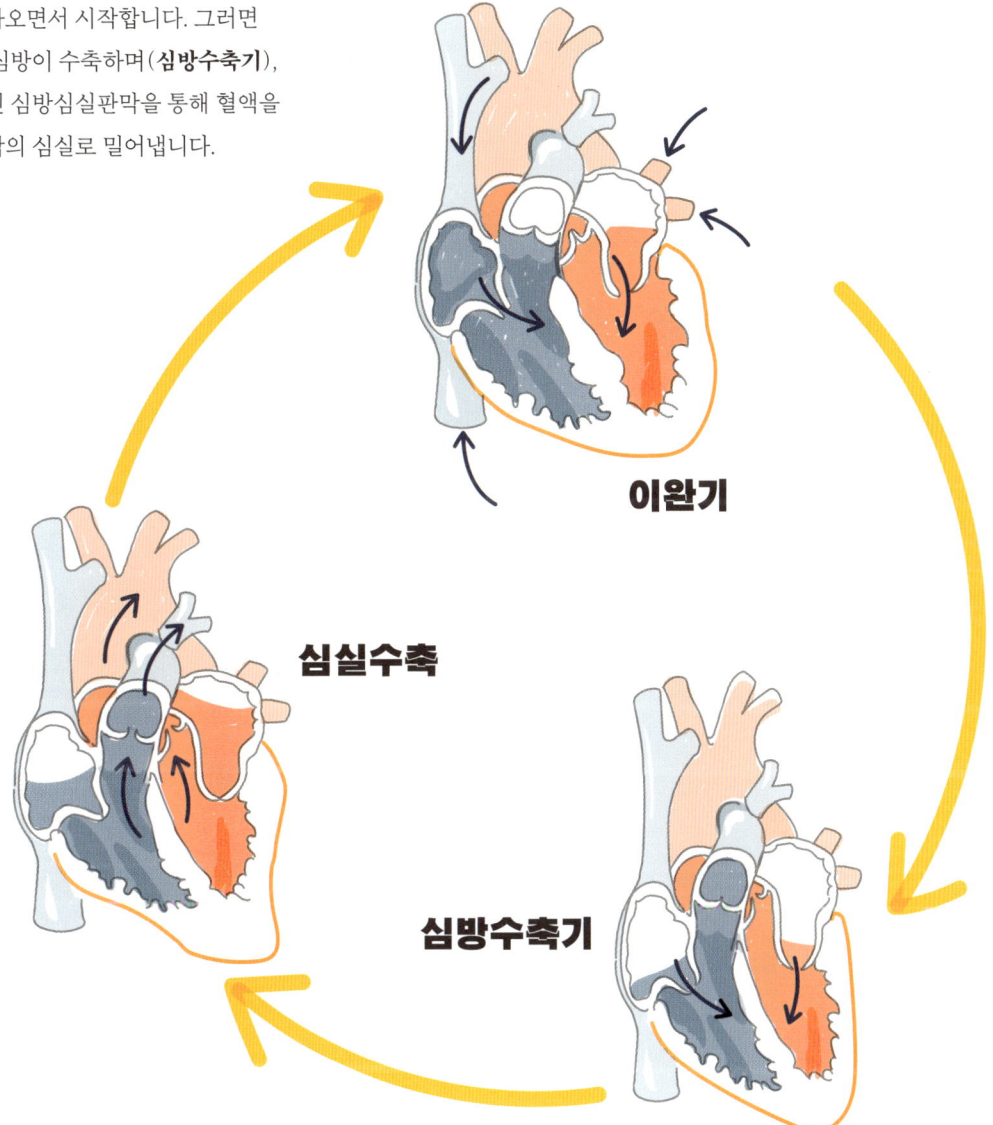

심실 수축이 끝나면, 심실 안의 압력이 밖으로 흐르는 대동맥보다 떨어지면서 대동맥판막과 폐동맥판막이 닫힙니다(두 번째 심장 소리).

심실 **이완기** 후반에는 심실의 압력이 심방보다 더 떨어지면서 심방심실판막이 열립니다. 그러면 폐와 온몸의 정맥에서 정맥혈이 심방으로 흘러들어오고 이어서 심실로 흘러들어갑니다(화살표 참고).

심실 이완기 끝에는 심방이 수축하며(심방수축기), 마지막 30%의 정맥혈을 심실로 밀어냅니다.

심장 구조와 심장근육

심장은 평생 쉬지 않고 뜁니다. 따라서 심장 근육의 활동을 동기화하고 환경 변화에 따라 심박수와 근육 강도를 조절해야 합니다.

심장

심장은 4개의 공간(두 심방과 두 심실)으로 이루어진 펌프입니다.
심방은 정맥혈을 받아 심실로 보냅니다.
심실은 심방에서 혈액을 받아 동맥으로 뿜어냅니다.
심장의 활동은 자율신경계와 **카테콜아민**이라는 순환 호르몬의 제어를 받습니다.
심장근육은 활동성이 매우 높으며 꾸준히 산소를 공급받아야 합니다.
좌우 **심장동맥**(관상동맥)은 대동맥이 왼심실에서 나오자마자 가장 먼저 갈라지는 가지입니다. 심장정맥은 주로 오른심방으로 혈액을 보냅니다.

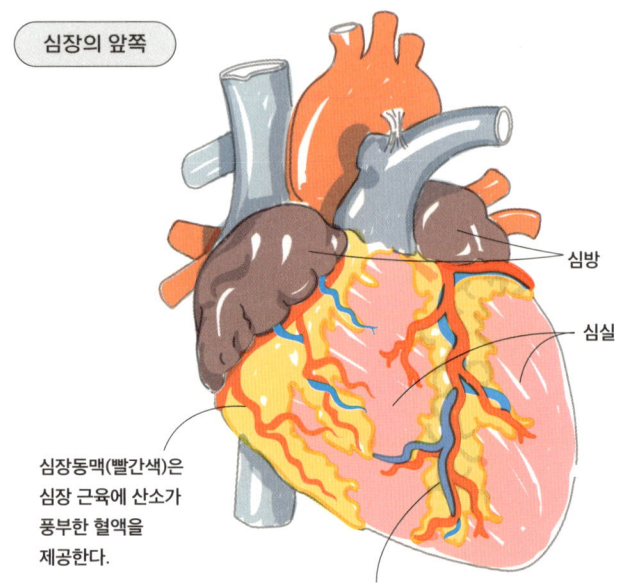

심장의 앞쪽

- 심방
- 심실
- 심장동맥(빨간색)은 심장 근육에 산소가 풍부한 혈액을 제공한다.
- 심장정맥(파란색)은 심장 근육에서 나오는 산소가 부족한 혈액을 심장 오른쪽으로 보낸다.

심장 판막

판막은 혈액의 흐름을 제어하는 데 핵심적인 역할을 합니다. 심장에는 판막이 4개 있습니다.
심방심실판막은 심실이 수축할 때 심방으로 혈액이 역류하지 않게 합니다.
반달판막은 심실이 이완할 때 대동맥과 폐동맥의 혈액이 역류하지 않게 합니다.

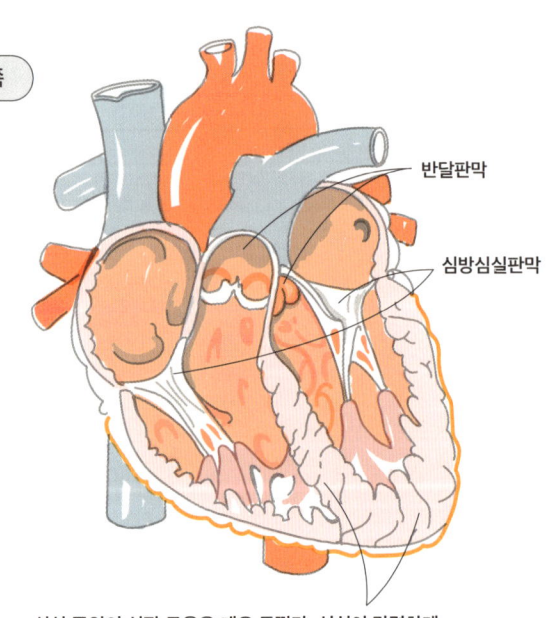

심장의 안쪽

- 반달판막
- 심방심실판막

심실 주위의 심장 근육은 매우 두껍다. 심실이 강력하게 수축해 높은 압력을 만들어내야 하기 때문이다.

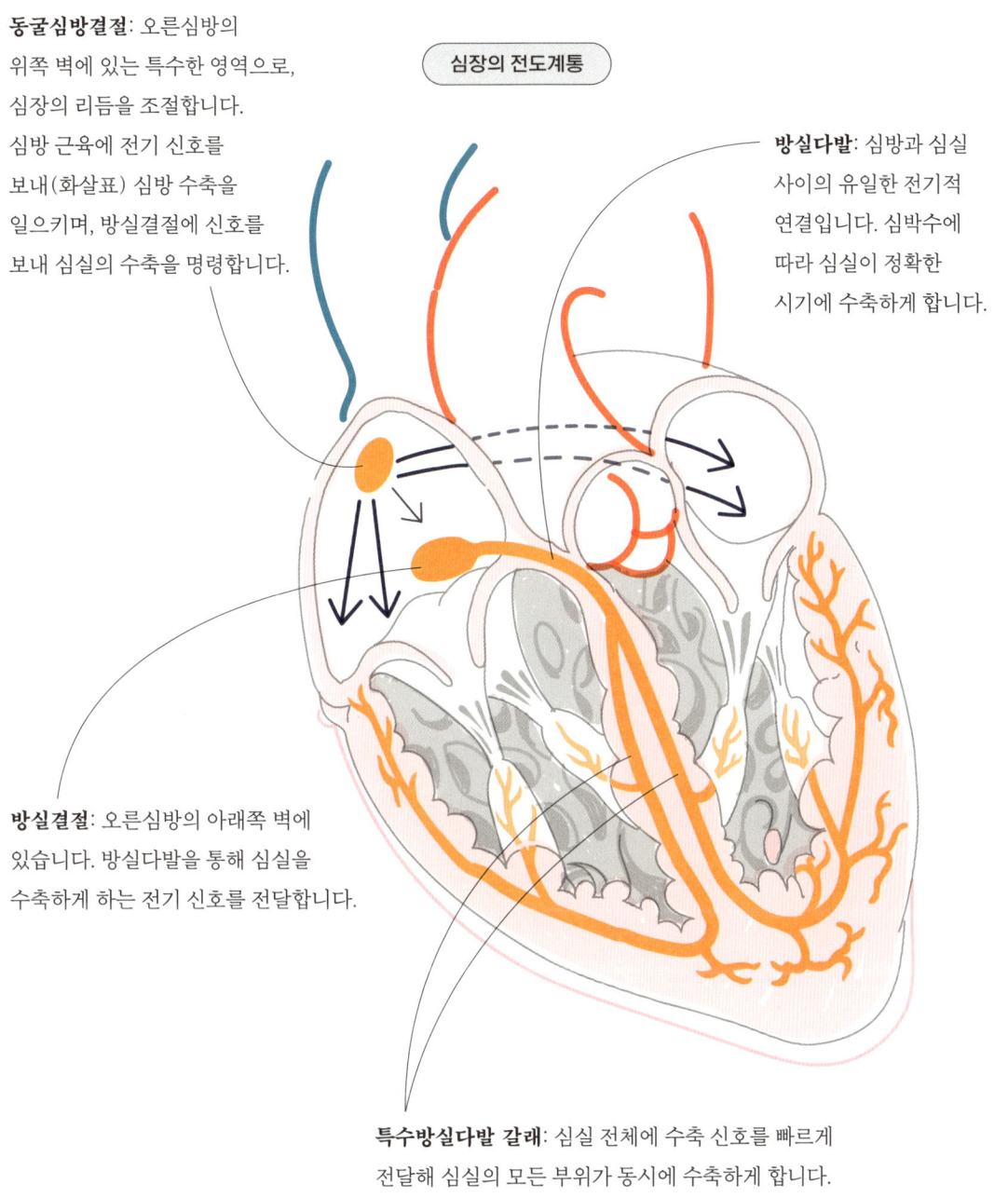

심장근육

심장근육은 전기적으로 연결되어 있습니다. 뼈대근육과 같은 가로무늬근이지만, 불수의근입니다. 심장근육 세포는 특이하게도 사이원반에 의해 전기적으로 연결되어 있습니다. 이런 연결 덕분에 매끄러운 펌프질을 위해 심실의 모든 심장 근육이 동시에 활성화되어 수축할 수 있습니다.

동맥과 정맥

모든 **동맥**은 심장에서 먼 쪽으로 피를 나르며 두꺼운 근육질 벽이 있습니다.
정맥은 심장 쪽으로 피를 나르거나 모세혈관계 사이, 즉 간과 뇌하수체의 문맥계에서 혈액을 운반합니다.

폐동맥

폐동맥은 오른심실에서 폐의 폐포로 가는 혈관입니다. 왼쪽과 오른쪽으로 갈라져 각각의 폐로 들어갑니다.

폐정맥은 산소가 풍부한 혈액을 폐에서 왼심방으로 운반합니다. 위아래에 각각 하나씩 있습니다.

위대정맥과 **아래대정맥**은 폐를 제외한 온몸의 정맥혈을 오른심방으로 보냅니다. 위대정맥은 왼팔머리정맥과 오른팔머리정맥이 만나 생깁니다.

팔머리정맥: 상지(빗장밑정맥), 머리와 목(바깥목정맥과 속목정맥)에서 오는 피를 받습니다.

홀정맥과 반홀정맥(홀정맥계): 가슴벽 뒤쪽의 혈액을 위대정맥으로 보냅니다.

아래대정맥: 가로막을 통과해 오른심방으로 들어갑니다.

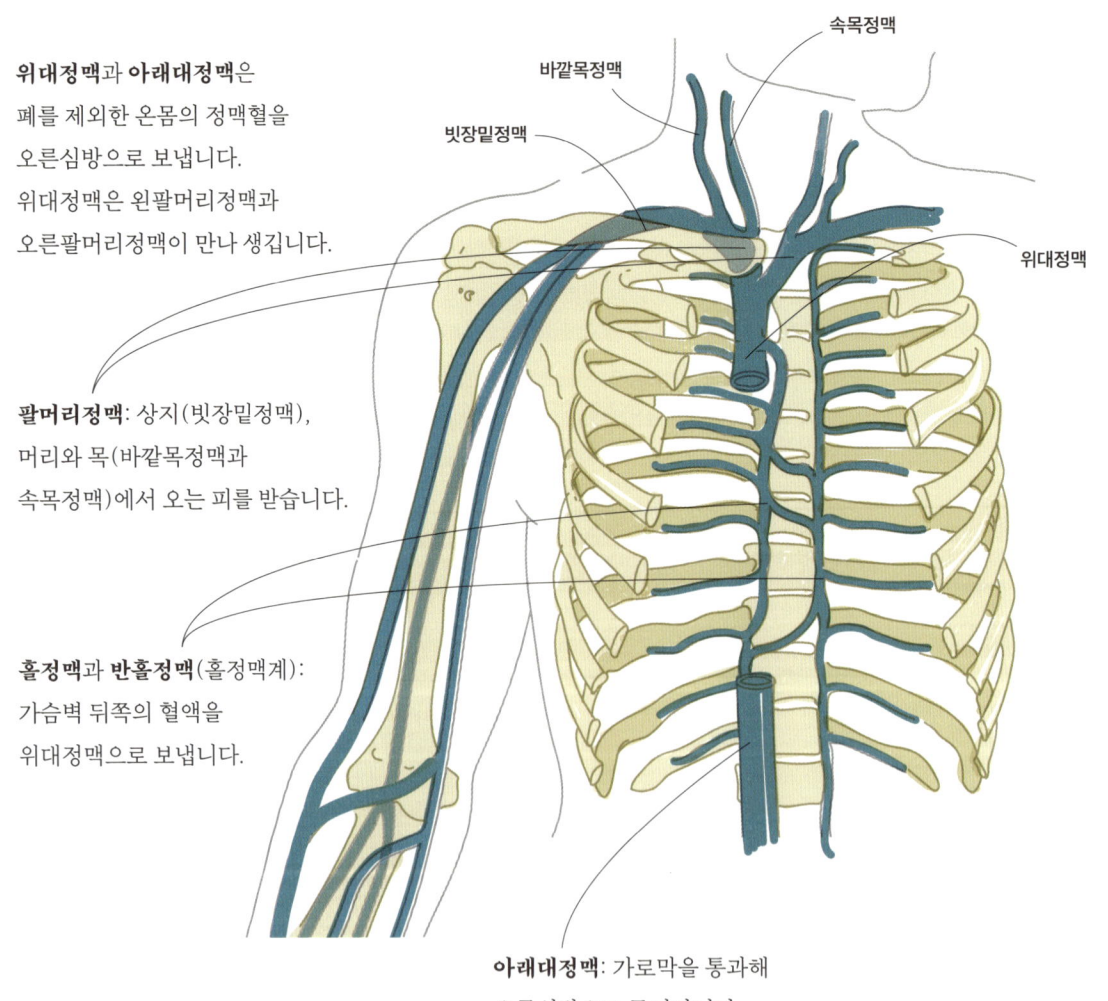

가슴의 동맥과 정맥

우리 몸에서 가장 큰 혈관은 두 폐와 폐의 가슴막주머니 사이의 정중선 영역인 가슴세로칸에 있습니다.

대동맥은 가장 큰 동맥으로 왼심실에서 나오는 산소가 풍부한 혈액을 몸으로 보냅니다. 올라가는 부분(**심장동맥**의 가지)과 활(**팔머리동맥**과 **왼온목동맥**, **왼빗장밑동맥** 가지), 내려가는 부분(가슴벽, 기도벽, 식도, 척수로 가는 가지)로 이루어져 있습니다. 대동맥은 가로막의 대동맥구멍을 통과합니다.

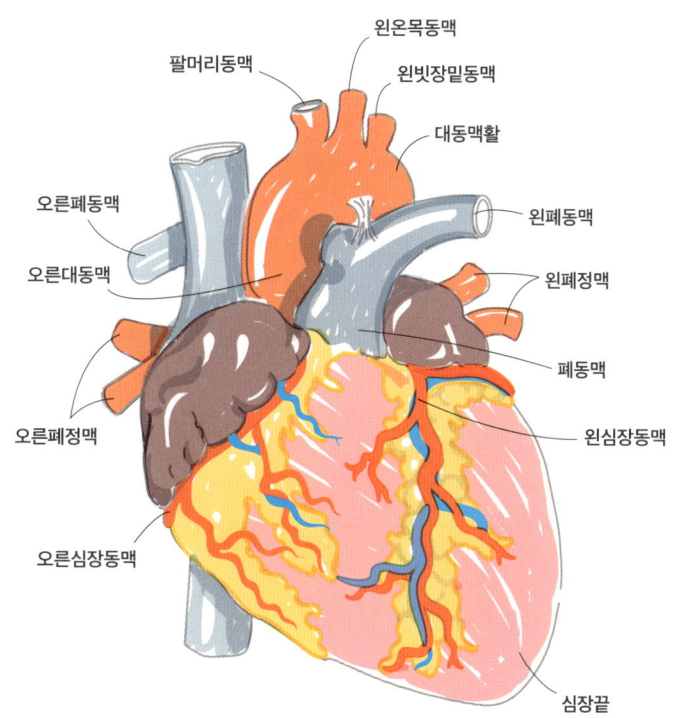

배의 동맥과 정맥

배에서 가장 큰 동맥은 허리뼈 위에 있는 배대동맥입니다. 아래대정맥과 함께 있습니다. 배대동맥은 내장에 혈액을 공급한 뒤 **온엉덩동맥**으로 갈라집니다. 소화관으로 가는 동맥 가지는 3개입니다.
대동맥은 다른 내장과 배벽 뒤쪽에도 혈액을 공급합니다. 양옆의 **부신동맥**은 부신에 혈액을 공급합니다. **콩팥동맥**은 콩팥과 부신의 아래쪽에 혈액을 공급합니다. **허리동맥**은 배벽 뒤쪽에 혈액을 공급합니다. **생식샘동맥**은 생식샘(난소와 고환)에 혈액을 공급합니다. **복강동맥**은 위와 위쪽 샘창자, 쓸개, 위쪽 이자에 혈액을 공급합니다. **위창자간막동맥**은 아래쪽 샘창자와 작은창자, 아래쪽 이자, 왼창자굽이까지의 큰창자에 혈액을 공급합니다. **아래창자간막동맥**은 내림창자, 구불창자, 곧창자에 혈액을 공급합니다.

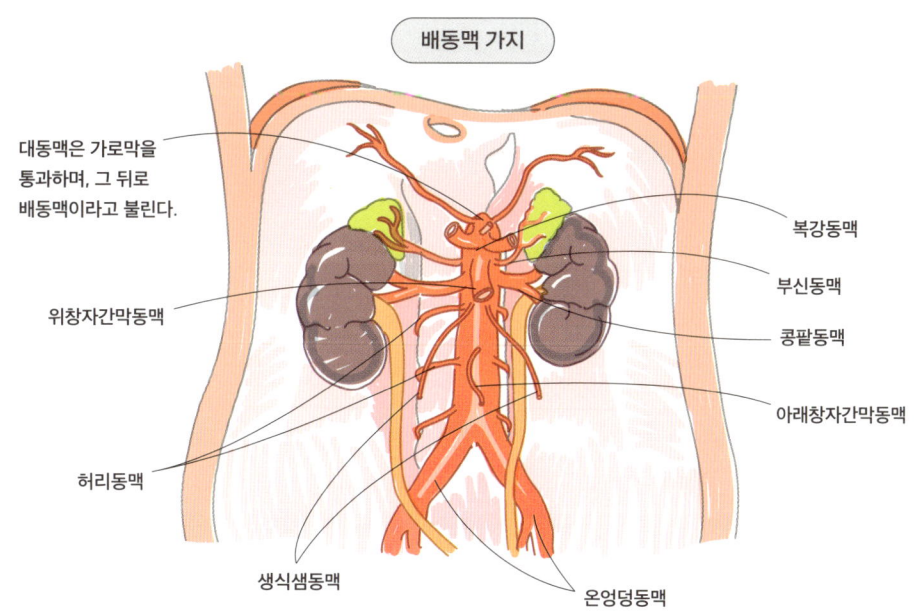

115

몸통벽과 하지에서 오는 피는 아래대정맥으로 들어갑니다. 아래대정맥은 두 **온엉덩정맥**이 합류하여 이루어집니다. 또한, **간정맥, 콩팥정맥, 허리정맥과, 오른부신정맥**으로부터도 혈액을 받습니다.

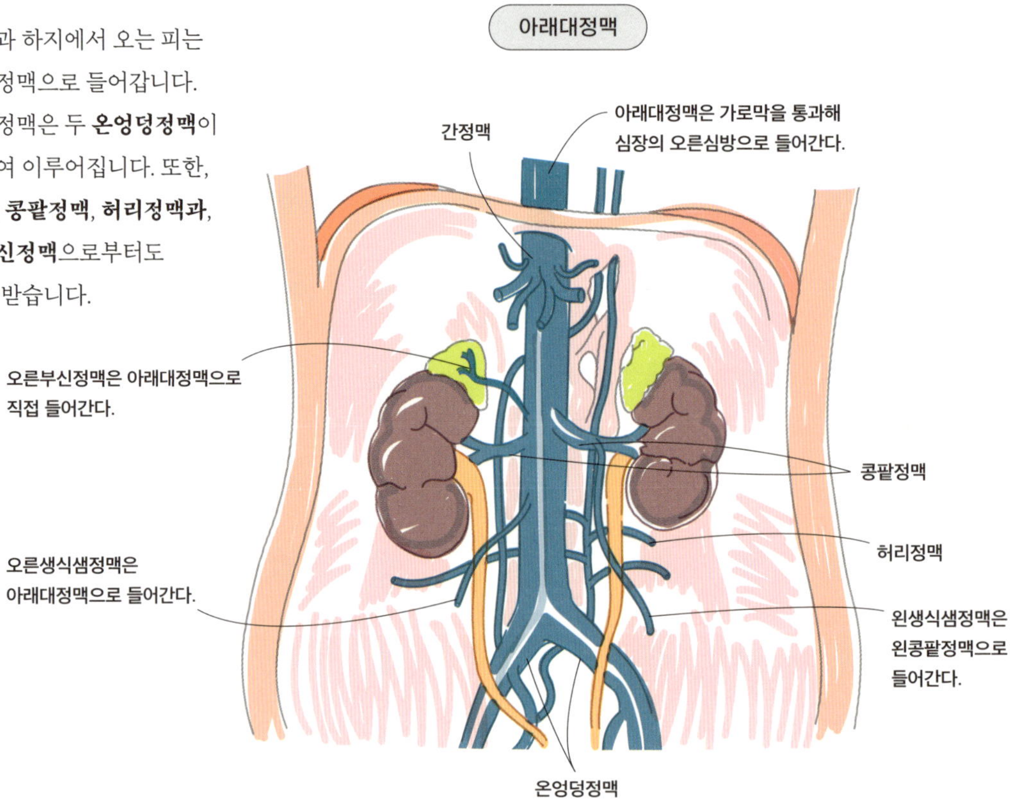

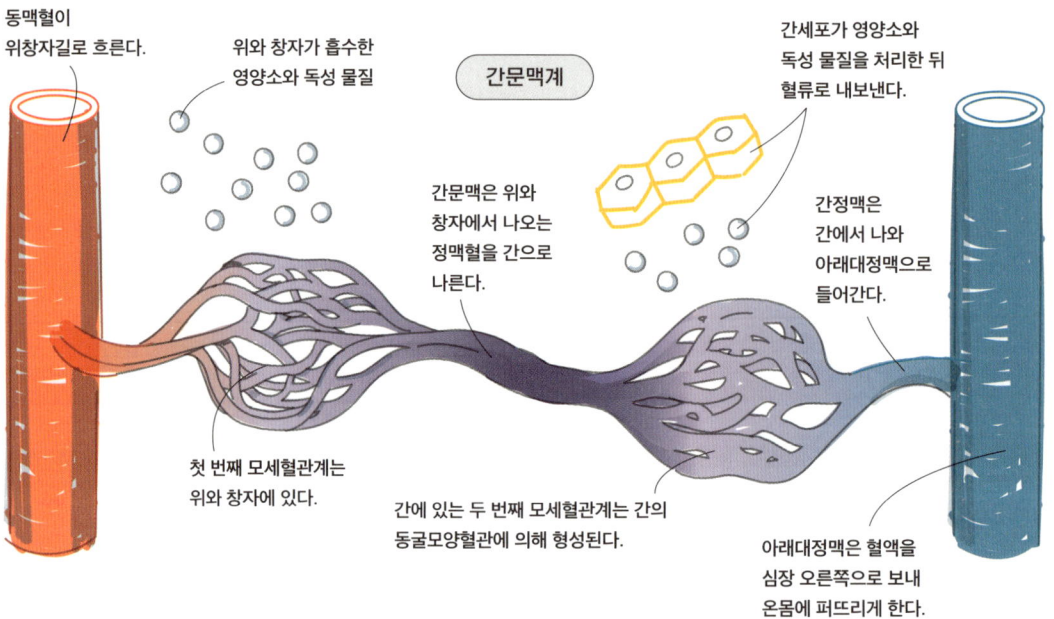

소화계에서 나온 혈액은 **간문맥**을 통해 간으로 흘러갑니다. 소화관 전체와 이자, 지라에서 나온 거의 모든 영양소와 모든 독성 물질은 반드시 간을 통과하며 감시와 처리 절차를 거쳐야 합니다. 예외는 림프를 타고 소화계를 떠나는 커다란 지방 분자입니다.

머리와 목의 동맥과 정맥

뇌의 산소 소모량은 매우 높습니다. 쉬고 있을 때조차도 마찬가지입니다. 따라서 머리와 목의 동맥은 매분 0.75ℓ(심장에서 나오는 양의 약 15%)의 혈액을 뇌로 보냅니다. 다른 동맥은 얼굴과 입안, 혀, 인두에 혈액을 공급합니다.

대동맥은 왼심실에서 나오는 커다란 동맥입니다.

대동맥활은 **팔머리동맥**, **왼온목동맥**, **왼빗장밑동맥**으로 갈라집니다. 팔머리동맥은 **오른목동맥**과 **오른빗장밑동맥**으로 나뉩니다.

팔머리동맥은 오른쪽 얼굴과 뇌, 오른쪽 상지에 혈액을 공급합니다.

양쪽 온목동맥은 속목동맥과 바깥목동맥으로 갈라집니다. **속목동맥**은 머리뼈 안으로 들어가 뇌와 뇌하수체, 눈에 혈액을 공급합니다. 눈동맥과 앞대뇌동맥, 중간대뇌동맥 등의 가지가 있습니다. **바깥목동맥**은 혀동맥과 얼굴동맥을 통해 혀와 얼굴에 혈액을 공급합니다.

척추동맥은 양쪽 빗장밑동맥에서 갈라져 나옵니다. 목뼈를 통해 올라와 큰구멍을 통해 머리뼈로 들어갑니다. 그곳에서 갈라지며 뇌줄기와 뒤통수엽에 혈액을 공급합니다.

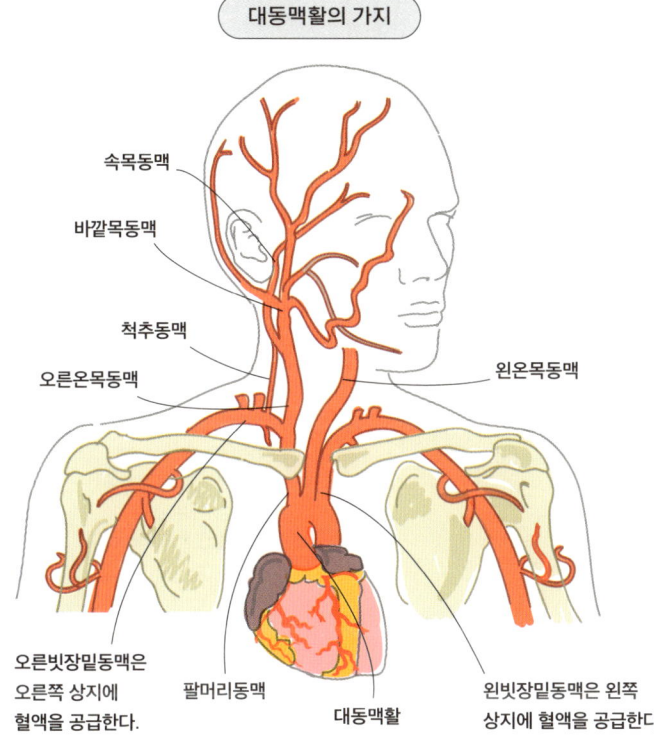

바깥목정맥은 머리덮개와 목 아래, 얼굴 근육, 입안, 인두에서 오는 혈액을 받아서 **빗장밑정맥**으로 보냅니다.

속목정맥은 뇌와 뇌하수체, 눈에서 오는 혈액을 받습니다. 빗장밑정맥과 합류해 가슴에서 **팔머리정맥**을 형성합니다.

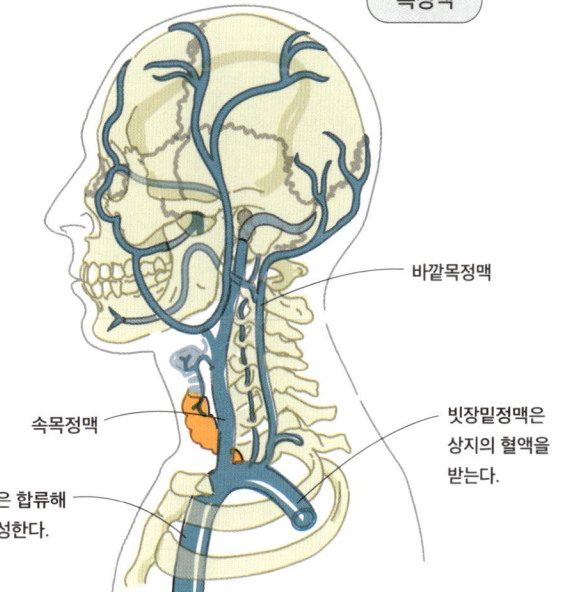

상지의 동맥과 정맥

상지의 동맥은 대동맥활에서 갈라져 나온 가지입니다. 빗장밑동맥은 1번 갈비뼈 위를 지나가므로 비상시에는 눌러서 지혈할 수 있습니다. 상지의 정맥혈은 위대정맥으로 흘러갑니다.

빗장밑동맥은 1번 갈비뼈의 바깥쪽 경계를 지나면 **겨드랑동맥**이 됩니다. 겨드랑동맥은 큰원근 아래쪽 가장자리를 지나면 **위팔동맥**이 됩니다. 위팔동맥은 먼쪽 위팔뼈 위쪽, 팔꿉 앞쪽에 있는 위팔두갈래근 힘줄 바로 안쪽을 누르면 느낄 수 있습니다.

위팔동맥은 팔꿉에서 **노동맥**과 **자동맥**으로 나뉩니다.

노동맥은 손목의 엄지손가락 쪽, 첫 번째 손허리뼈 바닥 바로 몸쪽에서 느낄 수 있습니다.

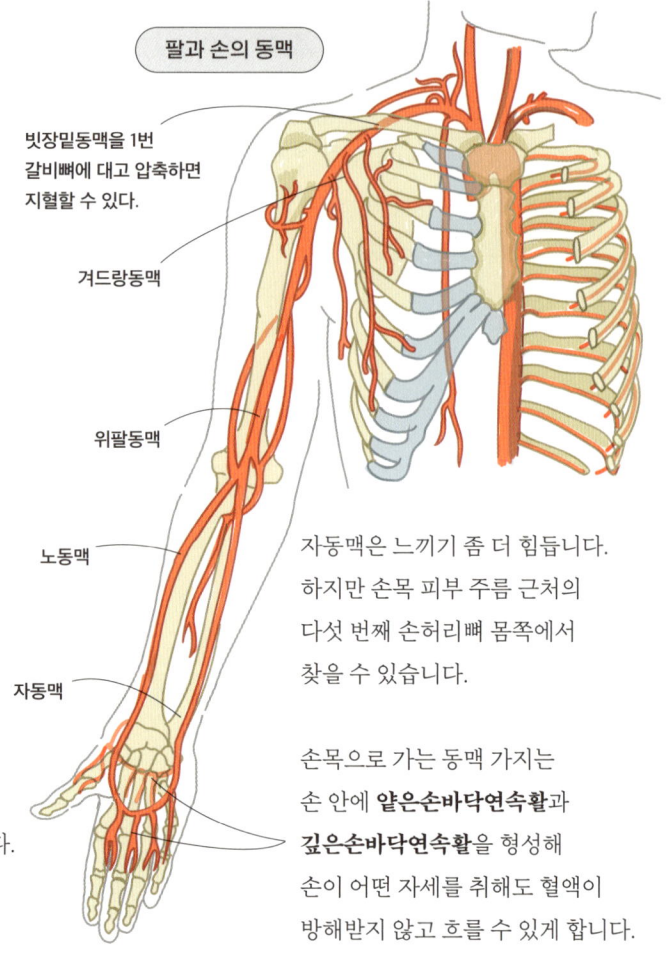

팔과 손의 동맥

빗장밑동맥을 1번 갈비뼈에 대고 압축하면 지혈할 수 있다.

겨드랑동맥

위팔동맥

노동맥

자동맥

자동맥은 느끼기 좀 더 힘듭니다. 하지만 손목 피부 주름 근처의 다섯 번째 손허리뼈 몸쪽에서 찾을 수 있습니다.

손목으로 가는 동맥 가지는 손 안에 **얕은손바닥연속활**과 **깊은손바닥연속활**을 형성해 손이 어떤 자세를 취해도 혈액이 방해받지 않고 흐를 수 있게 합니다.

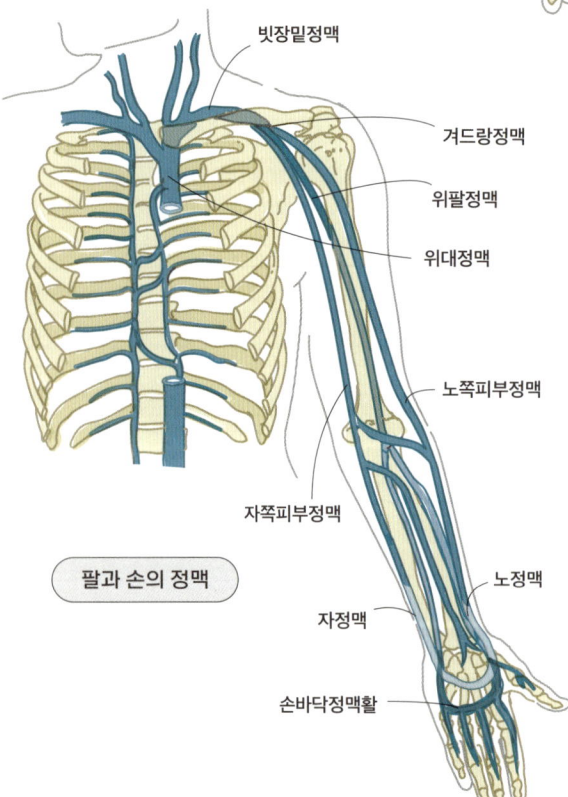

빗장밑정맥
겨드랑정맥
위팔정맥
위대정맥
노쪽피부정맥
자쪽피부정맥
노정맥
자정맥
손바닥정맥활

팔과 손의 정맥

상지의 정맥은 얕은 정맥과 깊은 정맥으로 나눌 수 있습니다. 얕은 정맥은 깊은 정맥으로 흘러갑니다.

깊은 정맥은 **손바닥정맥활**에서 시작됩니다. 이곳에서 **노정맥**과 **자정맥**으로 흘러가며, 두 혈관은 서로 합류해 **위팔정맥**이 됩니다.

손등정맥활은 얕은 **노쪽피부정맥**과 **자쪽피부정맥**으로 흘러갑니다.

위팔정맥은 **겨드랑정맥**이 되며, 빗장밑정맥을 거쳐 궁극적으로는 위대정맥으로 흘러갑니다.

노쪽피부정맥과 자쪽피부정맥은 각각 깊은 겨드랑정맥과 위팔정맥으로 흘러갑니다.

하지의 동맥과 정맥

상지의 동맥은 주로 바깥엉덩동맥에서 갈라져 나온 가지입니다. 하지의 정맥혈 흐름은 중력을 거슬러 흐르게 하는 강력한 판막이 있는 얕은 정맥과 깊은 정맥에 의해 이루어집니다.

대동맥은 배 안에서 2개의 **온엉덩동맥**을 형성합니다.

각 온엉덩동맥은 **바깥엉덩동맥**과 **속엉덩동맥**으로 나뉩니다.

바깥엉덩동맥은 하지에 가장 많은 혈액을 공급합니다. 사타구니의 **샅고랑인대**를 지나면 넙다리동맥이 됩니다.

넙다리동맥은 넓적다리로 들어가 **넙다리삼각**이라는 부위를 지나 아래로 내려갑니다. 뒤쪽으로 주행하는 **깊은넙다리동맥**이라는 가지가 있습니다. 두 동맥은 근처의 근육에 혈액을 공급합니다.

하지동맥의 앞쪽 모습(왼쪽)과 뒤쪽 모습(오른쪽)

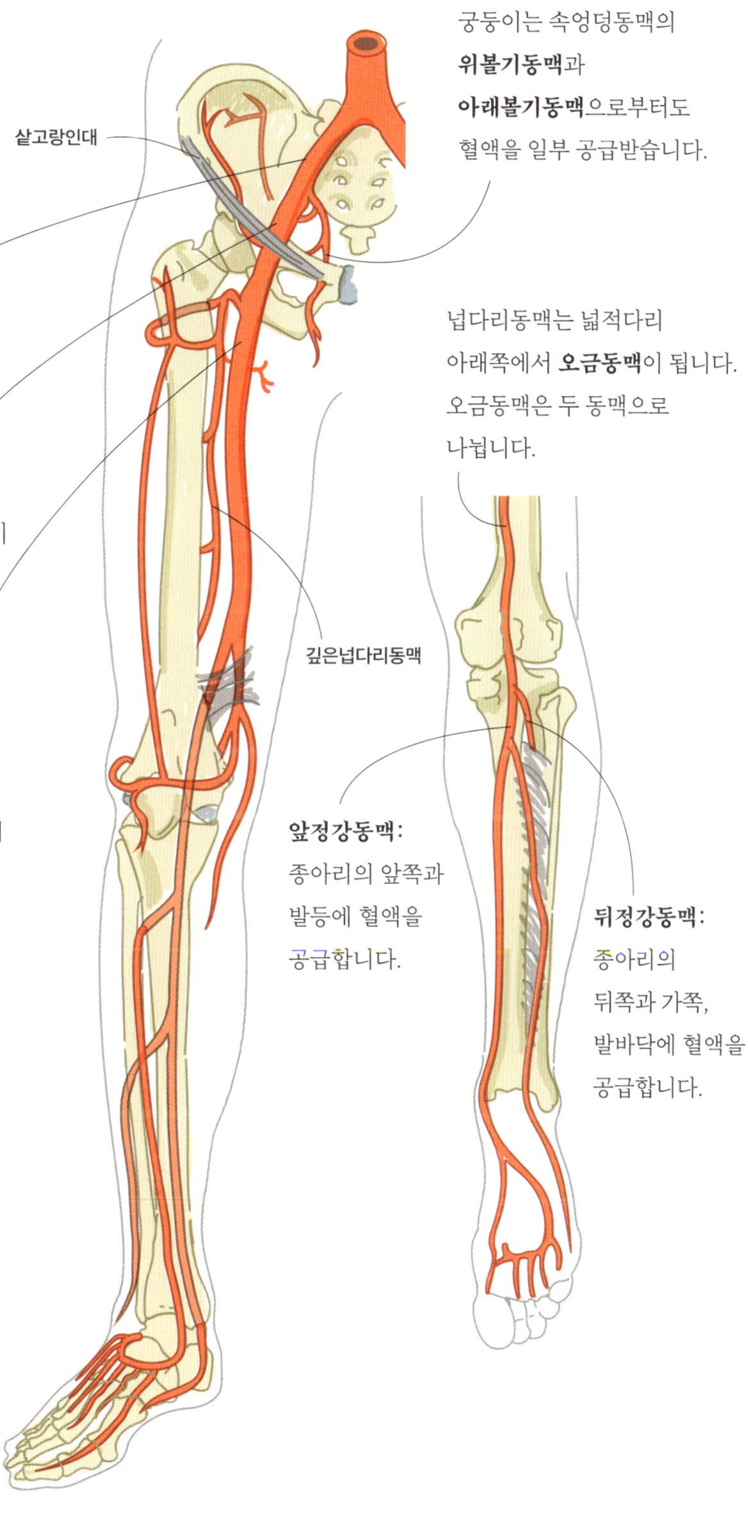

궁둥이는 속엉덩동맥의 **위볼기동맥**과 **아래볼기동맥**으로부터도 혈액을 일부 공급받습니다.

샅고랑인대

넙다리동맥는 넓적다리 아래쪽에서 **오금동맥**이 됩니다. 오금동맥은 두 동맥으로 나뉩니다.

깊은넙다리동맥

앞정강동맥: 종아리의 앞쪽과 발등에 혈액을 공급합니다.

뒤정강동맥: 종아리의 뒤쪽과 가쪽, 발바닥에 혈액을 공급합니다.

발과 종아리 정맥의 흐름

우리는 하루 중 대부분을 앉거나 서거나 걸으며 보냅니다. 따라서 발에 있는 혈액은 1.5m나 올라와야 심장에 닿을 수 있습니다. 근육 펌프와 **판막**은 혈액을 돌려보내는 데 중요합니다.

하지에는 얕은 정맥과 깊은 정맥이 있습니다. 장딴지 근육은 깊은 정맥을 압박해 혈액이 연속적인 판막을 지나 위쪽으로 올라가도록 밀어냅니다. 얕은 정맥(**큰두렁정맥**과 **작은두렁정맥**)은 교통정맥에 의해 깊은 정맥으로 흘러가며, 판막은 역류를 방지합니다.

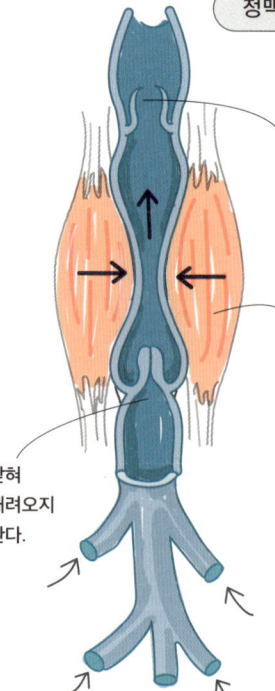

정맥의 근육 펌프

- 판막이 열려 혈액이 위로 흐를 수 있게 한다.
- 깊은 정맥을 둘러싼 뼈대근육이 수축해 혈액을 하지 위쪽으로 밀어 올린다.
- 판막이 닫혀 혈액이 내려오지 못하게 한다.

하지 정맥의 앞쪽 모습

- 아래대정맥은 양쪽 온엉덩정맥으로부터 혈액을 받는다.
- 온엉덩정맥은 바깥엉덩정맥과 속엉덩정맥으로부터 정맥혈을 받는다.
- 속엉덩정맥은 골반의 장기와 볼기 부위로부터 정맥혈을 받는다.
- 바깥엉덩정맥은 하지와 앞쪽 배벽으로부터 정맥혈을 받는다.
- 넙다리정맥은 하지에서 가장 큰 정맥이다.
- 큰두렁정맥은 몸에서 가장 크고 가장 긴 얕은 정맥이다.
- 오금정맥
- 작은두렁정맥은 종아리 뒤쪽으로 흐르는 얕은 정맥이다.

종아리 정맥의 뒤쪽 모습

- 오금정맥은 정강정맥, 종아리정맥, 작은두렁정맥으로부터 혈액을 받는다.
- 앞쪽 정강정맥은 종아리 앞쪽에서 흐른다.
- 뒤쪽 정강정맥은 발바닥과 장딴지를 흐른다.

넓적다리와 궁둥이 정맥의 흐름

오금정맥은 깊은 정강정맥 앞쪽과 뒤쪽, 무릎 뒤쪽의 다리오금에 있는 작은두렁정맥으로부터 혈액을 받습니다. 오금정맥은 **넙다리정맥**이 되고, 넙다리정맥은 사타구니를 지난 뒤 **바깥엉덩정맥**이 되며, 바깥엉덩정맥은 **속엉덩정맥**(골반과 궁둥이의 혈액을 받는다)과 합류해 **온엉덩정맥**을 형성합니다.

모세혈관

가느다란 혈관인 **모세혈관**은 혈액과 조직이 기체와 영양소, 세포, 단백질, 노폐물을 교환할 수 있게 해줍니다.
모든 모세혈관의 공통적인 특징은 바닥막 위의 내피로 이루어진 얇은 벽입니다.

순환 과정에서 모세혈관은 어디에 있을까?

우리 몸에는 약 200억 개의 모세혈관이 있습니다. 모세혈관은 순환계에서 세동맥과 세정맥 사이에 있습니다.
모세혈관으로 흘러들어가는 혈류는 메타세동맥과 모세혈관이 만나는 곳에 있는 **모세혈관이전조임근**이
수축하거나 이완하면서 조절됩니다.
한 **메타세동맥**에서 오는 혈액을 받는 모세혈관 10~100개가 모여 **모세혈관계**를 형성합니다.

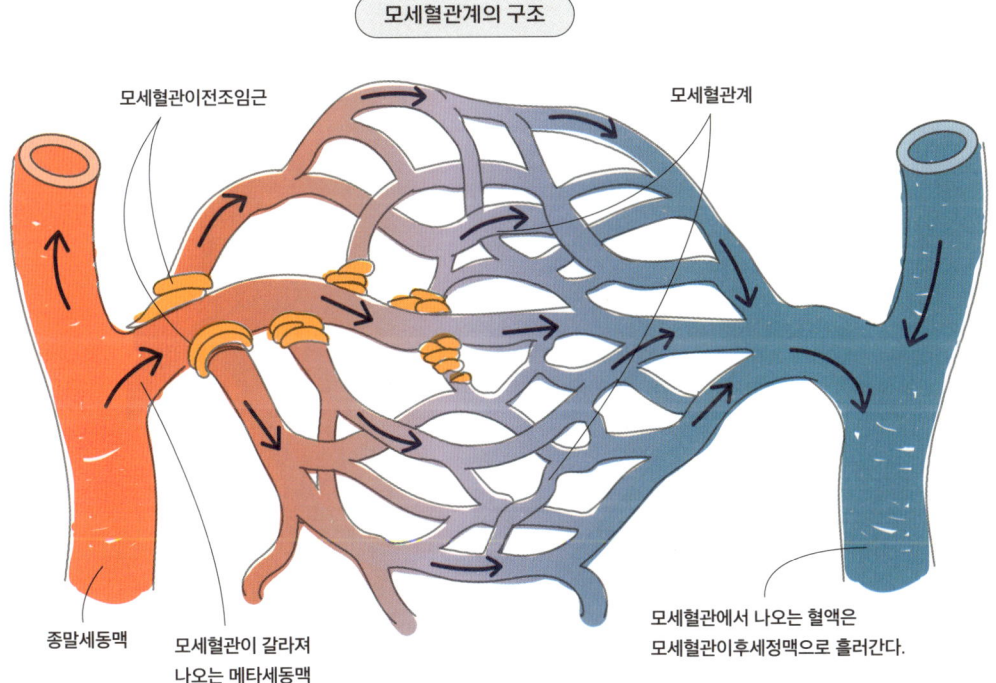

모세혈관의 기능

모세혈관의 주요 기능은 교환입니다. 그게 가능한 건 모세혈관의 벽이 내피세포가 한 층만 덮인 얇은
바닥막이기 때문입니다. 또한, 가지의 수가 많아서 표면적이 아주 넓기 때문에 주변 조직과 교환하기 좋습니다.
대부분의 조직은 쉬고 있을 때는(근육이 가만히 있을 때처럼) 모세혈관의 일부에만 혈액이 흐릅니다.
하지만 필요하면(근육운동을 할 때처럼) 여분의 모세혈관이 열립니다.

모세혈관의 유형

연속모세혈관은 연속적인 관을 형성하는 내피세포입니다. 뇌와 척수 조직, 폐, 피부, 뼈대근육에서 찾을 수 있습니다. 단백질이나 세포가 벽을 통과하지 못합니다.

세 가지 유형의 모세혈관

- 모세혈관 속의 적혈구
- 내피세포
- 세포 간 틈이 좁아 단백질이나 세포가 통과하지 못한다.

창모세혈관은 원형질막에 작은 창(구멍)이 있는 내피세포입니다. 콩팥, 작은창자의 융모, 뇌실, 많은 내분비샘에서 찾을 수 있습니다. 창은 커다란 분자가 통과할 수 있게 해주며, 때로는 세포도 혈액에서 주변 조직으로 건너갈 수 있게 해줍니다.

- 모세혈관 속의 적혈구
- 내피세포의 핵
- 창

문맥계

보통 혈액은 세동맥에서 모세혈관을 거쳐 세정맥으로 흐릅니다. 일부 영역에서는 문맥계를 통해 혈액이 한 모세혈관계에서 다른 모세혈관계로 이동합니다.

간문맥계: 소화계의 모세혈관계에서 혈액을 받아들입니다. 간이 소화계에서 흡수한 영양소와 독성 물질을 처리하게 해줍니다(116쪽 참고).

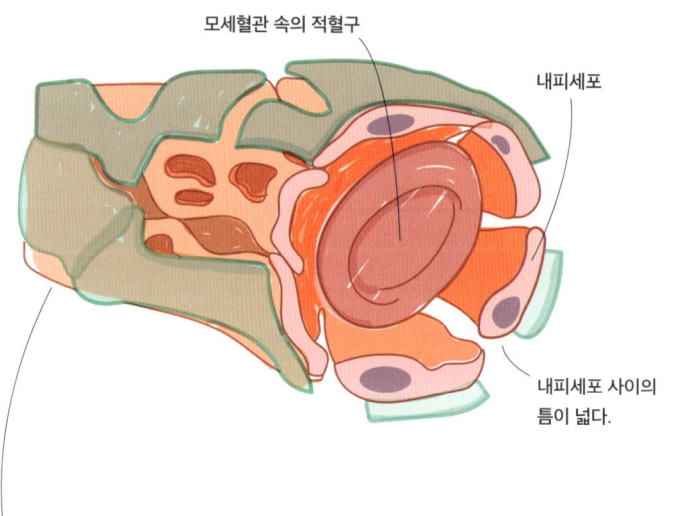

- 모세혈관 속의 적혈구
- 내피세포
- 내피세포 사이의 틈이 넓다.

동굴모세혈관은 커다란 단백질과 세포가 쉽게 통과할 수 있는 아주 커다란 구멍(틈)이 있는 내피세포입니다. 적색골수와 지라, 뇌하수체, 부갑상샘, 부신에서 찾을 수 있습니다. 골수에서는 동굴모세혈관 벽의 틈을 통해 새로 생긴 혈구 세포가 혈액으로 건너갈 수 있습니다.

뇌하수체문맥계: 혈액을 시상하부에서 뇌하수체앞엽으로 보냅니다. 뇌에서 뇌하수체로 호르몬을 분비할 수 있게 해줍니다.

혈액의 기능과 성분

혈액은 결합조직으로, 액체로 된 바탕질에 담긴 혈구 세포로 이루어져 있습니다.
혈구 세포는 혈액 부피의 절반을 차지합니다. 하지만 액체 안에는 중요한 단백질이 있습니다.

혈액의 기능

혈액에는 세 가지 기능이 있습니다.
- **운반**: 혈액은 산소와 이산화탄소, 소화계에서 흡수한 영양소, 내분비샘에서 나오는 호르몬, 독성 물질, 열, 노폐물을 운반합니다.
- **조절**: 혈액은 체액의 pH(산성도)와 체온을 조절하고, 세포의 삼투압에 영향을 끼칩니다.
- **보호**: 혈액은 누출 방지를 위해 혈전을 만듭니다. 백혈구와 항체 같은 면역 단백질, 다양한 용질, 보체, 질병으로부터 보호하는 인터페론 등을 운반합니다.

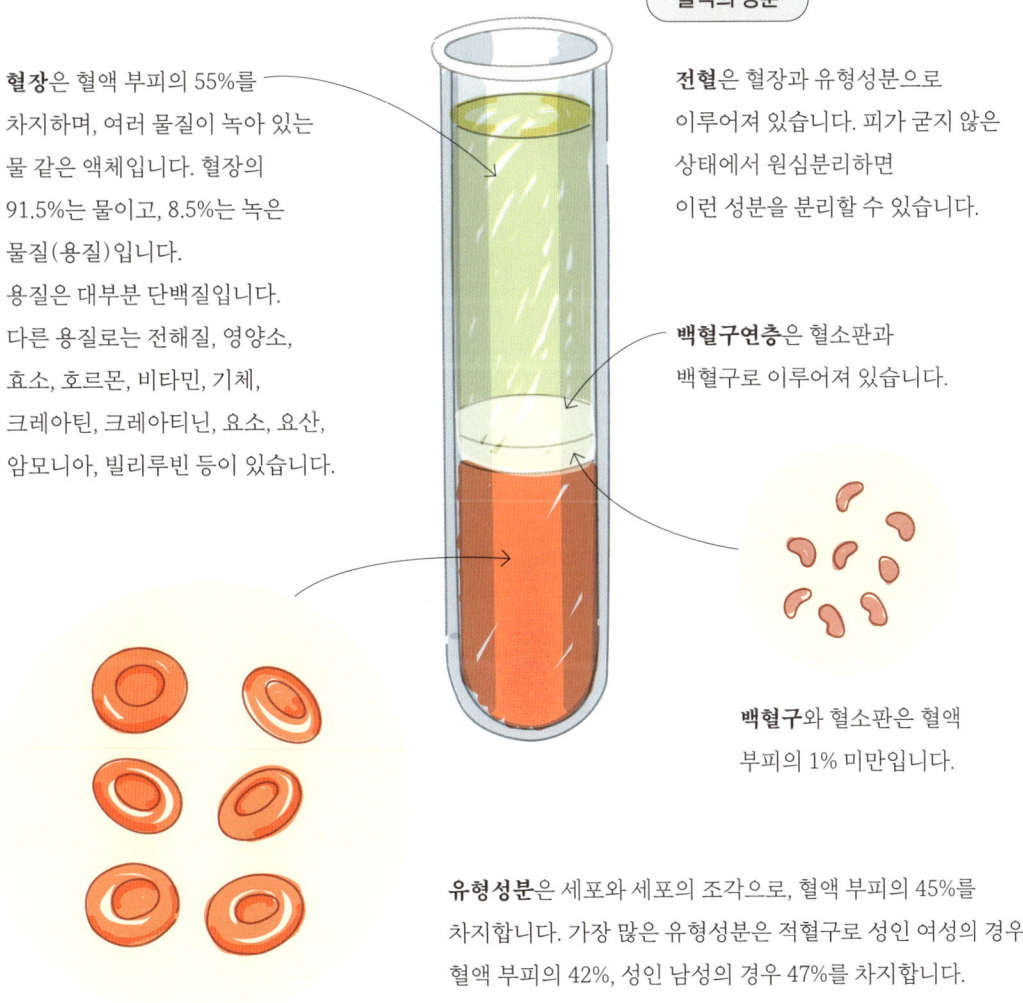

혈액의 성분

혈장은 혈액 부피의 55%를 차지하며, 여러 물질이 녹아 있는 물 같은 액체입니다. 혈장의 91.5%는 물이고, 8.5%는 녹은 물질(용질)입니다. 용질은 대부분 단백질입니다. 다른 용질로는 전해질, 영양소, 효소, 호르몬, 비타민, 기체, 크레아틴, 크레아티닌, 요소, 요산, 암모니아, 빌리루빈 등이 있습니다.

전혈은 혈장과 유형성분으로 이루어져 있습니다. 피가 굳지 않은 상태에서 원심분리하면 이런 성분을 분리할 수 있습니다.

백혈구연층은 혈소판과 백혈구로 이루어져 있습니다.

백혈구와 혈소판은 혈액 부피의 1% 미만입니다.

유형성분은 세포와 세포의 조각으로, 혈액 부피의 45%를 차지합니다. 가장 많은 유형성분은 적혈구로 성인 여성의 경우 혈액 부피의 42%, 성인 남성의 경우 47%를 차지합니다.

혈액 단백질

혈장에는 세 가지 혈액 단백질이 있습니다.
- **알부민**: 간에서 만들며, 혈장 단백질의 54%를 차지합니다. 모세혈관 끝에서 조직의 공간에서 물이 돌아올 수 있도록 혈액에 콜로이드 삼투압을 제공합니다. 또한 pH 완충 역할을 하며, 스테로이드 호르몬과 지방산을 운반합니다.
- **글로불린**: 형질 세포가 만드는 면역 글로불린을 포함하며, 혈장 단백질의 38%를 차지합니다. 바이러스와 세균을 공격합니다. 알파 글로불린과 베타 글로불린은 철분과 지방을 운반합니다.
- **피브리노젠**: 간에서 만들며, 혈장 단백질의 7%를 차지합니다. 혈액 응고에 필수적입니다.

항체: 적혈구 표면에는 면역계가 인식할 수 있는 특별한 분자(항체)가 있습니다.

혈액 응고(지혈)

혈액 응고는 혈관에서 피가 흘러 나가지 않도록 막는 자연스러운 과정입니다. 네 가지 요소가 있습니다.
- **혈관 연축**: 손상을 입은 혈관이 있는 곳에 혈액을 제공하는 세동맥이 수축합니다.
- **혈소판 활성화**: 혈관이 손상을 입은 부위에 끈적한 혈소판 마개를 형성합니다.
- **응고**: 응고 인자가 쏟아져 나오며 혈액이 응고합니다. 혈액 세포를 묶어 단단한 겔로 만들기 위해 피브리노젠을 피브린으로 변환합니다.
- **혈전수축**: 혈소판 안의 액틴과 마이오신(수축 단백질)이 상처의 가장자리를 잡아당겨 응고한 혈액 속에 남은 액체(혈청)를 짜냅니다.

적혈구

적혈구: 핵이 없지만, 세포질 안에는 산소와 (그보다는 적은) 이산화탄소를 나르는 헤모글로빈으로 가득 차 있습니다.

혈액 세포

대부분의 혈액 세포는 **적혈구**이며, 백혈구와 혈소판이 혈액 부피의 1% 이하를 차지합니다. 혈액 세포는 몸통뼈대와 긴뼈의 적색골수에서 만들어집니다.
성숙한 적혈구는 양쪽 면이 오목한 원반 모양입니다. 핵이나 다른 소기관은 없습니다. 지름은 7~8μm(100만 분의 7~8m)이고, 헤모글로빈으로 가득 차(무게의 33%) 있습니다.

헤모글로빈은 펩타이드 사슬 4개가 있는 글로빈 단백질입니다. 각각의 펩타이드는 고리 같은 헴 분자와 철 이온 1개를 둘러싸고 있습니다. 산소는 철 이온과 붙었다 떨어졌다 할 수 있습니다. 이산화탄소도 헤모글로빈과 붙었다 떨어졌다 할 수 있습니다.

혈액형

ABO 혈액형은 가장 중요한 혈액형입니다. 적혈구 표면에 두 항체(A 항체, B 항체)가 있는지 없는지에 따라 A형, B형, AB형, O형의 네 종류로 나뉩니다.
경우에 따라 적혈구에 **레수스 인자**가 있을(Rh+형) 수도 있고, 없을(Rh-형) 수도 있습니다.

백혈구

백혈구는 혈액 부피의 1% 이하를 차지하지만, 생존에 필수적인 역할을 합니다.
혈액 1㎣에는 약 4800~1만 1000개의 백혈구가 있습니다.
백혈구에는 **호중구**(66%), **림프구**(23%), **단핵구**(7%), 호산구(3%), 호염기구(1%)가 있습니다.
호산구는 기생충을 제거하고 알레르기 반응을 조절합니다. **호염기구**는 알레르기 반응 때 헤파린, 히스타민, 세로토닌을 방출합니다.

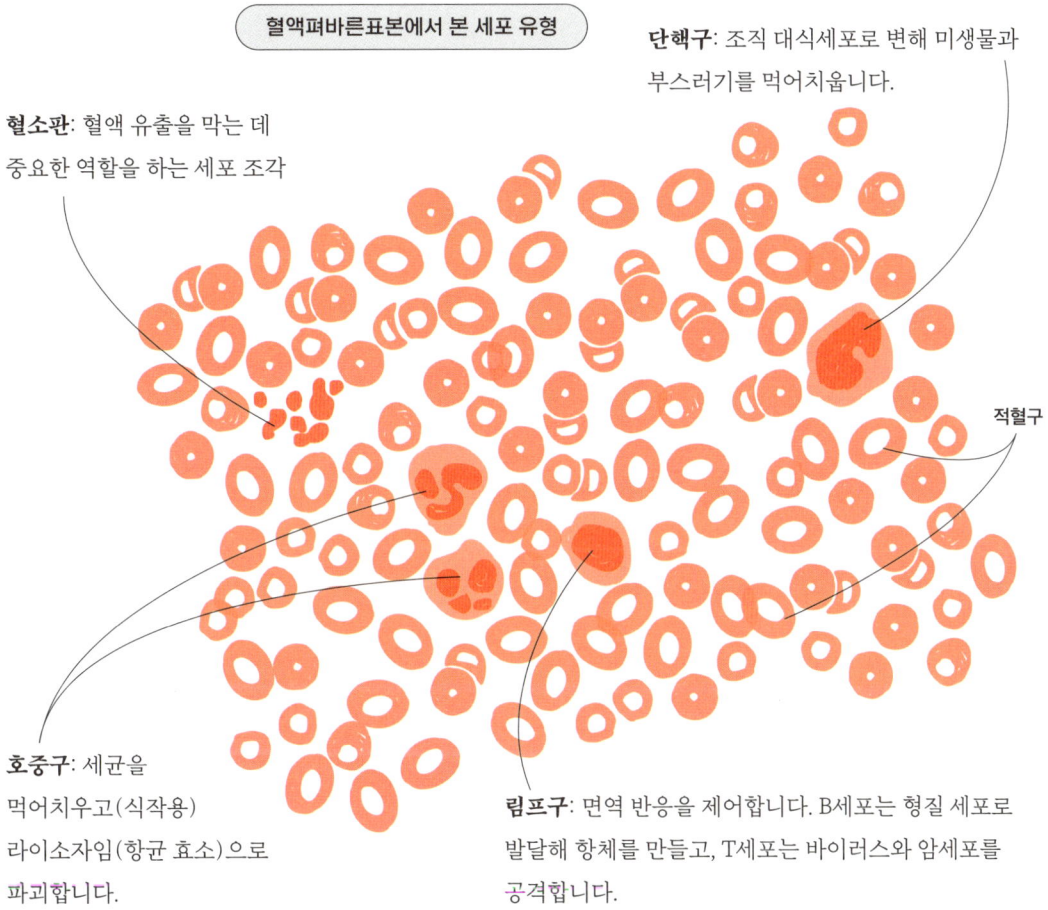

혈액펴바른표본에서 본 세포 유형

혈소판: 혈액 유출을 막는 데 중요한 역할을 하는 세포 조각

단핵구: 조직 대식세포로 변해 미생물과 부스러기를 먹어치웁니다.

적혈구

호중구: 세균을 먹어치우고(식작용) 라이소자임(항균 효소)으로 파괴합니다.

림프구: 면역 반응을 제어합니다. B세포는 형질 세포로 발달해 항체를 만들고, T세포는 바이러스와 암세포를 공격합니다.

적혈구는 어떻게 만들어질까?

적혈구는 120일밖에 살지 못합니다. 그러므로 새로운 적혈구를 **계속해서 만들어야** 합니다. 다른 혈액 세포와 마찬가지로 적혈구도 만능줄기세포(다른 여러 세포가 될 수 있는 능력이 있습니다)에서 생겨납니다. 유핵줄기세포는 골수성줄기세포가 되고, 이어서 풋적혈구모세포와 그물적혈구를 거쳐 적혈구가 됩니다. 그물적혈구 단계에서는 핵은 없지만, 일부 소기관(리보솜, 미토콘드리아)을 아직 가지고 있을 수 있습니다.

혈소판

혈소판은 지름이 2~4㎛인 세포 조각입니다. 핵은 없고, 수명은 5~9일에 불과합니다. 지혈 작용이 일어날 때 혈관 벽에서 혈소판 마개를 형성합니다. 이것은 벽에 작은 구멍이 났을 때 특히 유용합니다. 혈소판은 적색골수의 거대핵세포에서 만들어집니다.

✓ 다시 보기

순환계

- **모세혈관계**: 기체와 영양소, 노폐물 교환을 위해 넓은 면적을 제공한다.
- **동맥**: 압력이 높은 혈관
- **정맥**: 낮은 압력으로 혈액을 저장하는 혈관
- **상지**: 겨드랑동맥과 위팔동맥으로부터 혈액을 공급받는다.
- **하지**: 주로 넙다리동맥으로부터 혈액을 공급받는다.
- **심장 주기**: 심장이 박동할 때마다 일어나는 순차적인 현상
- **폐순환과 온몸순환**: 폐순환은 폐에서 기체 교환을 수행하고, 온몸순환은 몸 전체를 돈다.

심혈관계

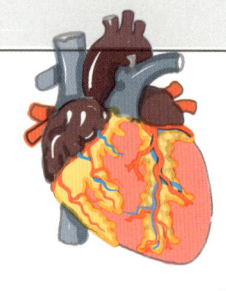

심장 구조와 심장근육

- **심장**: 4개의 공간으로 이루어진 펌프
- **심장근육**: 세포가 전기적으로 연결되어 있다.
- **심장 판막**: 혈류 조절에 핵심적이다.
- **혈액형**: 적혈구 표면에는 항체라 불리는 특정 분자가 있다.
- **백혈구**: 과립구(호중구, 호산구, 호염기구), 단핵구, 림프구가 있다.

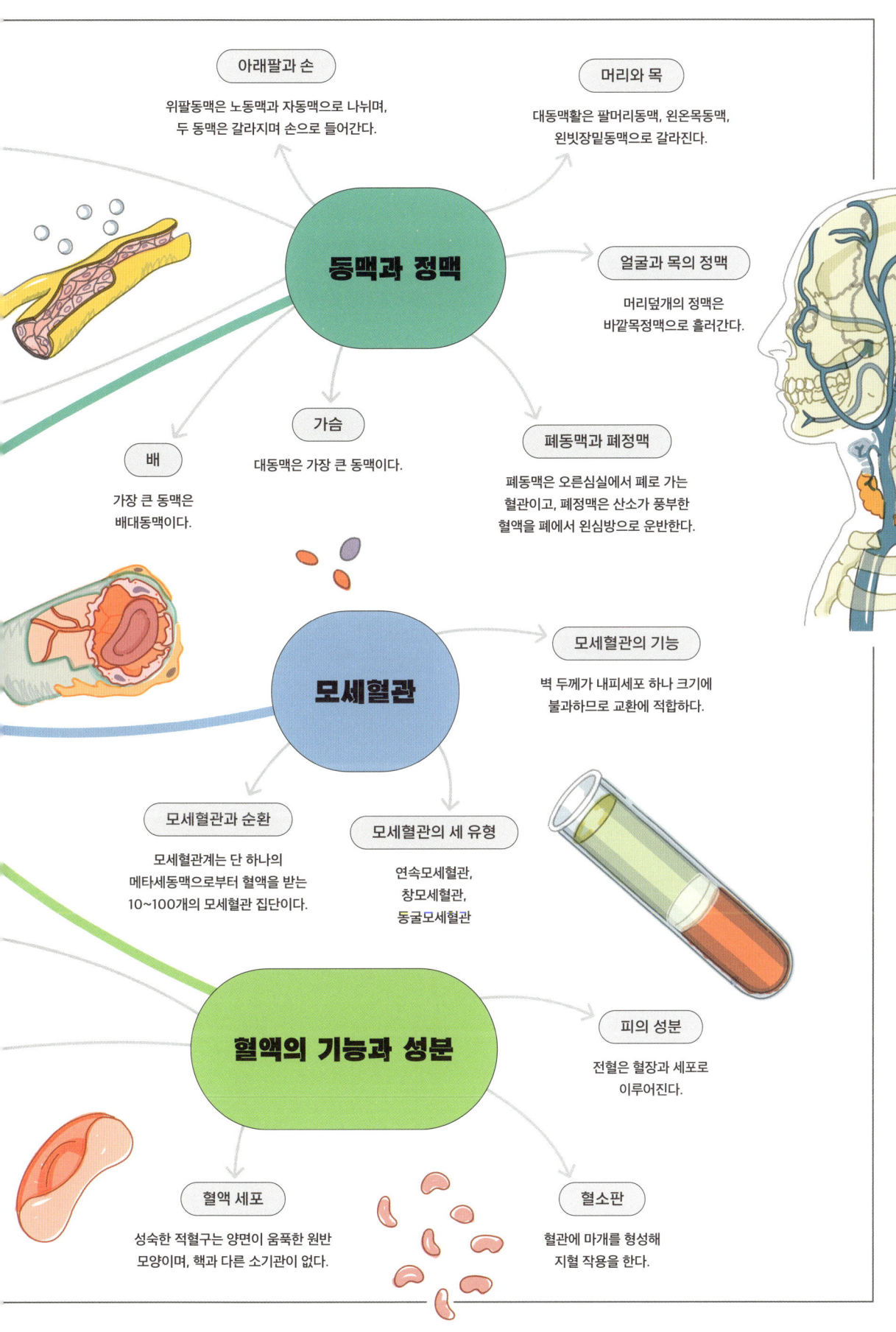

7장

면역·림프계

림프는 동맥으로 가는 혈액이 정맥으로 돌아오는 혈액보다
많을 때 세포 사이의 공간에 쌓이는 잉여 체액입니다.
림프계는 이 체액을 다시 가슴의 주요 정맥으로 돌려보내고
외부의 침입자가 있는지 감시합니다.
림프계의 대식세포는 세포 부스러기와 침입자(세균, 바이러스,
기생충)를 제거해 혈액에 들어가지 못하게 막습니다.
림프 통로를 따라 놓여 있는 림프절은 림프구를 만들고
면역 반응을 조절합니다.

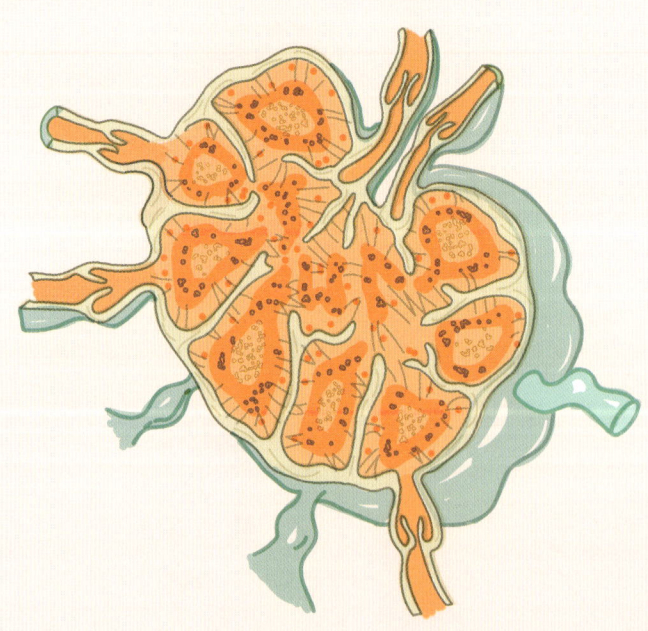

림프계 둘러보기

세포 사이의 조직액은 림프 통로를 거쳐 림프절로 모입니다.
림프절에서는 외부의 단백질과 미생물에 대항해 감시와 방어 기능을 수행합니다.

림프절은 대부분 가슴안의 기도 주위, 소화계를 지지하는 배안의 창자간막 사이에 있습니다.
팔꿉과 겨드랑이 앞, 무릎 뒤, 사타구니, 목 같은 주요 관절에도 림프절이 있습니다.

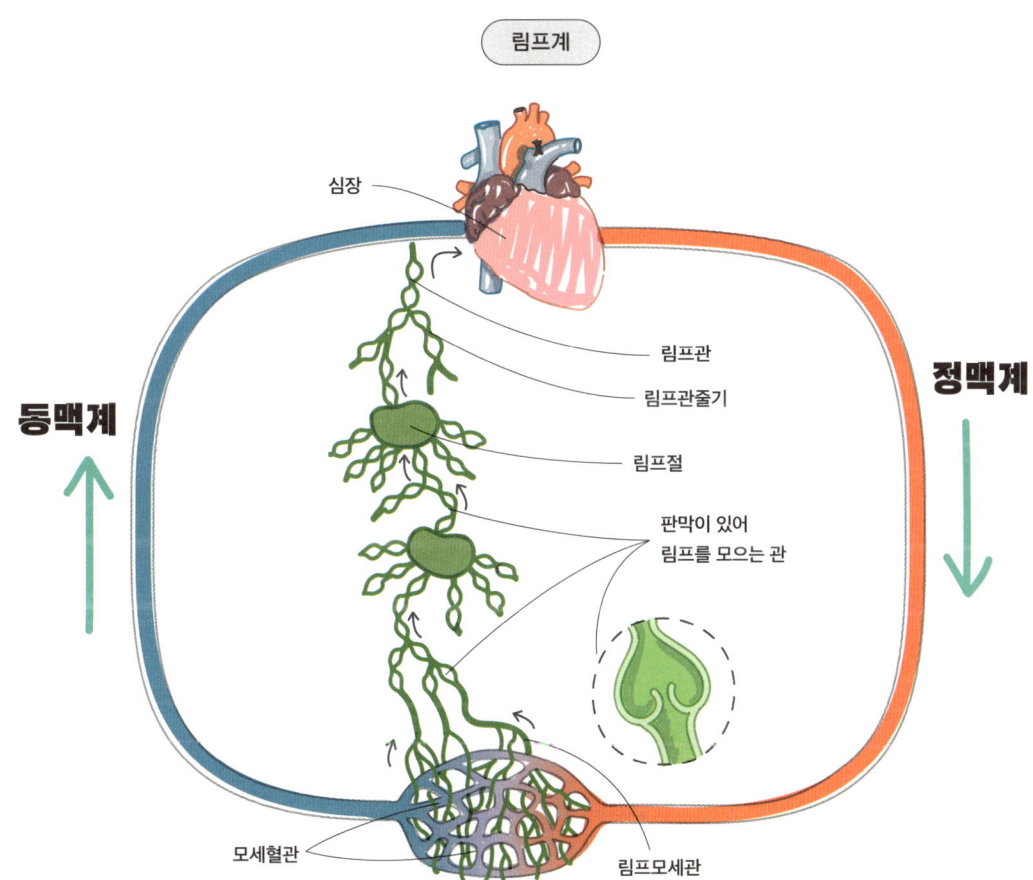

면역계의 기능은 면역 단백질(항체와 보체)과 세포 면역 방어(호중구, 대식세포, 림프구)에 의존합니다.
두 축이 함께 작용해 외부의 침입자와 암세포를 막아냅니다.
온몸에서 잉여 조직액은 림프관을 따라 흘러갑니다. 모세혈관은 매일 20ℓ의 혈액을 거르는데, 그중 17ℓ만 정맥 끝의 모세혈관에서 재흡수됩니다. 따라서 매일 3ℓ가 조직 공간에 남아 있게 되고, 이 잉여 조직액은 온몸순환계로 돌아가야 합니다. 결국 온몸순환계의 정맥계로 되돌아갑니다.
림프관은 면역세포가 모여 있는 림프절을 거쳐 갑니다.

림프절과 림프 통로

림프절은 완두콩만 한 구조로 구심성 림프 통로에서 림프를 받고, 원심성 림프 통로로 내보냅니다.
각 림프절에는 작은 동맥과 정맥도 있습니다.

림프절의 구조

림프절의 길이는 1~25㎜입니다. 확장 부위(**잔기둥**이라고 부릅니다)를 림프절 안으로 보내는 치밀한 결합조직 주머니로 둘러싸여 있습니다. 림프절의 기능 조직은 얕은 겉질과 깊은 속질로 나뉩니다. 바깥겉질에는 **림프소절**(소포)이라고 불리는 타원 보양의 B림프구 덩어리가 있습니다.

림프소포는 림프절 겉질에 모여 있습니다. 어떤 림프절에는 **종자중심**이라고 불리는 중심 영역이 있습니다. 면역계의 기억을 담당하며, 형질 세포가 항체를 생산하는 곳입니다.
처음 항원(세균의 벽 단백질 등)에 노출된 뒤에는 기억 B세포가 림프절에 남아 있다가 항원이 다시 침입하면 반응을 일으킵니다.
속겉질에는 많은 T림프구와 항원을 제시해 T세포(T림프구)가 분열하며 림프절을 떠나 외부 침입자와 싸우도록 자극하는 가지세포가 있습니다.
속질에는 B림프구(B세포)와 항체를 만드는 형질 세포, 포식성 대식세포가 있습니다.

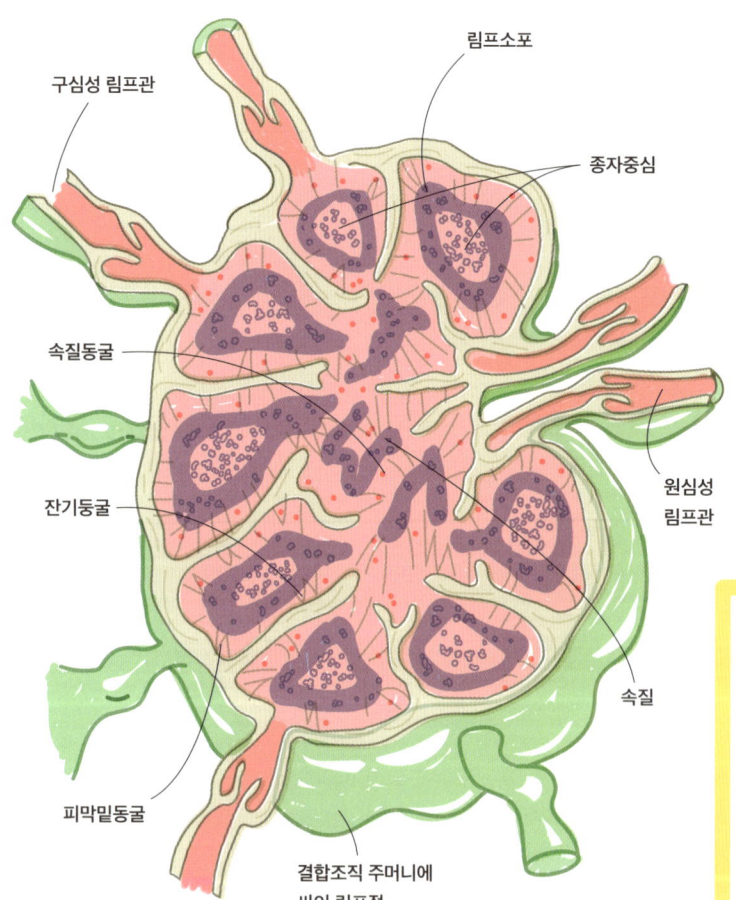

림프의 흐름

림프는 림프절을 통과해 흐릅니다. 구심성 림프관을 통해 들어와 **피막밑동굴**, **잔기둥굴**, **속질동굴**을 지나 원심성 림프관을 통해 나갑니다. 구심성 통로는 주머니를 뚫고 들어오며, **원심성 림프관**은 림프절의 작은 구멍을 통해 림프를 밖으로 가져갑니다.

림프 통로

림프 통로는 우리 몸 주변부에서 중심으로 림프를 보냅니다. 따라서 손가락에서 나온 림프는 겨드랑이를 거쳐 가슴안으로 흘러갑니다. 궁극적으로 모든 림프는 가슴 위쪽의 전신정맥으로 흘러갑니다. **가슴림프관**은 우리 몸에서 가장 큰 림프 통로로, 하체 전체와 상체 왼쪽, 왼쪽 상지, 왼쪽 머리의 림프가 모입니다. 가슴림프관은 왼빗장밑정맥과 왼속목정맥이 만나는 곳으로 이어집니다. 오른림프관은 오른빗장밑정맥과 오른속목정맥이 만나는 곳으로 이어집니다.

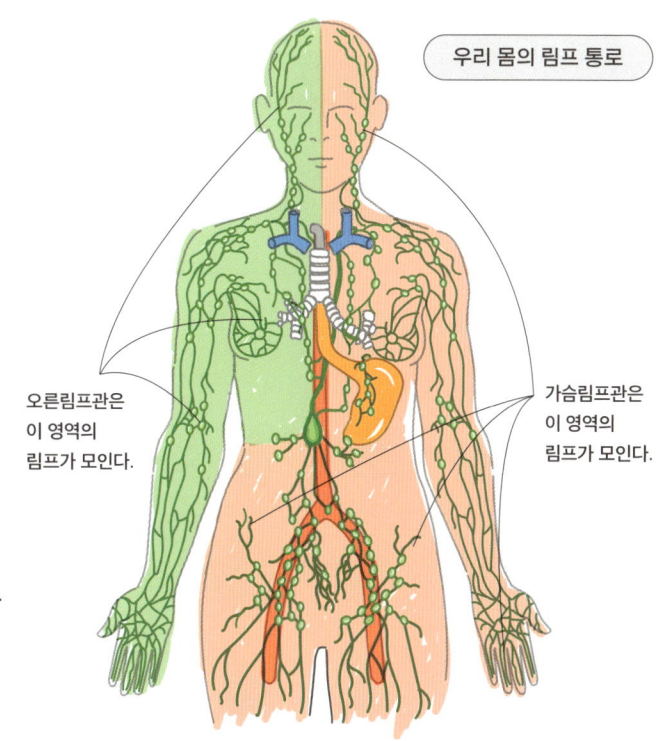

우리 몸의 림프 통로

오른림프관은 이 영역의 림프가 모인다.

가슴림프관은 이 영역의 림프가 모인다.

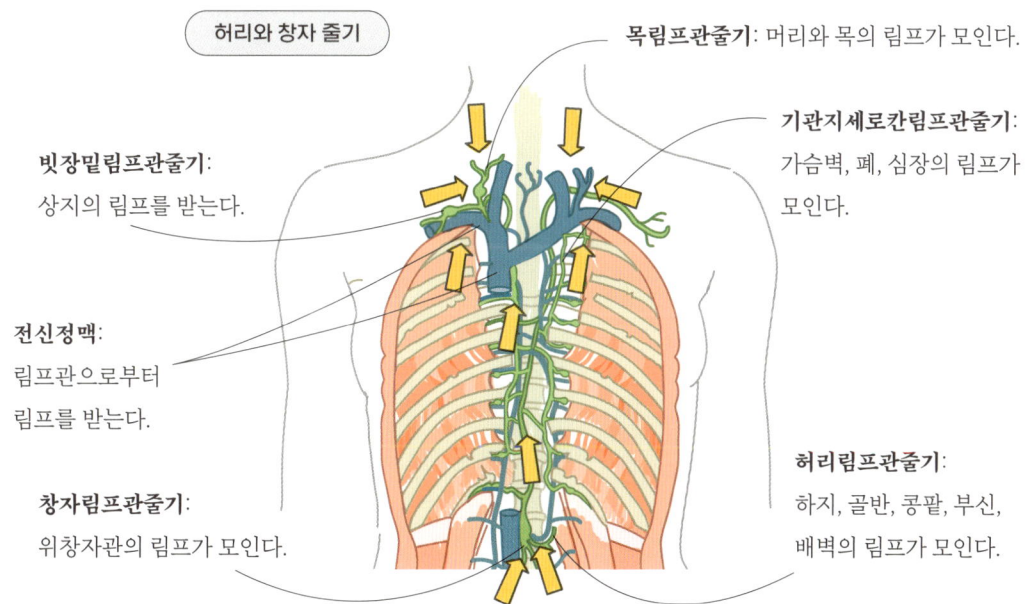

허리와 창자 줄기

목림프관줄기: 머리와 목의 림프가 모인다.

기관지세로칸림프관줄기: 가슴벽, 폐, 심장의 림프가 모인다.

빗장밑림프관줄기: 상지의 림프를 받는다.

전신정맥: 림프관으로부터 림프를 받는다.

창자림프관줄기: 위창자관의 림프가 모인다.

허리림프관줄기: 하지, 골반, 콩팥, 부신, 배벽의 림프가 모인다.

림프관은 세포 사이의 공간에 놓여 있는 폐쇄된 림프모세관에서 시작됩니다. 림프모세관은 서로 합쳐져 벽이 매우 얇고 림프를 중앙으로 보내기 위한 판막이 있는 림프관이 됩니다. 림프관은 모여서 **림프관줄기**가 됩니다. 림프관줄기는 전신정맥과 만나는 곳까지 계속 림프를 보냅니다.

암죽관이라고 불리는 창자의 림프모세관은 커다란 지방 분자를 나릅니다.
대부분의 조직에서 나오는 림프는 투명하고 색이 없습니다. 하지만 작은창자에서 나오는 림프는 지방 입자(암죽미립) 때문에 우윳빛을 띠며 **암죽**이라고 불립니다.

선천면역과 적응면역

외부 물질과 병원체(병을 일으키는 미생물)에 대한 몸의 반응을 **면역**이라고 부릅니다.
면역에는 선천면역과 적응면역(후천적)이 있습니다.

선천면역

선천면역은 병원체에 노출되는 경험이 필요 없습니다.
선천면역에는 네 가지 요소가 있습니다.
- 상피의 물리적 방어막
- 포식세포(대식세포와 호중구)
- 자연살해세포(NK세포)
- 사이토카인과 보체계 같은 혈액 단백질

혈액 세포

혈액 세포는 면역계의 움직이는 한 축입니다. 백혈구는 선천면역과 적응면역에 모두 중요한 역할을 합니다. 몸 전체에서 면역 반응을 조절하기 위해서는 혈액이 세포와 면역 단백질을 빨리 운반해야 합니다.

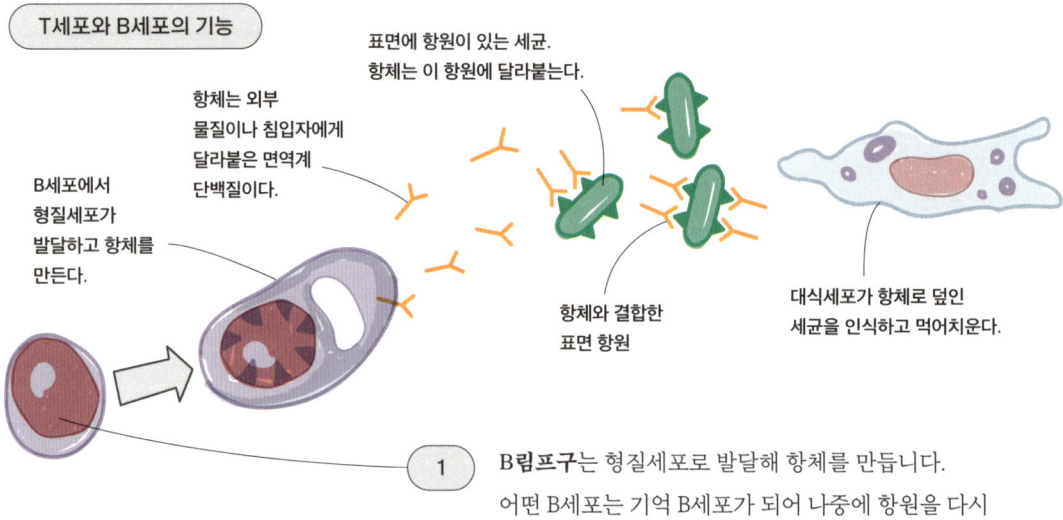

T세포와 B세포의 기능

B세포에서 형질세포가 발달하고 항체를 만든다.

항체는 외부 물질이나 침입자에게 달라붙은 면역계 단백질이다.

표면에 항원이 있는 세균. 항체는 이 항원에 달라붙는다.

항체와 결합한 표면 항원

대식세포가 항체로 덮인 세균을 인식하고 먹어치운다.

1. **B림프구**는 형질세포로 발달해 항체를 만듭니다. 어떤 B세포는 기억 B세포가 되어 나중에 항원을 다시 만나면 더 강력한 면역 반응을 일으킬 수 있습니다.

적응면역

적응면역은 병원체에 노출된 뒤에 생깁니다. 세포가 항원을 인식하고 반응하는 방법을 학습하는 것이지요. 적응면역에는 체액면역과 세포면역이 있습니다.

첫 번째 적응면역 반응은 **체액면역**입니다. 형질세포가 만든 항체가 항원과 병원체가 만든 독성 물질에 달라붙는 방식입니다. 이 결합은 대식세포를 끌어들여 외부 물질을 먹어치우게 합니다.

두 번째 반응은 포식세포가 병원체를 먹어버리거나 바이러스나 리케차 같은 침입자가 세포에 침입한 뒤에 일어납니다. 세포면역(세포가 관여하는 면역)은 세포 안에 들어온 병원체를 파괴하고 암세포처럼 비정상적인 세포로부터 몸을 보호할 수 있습니다.

> **림프구와 단핵구**
>
> **림프구**는 항원과 항체 사이의 반응을 포함한 면역 반응을 조절합니다. 림프구에는 세 종류가 있습니다. B림프구와 T림프구, 자연살해세포입니다(아래 그림 참고).
>
> 혈액 속의 **단핵구**는 모세혈관 벽을 통해 순환계를 떠나 조직 대식세포가 됩니다. 외부 물질을 먹어치우고, 병원체 표면에 있는 항원을 제시해 면역계의 다른 요소에 발동을 겁니다.

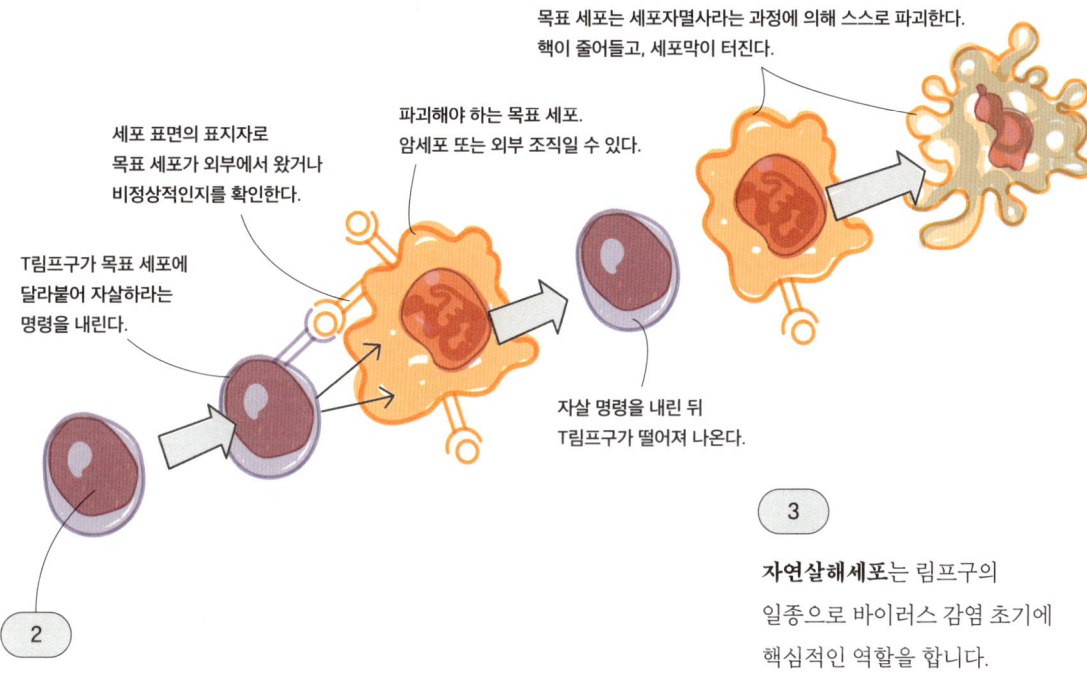

T림프구는 침입해 온 바이러스와 암세포, 이식 받은 조직을 공격합니다. 네 종류가 있습니다.

- **도움 T세포**: B세포와 협력해 항체 생산을 증폭합니다.
- **세포독성 T세포**: 목표 세포를 터뜨려 죽입니다.
- **조절 T세포**: 다른 T세포를 억제해 면역 반응을 중단할 수 있습니다. 일부 비타민B를 만드는 유익한 장내 세균도 보호합니다.
- **기억 T세포**: 항원을 기억하고, 그 항원을 다시 만나면 활발한 반응을 일으킵니다.

자연살해세포는 림프구의 일종으로 바이러스 감염 초기에 핵심적인 역할을 합니다. 효소를 이용해 바이러스에 감염된 세포와 암세포를 파괴합니다. 골수에서 편도, 림프절, 지라로 바로 이동합니다.

면역계 세포

적혈구와 마찬가지로 백혈구도 적색골수의 만능줄기세포에서 태어납니다. 만능줄기세포는 골수성 줄기세포 또는 림프성 줄기세포가 될 수 있습니다. 과립구나 대식세포가 되는 골수성 줄기세포는 과립구 대식세포 집락 형성 단위 계통(CFU-GM)을 따릅니다. CFU-GM은 호산구, 호염기구, 호중구, 또는 단핵구가 됩니다. 림프성 줄기세포는 T림프구나 B림프구, NK(자연살해) 림프구가 될 수 있습니다.

가슴샘, 편도, 지라

가슴샘과 편도, 지라는 림프 조직이 크게 모인 기관으로, 다양한 기능을 합니다.
가슴샘은 T림프구를 만들고, 편도는 침입자를 막으며 지라는 혈액을 청소합니다.

가슴샘

가슴샘은 쌍엽으로 이루어진 기관이며, 가슴 위쪽에 있습니다. 골수에서 가슴샘으로 온 **T림프구**를 성숙시키는 역할을 합니다. 가슴샘에는 내부로 잔기둥을 뻗어 조직을 두 엽으로 나누는 결합조직 **주머니**가 있습니다. 각 엽에는 겉질과 속질이 있습니다.

겉질은 많은 T림프구와 가지세포, 상피세포, 대식세포로 이루어져 있습니다. 가지세포는 T세포의 성숙을 돕고, 상피세포는 50개까지 림프구를 지탱할 수 있는 틀을 제공합니다. 대부분의 T세포는 겉질에서 죽습니다. 따라서 대식세포가 잔해를 처리합니다. 살아남은 T세포는 속질로 들어갑니다. **속질**은 듬성듬성하지만 더 성숙한 T세포, 가지세포, 대식세포로 이루어져 있습니다.

어린 시절에 T세포는 가슴샘을 떠나 림프절과 지라, 편도에 머뭅니다. 가슴샘은 사춘기 이후에 지방 덩어리로 퇴화합니다.

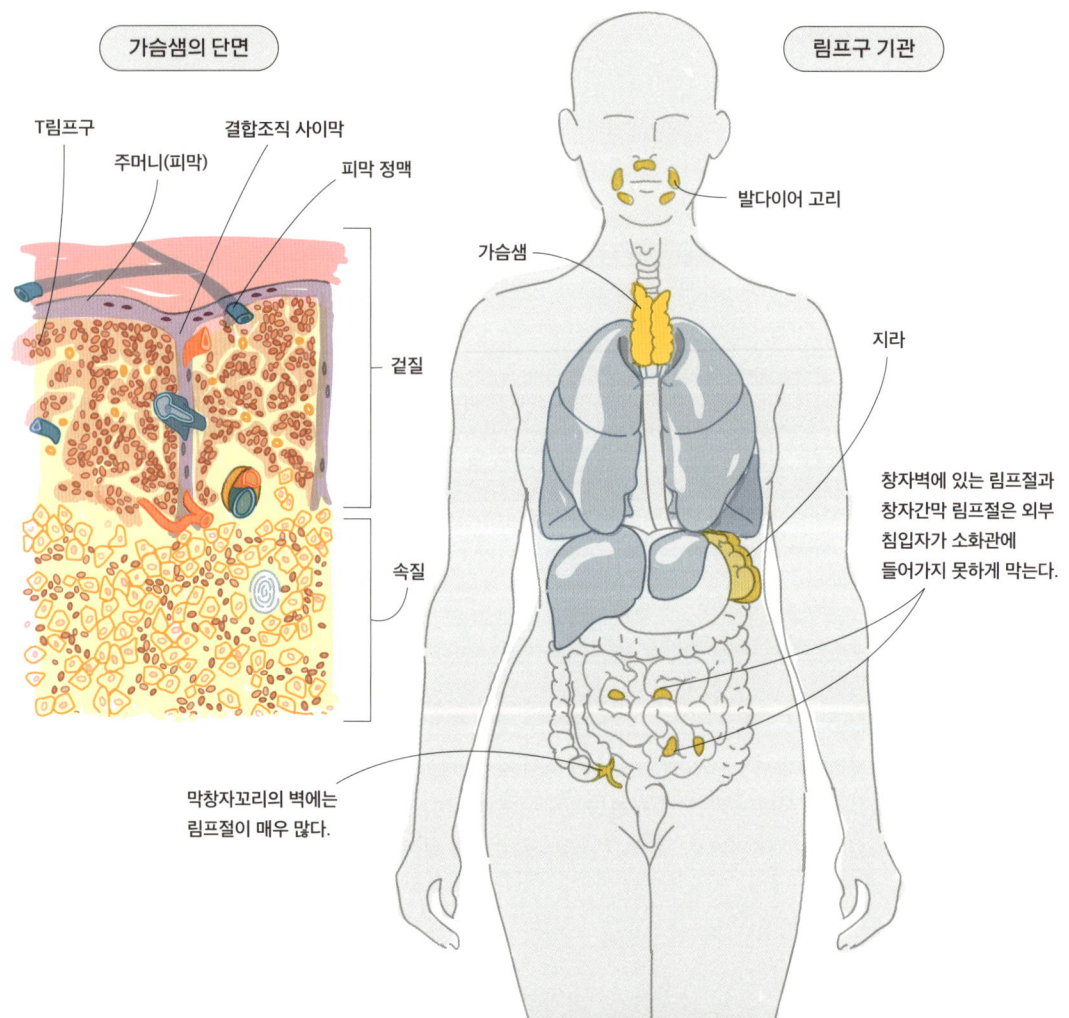

편도

호흡관과 소화관 입구 주위에(아래 그림 참고) **편도** 5개가 고리 모양을 이루고 있는 것을 **발다이어 고리**라고 부릅니다. 편도는 점액으로 덮인 림프 조직 덩어리이며, 병을 일으키는 미생물이 몸에 들어오는 것을 감지합니다.

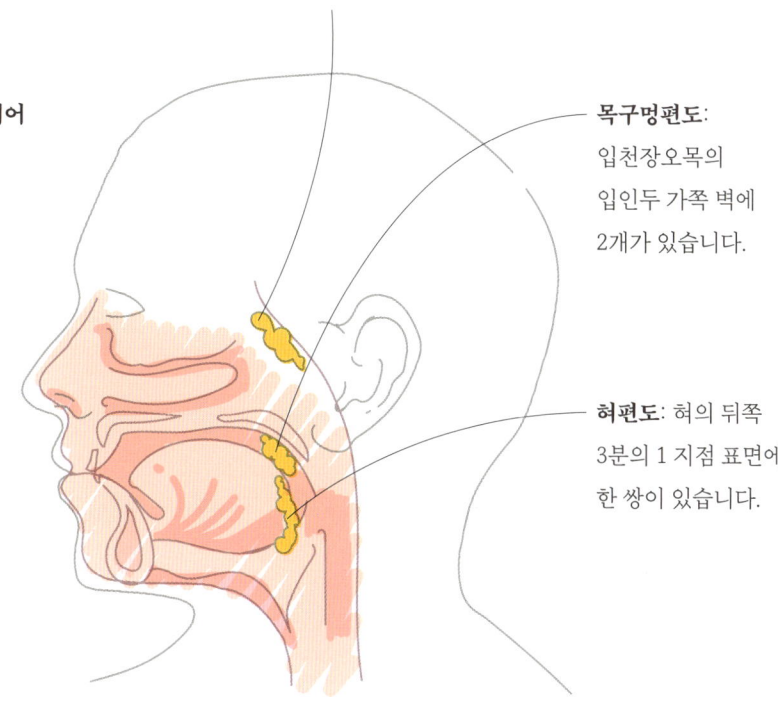

인두편도(아데노이드): 코인두 뒤쪽 벽에 있습니다.

목구멍편도: 입천장오목의 입인두 가쪽 벽에 2개가 있습니다.

혀편도: 혀의 뒤쪽 3분의 1 지점 표면에 한 쌍이 있습니다.

지라

지라는 우리 몸에서 가장 큰 림프 기관입니다. 왼쪽 상체, 가로막 아래에 있습니다. 잔기둥을 안쪽으로 뻗고 있는 치밀한 결합조직 주머니(피막)가 있습니다. 지라 조직은 백색속질과 적색속질로 나뉩니다.

백색속질: 림프조직과 중심동맥을 둘러싸고 있는 림프구와 대식세포로 이루어져 있습니다. 백색속질의 림프구는 다른 곳의 림프조직과 비슷하게 행동합니다. 지라 대식세포는 혈액 속의 미생물을 파괴합니다.

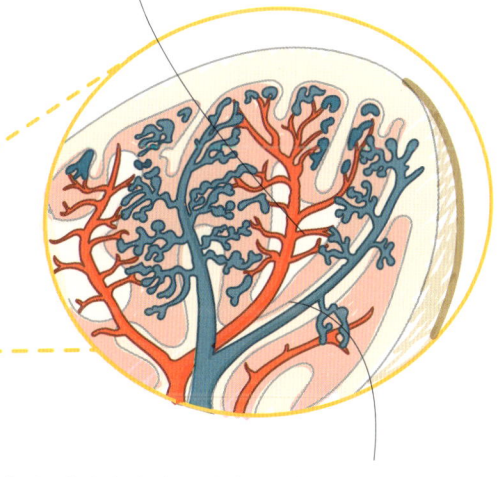

지라는 왼위쪽 배에 있으며 혈관이 많아 혈액 순환이 활발하다.

적색속질: 혈액이 차 있는 지라동굴과 지라끈으로 이루어져 있습니다. 지라끈에는 적혈구와 대식세포, 림프구, 형질세포, 과립구가 있습니다. 적색속질은 오래된 적혈구와 혈소판을 제거하지만, 필요할 때 방출하기 위해 혈소판을 저장하기도 합니다.

✓ 다시 보기

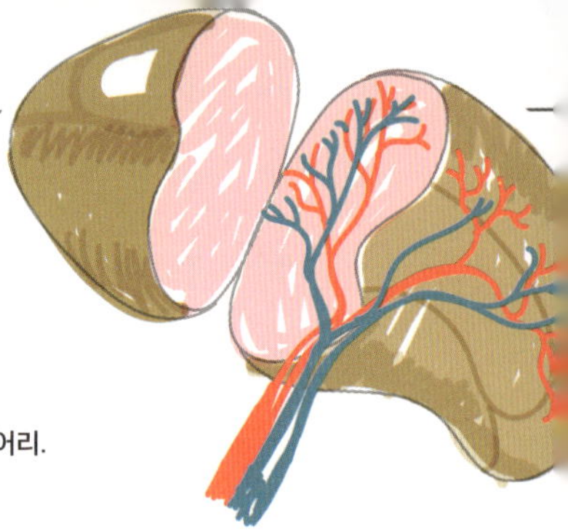

편도
몸에 들어오는 병원체를 감지하는 림프조직 덩어리. 인두편도, 목구멍편도, 혀편도로 나뉜다.

가슴샘
T림프구를 성숙시키는 역할을 한다.

지라
상체 왼쪽, 가로막 아래에 있다.

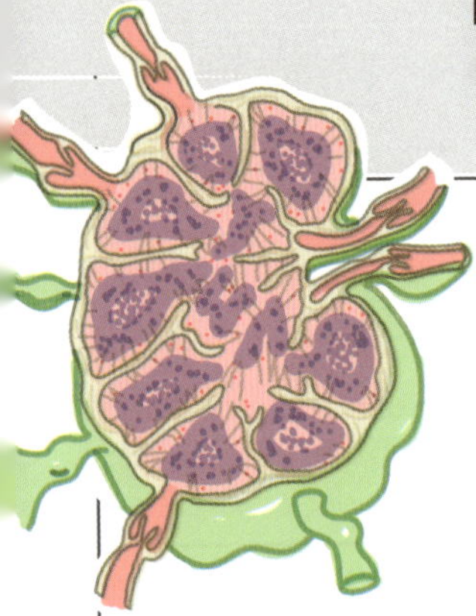

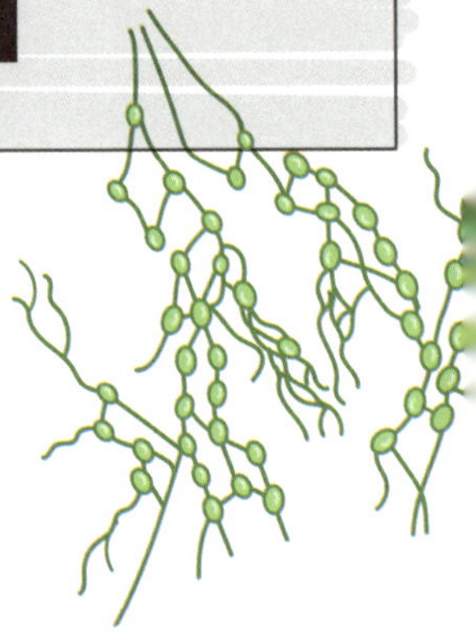

가슴샘, 편도, 지라

면역·림프계

림프절의 구조
림프절은 겉질과 속질로 나뉜다.

림프의 흐름
림프는 구심성 림프관으로 들어와 원심성 림프관으로 나간다.

림프 통로
주변의 림프액을 중심부로 보낸다.

림프절과 림프 통로

가슴림프관
우리 몸에서 가장 큰 림프 통로로, 머리와 가슴 왼쪽, 왼쪽 상지, 가로막 아래의 전신에서 림프가 모인다.

창자 림프
암죽관은 커다란 지방 분자를 나른다.

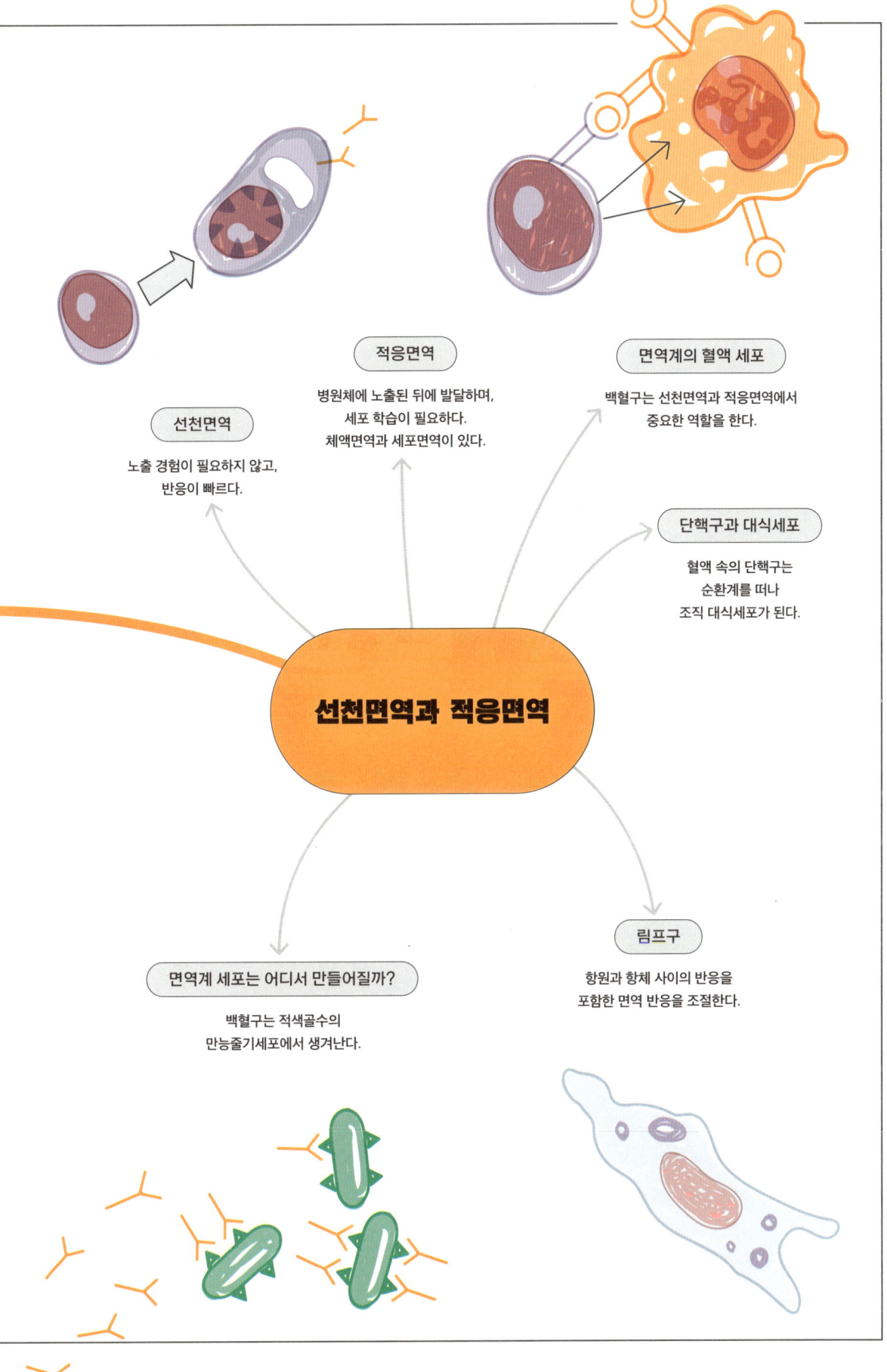

8장

호흡계

호흡계는 혈액과 외부 환경 사이의 기체 교환이 주요 기능입니다.
이를 위해 폐에서는 폐순환을 통한 풍부한 정맥 공급이 이루어집니다.
기체 교환을 위해 폐모세혈관계는 분당 5ℓ의 혈액을 운반합니다.
이 혈액과 공기의 거리는 매우 가까워 2000분의 1㎜도 되지 않습니다.
그래서 기체 교환이 빠르게 일어날 수 있는 것이지요.
호흡계의 다른 역할로는 냄새 맡기(후각), 말하기(발성), 체온 유지,
산-염기 균형 제어 등이 있습니다.

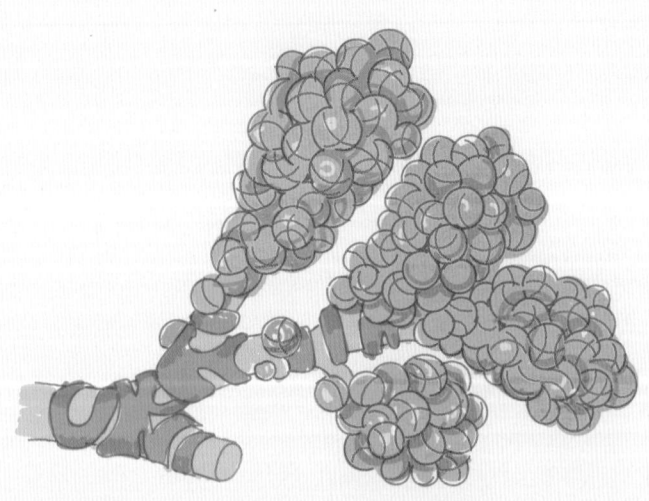

호흡계 둘러보기

호흡계는 콧속 통로, 코인두, 후두, 기관, 기관지, 폐포로 갈수록 점점 더 좁아지는 기도로 이루어져 있습니다.

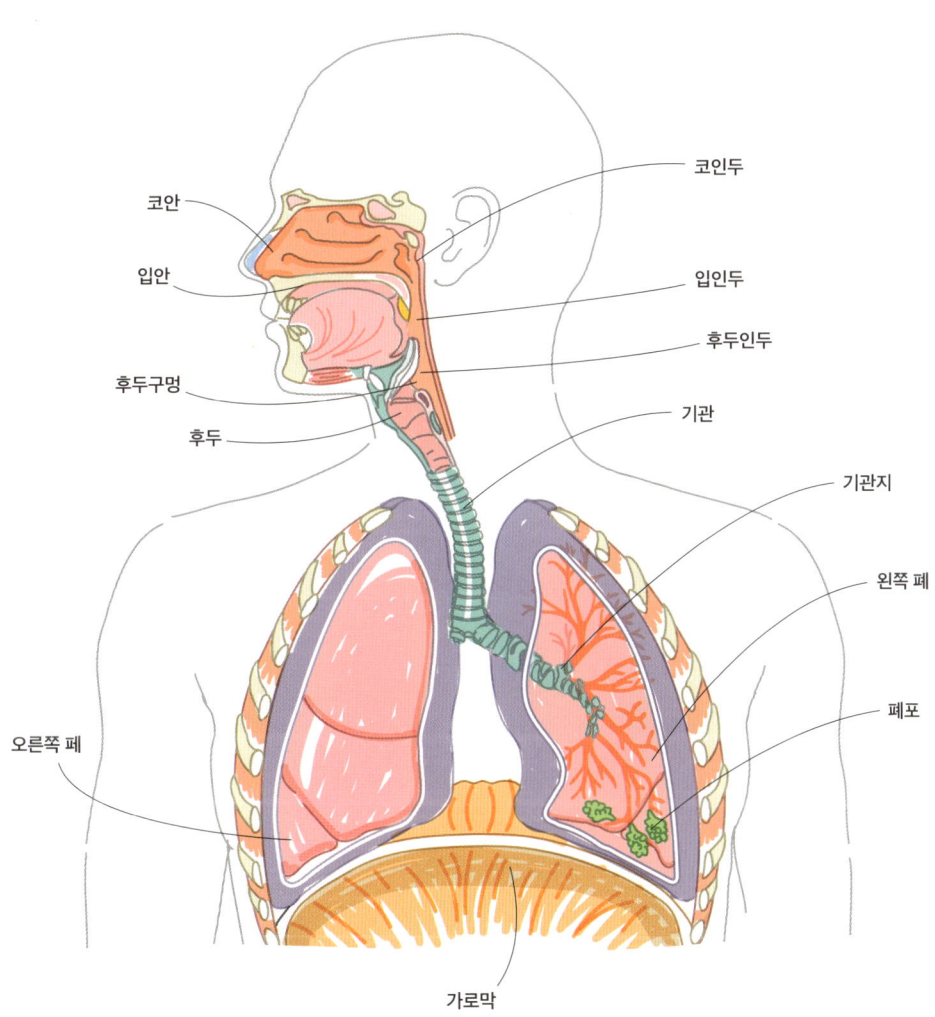

호흡계 안의 공기 흐름

들이마신 공기는 코안 상피를 지나며 따뜻하고 축축해집니다. 이어서 **코인두**와 **입인두**를 지나 **후두구멍**으로 들어갑니다. 후두구멍은 음식을 먹고 삼키는 동안 닫힙니다. 음식물이 넘어가는 식도의 입구가 가깝기 때문입니다. 공기는 후두 안쪽을 지나 기관으로 내려갑니다. **기관**은 가슴 중앙에서 2개의 일차기관지로 갈라집니다. **기도**는 **폐포**에 도달할 때까지 23갈래로 계속 갈라집니다. 기체 교환은 포도처럼 생긴 폐포 벽을 통해 일어납니다.

코안과 코곁동굴

코안에는 점막이 있어 들이마신 공기를 따뜻하고 축축하게 하고, 먼지와 꽃가루, 미생물을 걸러냅니다.
코안 가장 위쪽에는 냄새를 맡기 위한 후각상피가 있습니다.

코의 구조

코는 바깥코와 코안으로 이루어져 있습니다.
코의 앞에는 **콧구멍**이 있고, 뒤쪽은
뒤콧구멍을 통해 코인두로 이어집니다.
바깥코는 뼈(**코뼈**와 **위턱뼈**)와 잘 휘는
유리연골(**가쪽코연골**, **코중격연골**,
콧방울연골)로 이루어져 있습니다.
바깥쪽은 모두 피부로 덮여 있고 안쪽은
비각질중층편평상피로 덮여 있습니다.

바깥코 — 코뼈, 위턱뼈, 가쪽코연골, 코중격연골, 작은콧방울연골, 큰콧방울연골, 콧구멍

코안 — 나비뼈동굴, 후각상피, 이마뼈동굴, 코안, 아래코선반, 코인두, 위코선반, 안뜰, 중간코선반, 입인두

코안

코안은 코중격연골과 벌집뼈,
보습뼈로 이루어진 중격에 의해
똑같은 두 공간으로 나뉩니다.
대부분은 공기가 지나가는 통로지만,
위쪽은 감각기관입니다.
후각상피는 코안 위쪽 벌집뼈의
벌집체판과 인접한 위코선반 위에
있는 특별한 감각 조직입니다.
코안의 첫 부분은 **안뜰**이라고 불리며,
나이가 들면서 털이 나기도 합니다.

> **가쪽벽**
>
> **가쪽벽**은 점액으로 덮인 뼈(코뼈, 눈물뼈, 벌집뼈, 아래코선반, 위턱뼈, 입천장, 나비뼈)로 이루어져 있습니다. 가쪽벽에 있는 세 겹의 벽, **위코선반**, **중간코선반**, **아래코선반**은 공기를 축축하고 따뜻하게 하기 위해 표면적을 넓힙니다. 코선반(비갑개)은 들이마신 공기에 난류를 일으켜 먼지가 빠져나가게 돕습니다.
>
> 가쪽벽은 이마뼈동굴, 위턱뼈동굴, 벌집뼈동굴과 통하며, 눈 안쪽에서 잉여 눈물을 운반하는 코눈물관을 받아들입니다.

코곁동굴

코곁동굴은 공기로 차 있는 머리뼈 안의 공간으로, 코안과 이어져 있습니다. 기능은 확실하지 않지만, 머리뼈를 가볍게 하거나 목소리를 공명하기 위한 것으로 보입니다.

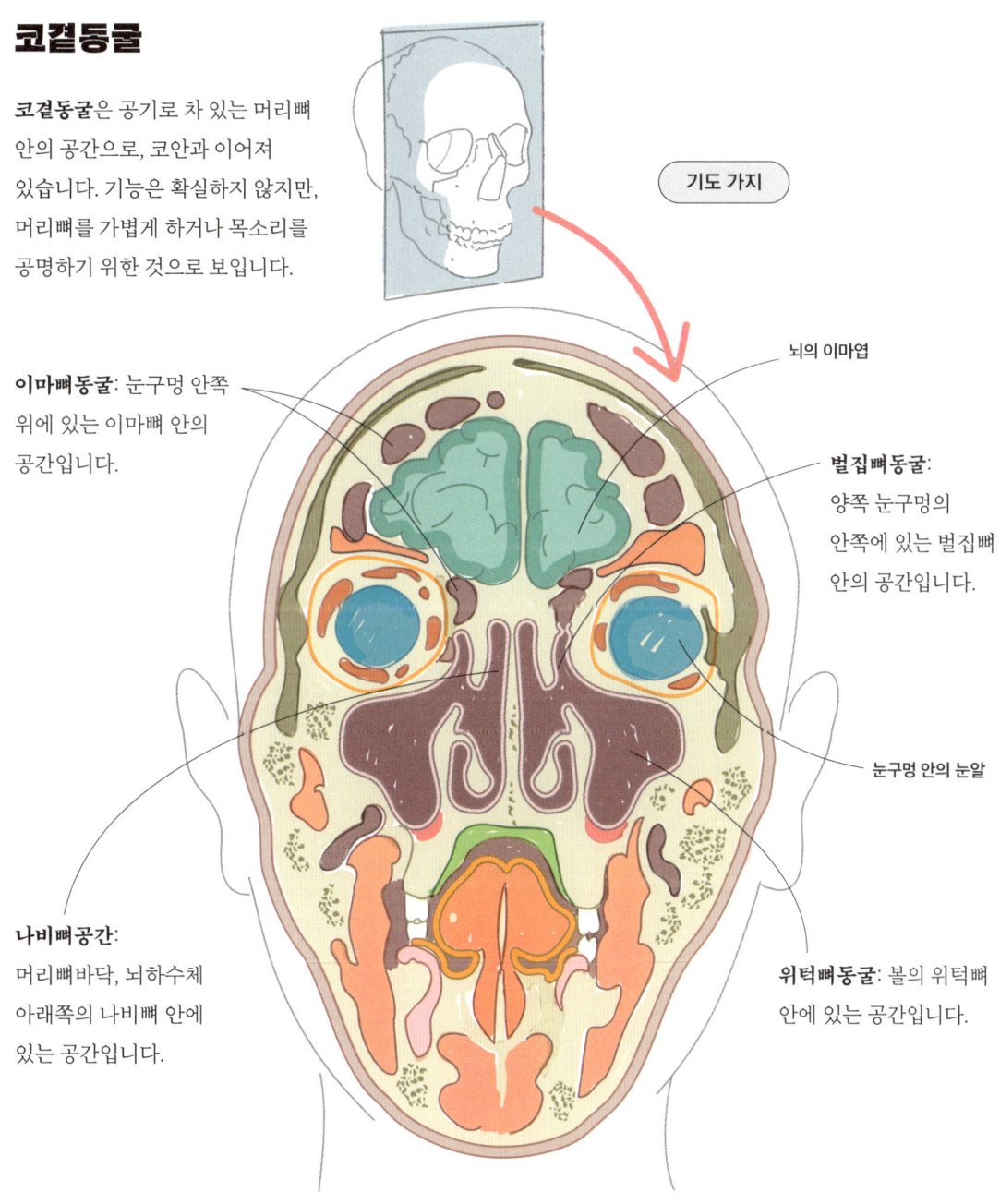

기도 가지

이마뼈동굴: 눈구멍 안쪽 위에 있는 이마뼈 안의 공간입니다.

뇌의 이마엽

벌집뼈동굴: 양쪽 눈구멍의 안쪽에 있는 벌집뼈 안의 공간입니다.

눈구멍 안의 눈알

나비뼈공간: 머리뼈바닥, 뇌하수체 아래쪽의 나비뼈 안에 있는 공간입니다.

위턱뼈동굴: 볼의 위턱뼈 안에 있는 공간입니다.

후두

후두는 흔히 목소리를 내는 곳으로 알고 있습니다. 후두의 기능은 삼킬 때 닫혀서
음식물이 기도를 막지 않게 보호하고 목소리를 내는 것입니다.

후두의 구조

후두에는 연골이 있습니다.

후두 입구를 지나면 후두인두로 이어진다.

모뿔연골: 피라미드 모양의 움직이는 연골로, 각각에는 성대인대의 한쪽 끝이 달려 있습니다.

후두덮개연골: 나뭇잎처럼 생겼으며, 음식물을 삼킬 때 아래로 접혀서 기도를 닫습니다.

방패연골: 가장 크며, 두 판이 앞쪽으로 비스듬하게 만나는 구조로 이루어져 있습니다.

성대인대

반지연골: 기도를 둘러싸고 방패연골과 한 쌍의 윤활관절을 이룹니다.

기도

삼키기

후두는 음식물을 삼킬 때 닫힙니다. 후두 입구는 후두덮개와 후두덮개에서 모뿔연골까지 이어지는 한 쌍의 **모뿔덮개주름**으로 묶여 있습니다. 음식물을 삼킬 때는 모뿔연골이 올라가고, 후두덮개가 내려오면서 구부러져 후두 입구를 닫습니다. 모뿔덮개주름 근육(모뿔덮개근)과 모뿔연골 사이의 근육(**가로모뿔근, 빗모뿔근**)은 구멍을 막습니다.

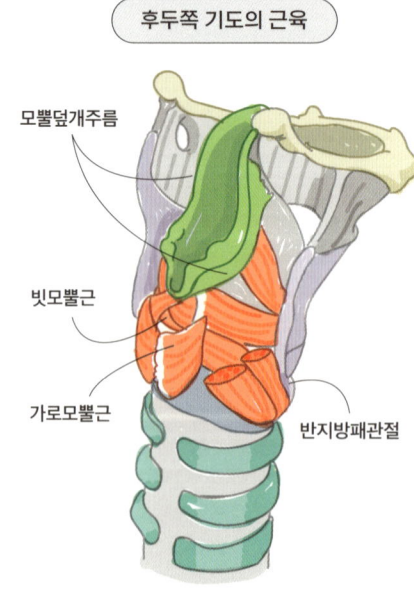

후두쪽 기도의 근육

모뿔덮개주름

빗모뿔근

가로모뿔근

반지방패관절

성대주름

성대주름은 진동하며 목소리를 냅니다. **성대인대**는 모뿔연골에서 방패연골 뒤까지 이어집니다. 각 성대인대는 점막으로 덮여 **성대주름**을 만듭니다. 움직일 수 있는 모뿔연골과 성대주름이 모이고 그 사이로 공기를 내보내면, 진동하면서 소리가 납니다.

반지방패관절은 성대주름의 장력을 조절합니다. 방패연골이 앞으로 기울어지면 반지연골이 성대인대와 성대주름의 장력을 높입니다. 그러면 성대주름이 진동할 때 높은 소리가 납니다.

기관, 기관지, 폐

기관은 후두의 아래쪽 끝에서 시작해 가슴안으로 들어갑니다.
후두와 기관지는 민무늬근육과 연골, 결합조직으로 이루어져 있어 탄력이 있습니다.

기관의 구조

기관은 말굽 모양의 연골 16~20개로 이루어져 있으며, 민무늬근육(**기관근**)이 부드러운 뒷벽을 이룹니다. 기관은 반지연골에서 시작해 가슴에서 나뉩니다.
기관의 부드러운 뒷벽은 식도와 닿아 있습니다. 둘은 함께 위가슴우리문(1번 갈비뼈 사이)이라는 좁은 공간을 통과합니다. 커다란 음식물 덩어리를 삼키면 식도가 팽창하고, 기관의 부드러운 뒷벽이 밀려납니다. 덕분에 음식이 위가슴우리문에 걸리지 않을 수 있습니다.

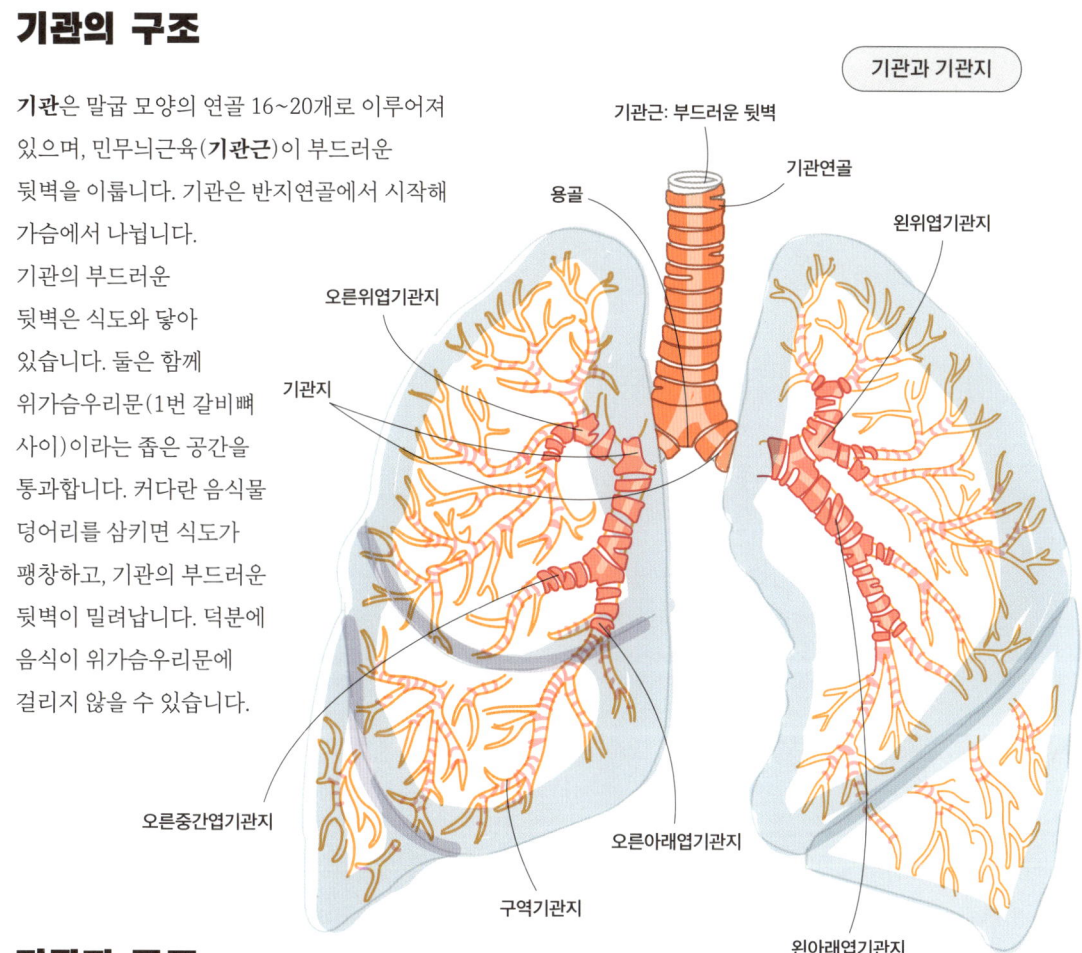

기관과 기관지

기관지 구조

기관은 가슴에서 두 **일차기관지**로 나뉩니다. 기관이 나뉘는 부분의 안쪽에는 **용골**이라고 부르는 날카로운 융기부가 있습니다. 이곳은 외부 물질의 접촉에 민감합니다. 먼지와 외부 물질을 들이마시면 기침 반사가 일어납니다. 폭발적으로 공기를 내뿜어 외부 물질을 기도에서 내보내는 것이지요.
기관지는 각각의 폐에 들어가며 **엽기관지**로 나뉩니다. 왼쪽은 위엽기관지와 아래엽기관지, 오른쪽은 위엽기관지, 중간엽기관지, 아래엽기관지입니다. 엽기관지는 다시 **구역기관지**로 나뉩니다. 구역기관지는 결합조직 사이막으로 나뉜 폐의 각 영역에 공기를 공급합니다.
기관지는 기체 교환이 일어나는 작은 공기주머니에 도달하기 전에 최대 23번까지 갈라집니다.
기관지 벽은 연골과 민무늬근육이 지탱하고 있어 공기가 빠른 속도로 폐에 들어갈 때도 무너지지 않습니다.

폐의 구조

기도의 마지막 가지는 4억 8000만 개의 포도처럼 생긴 폐의 폐포로 통하며, 그곳에서 기체 교환이 일어납니다. **폐포**는 혈액이 풍부하고 벽이 얇은 작은 공기주머니입니다. 총 표면적은 테니스 코트를 덮을 정도지요. 틈새가 있어서 폐가 엽으로 나뉩니다. **오른폐**에는 **수평틈새**와 **빗틈새**로 나뉘는 세 엽(위엽, 중간엽, 아래엽)이 있습니다.
왼폐에는 빗틈새로 나뉜 두 엽(위엽과 아래엽)이 있습니다.

폐의 엽과 틈새

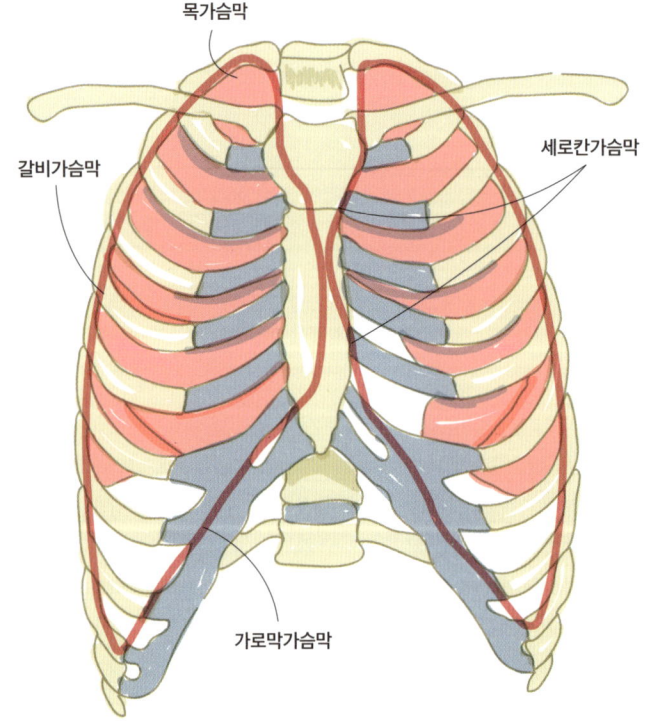

가슴막주머니

폐는 **가슴막주머니**에 둘러싸여 있습니다. 가슴막주머니는 가슴안을 덮고(**벽쪽가슴막**) 있으며 폐 자체를 덮고(**내장쪽가슴막** 또는 **폐쪽가슴막**) 있습니다. 가슴막주머니는 마찰이 작은 접점으로, 폐가 가슴안에서 자유롭게 팽창할 수 있게 해줍니다. 벽쪽가슴막은 **갈비가슴막**과 **세로칸가슴막**, **목가슴막**, **가로막가슴막**으로 나뉩니다. 벽쪽가슴막은 통증을 느낄 수 있지만, 내장쪽가슴막은 느끼지 못합니다.

폐포의 구조와 세포

폐포는 속이 빈 포도처럼 생겼으며, 내부는 편평상피로 덮여 있습니다.
폐포주머니는 2개 이상의 폐포가 같은 입구를 공유하는 곳입니다.
폐포 벽에는 두 가지 유형의 세포가 있습니다.

제1형 폐포세포는 단순한 편평상피로, 폐포 안쪽을 덮고 있습니다.
제2형 폐포세포는 제1형 세포 사이에서 찾을 수 있으며 수가 더 적습니다. 둥글거나 육면체 모양이고, 폐포액을 분비해 폐포를 덮은 세포를 촉촉하게 유지합니다.

제2형 폐포세포는 **표면활성제**라 불리는, 인지질과 지질단백질이 섞인 지방질 액체를 분비합니다. 표면활성제는 폐포액의 표면장력을 낮춰 우리가 숨을 내쉴 때 폐포가 무너지지 않게 합니다.
폐포는 과도한 팽창에 저항하는 탄력 있는 섬유와 인접한 폐포에 연결되어 압력을 똑같이 조절하는 구멍으로 둘러싸여 있습니다.

폐포 대식세포는 폐포 안에서 먼지와 부스러기를 먹어치우는 식세포입니다. 매시간 부스러기로 가득 찬 대식세포와 죽은 대식세포 200만 개가 섬모에 실려 후두로 간 뒤 삼켜집니다.

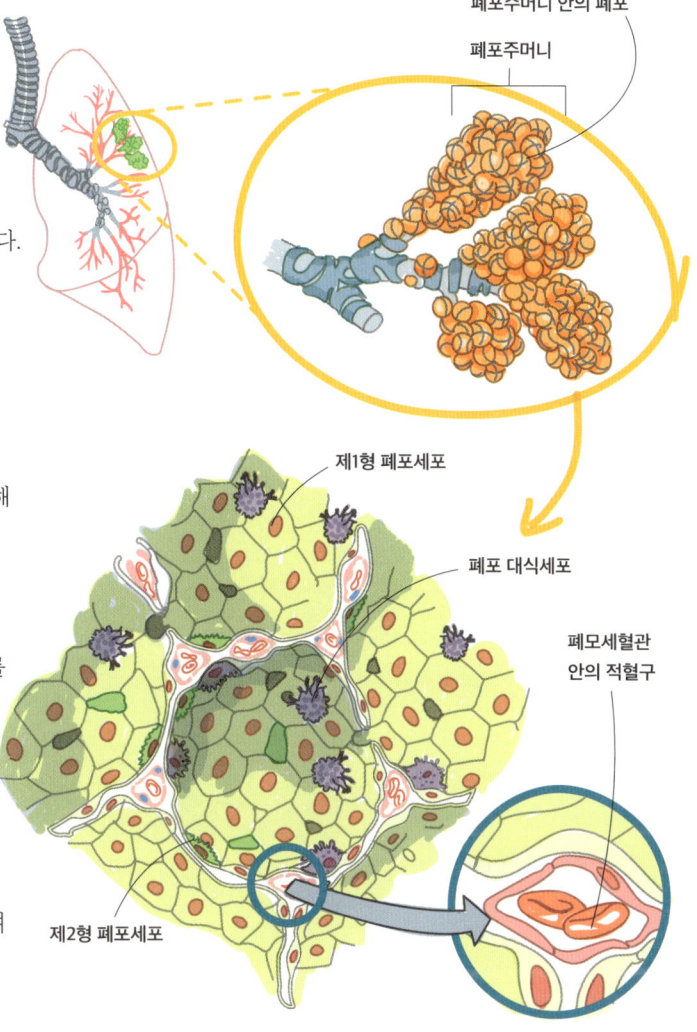

폐포주머니 안의 폐포
폐포주머니
제1형 폐포세포
폐포 대식세포
폐모세혈관 안의 적혈구
제2형 폐포세포

폐포와 기체 교환

폐포의 주요 역할은 기체 교환입니다. 폐포의 속공간과 혈류 사이의 거리는 2000분의 1㎜도 되지 않습니다. 종이 한 장 두께의 약 15분의 1입니다. 기체(산소와 이산화탄소)는 다음으로 이루어진 호흡막을 통과해 확산해야 합니다.

- 제1형 폐포세포
- 폐포와 폐모세혈관의 융합한 바닥막
- 모세혈관 내피

산소는 폐포에서 혈액으로 확산합니다. 이산화탄소는 혈액에서 폐포로 확산합니다. 두 가지 이동은 기체 분압이 낮은 곳으로 향합니다.

폐포의 발달

폐포는 우리가 첫 호흡을 하면서부터 비로소 기능하기 시작합니다. 하지만 조산에 대비해 미리 준비가 되어 있어야 합니다. 임신 24주 전에는 폐포가 없습니다. 표면활성제는 26주가 되어야 만들어지기 시작합니다. 따라서 조산아가 독립적으로 생존하는 건 26~30주에야 비로소 가능해집니다. 폐포벽은 만삭인 40주가 되어야 얇아집니다.

✓ 다시 보기

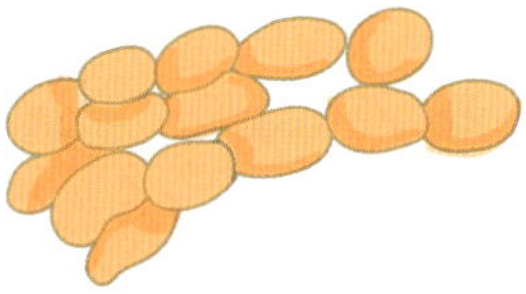

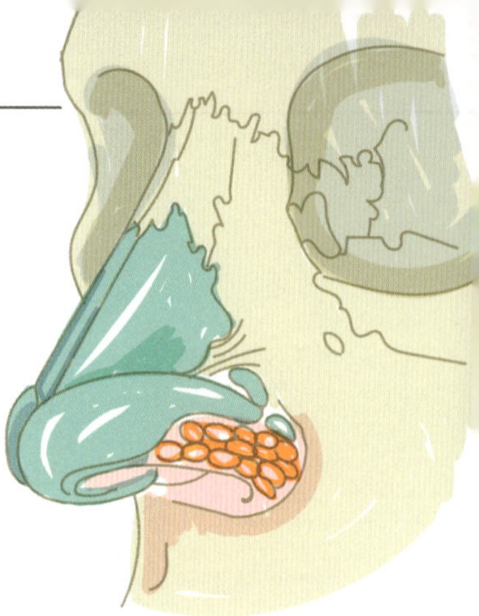

코안과 코곁동굴

코곁동굴
코안을 연결하는 공기로 차 있는 뼈 안 공간

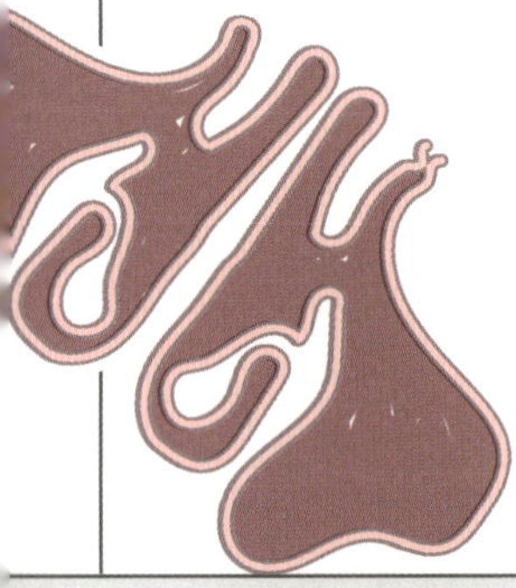

후각상피
코안 위쪽에 있는 감각 조직. 후각 정보를 위에 있는 머리안의 후각망울로 전달한다.

코의 구조
코는 바깥코와 코안으로 이루어진다. 바깥코는 살로 덮여 있다. 코안은 들이마신 공기를 따뜻하게 축축하게 만들어 폐를 보호한다.

호흡계

후두

삼키기
삼킬 때는 후두덮개가 후두 입구를 닫는다.

후두의 구조
후두는 인대와 관절로 연결된 연골로 이루어진다.

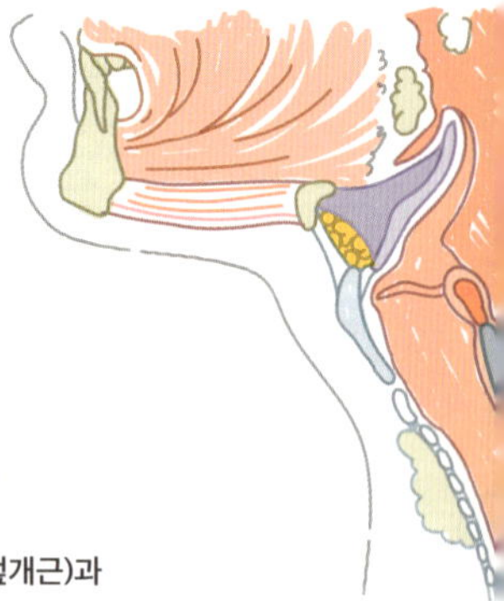

성대주름
모여서 진동하면 목소리가 난다.

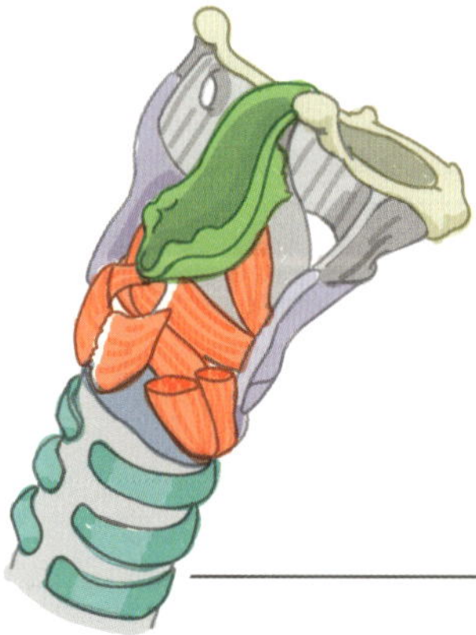

후두 근육
기도를 보호하는 근육(모뿔덮개근)과 성대주름을 움직이고 긴장시키는 근육(반지방패근)이 있다.

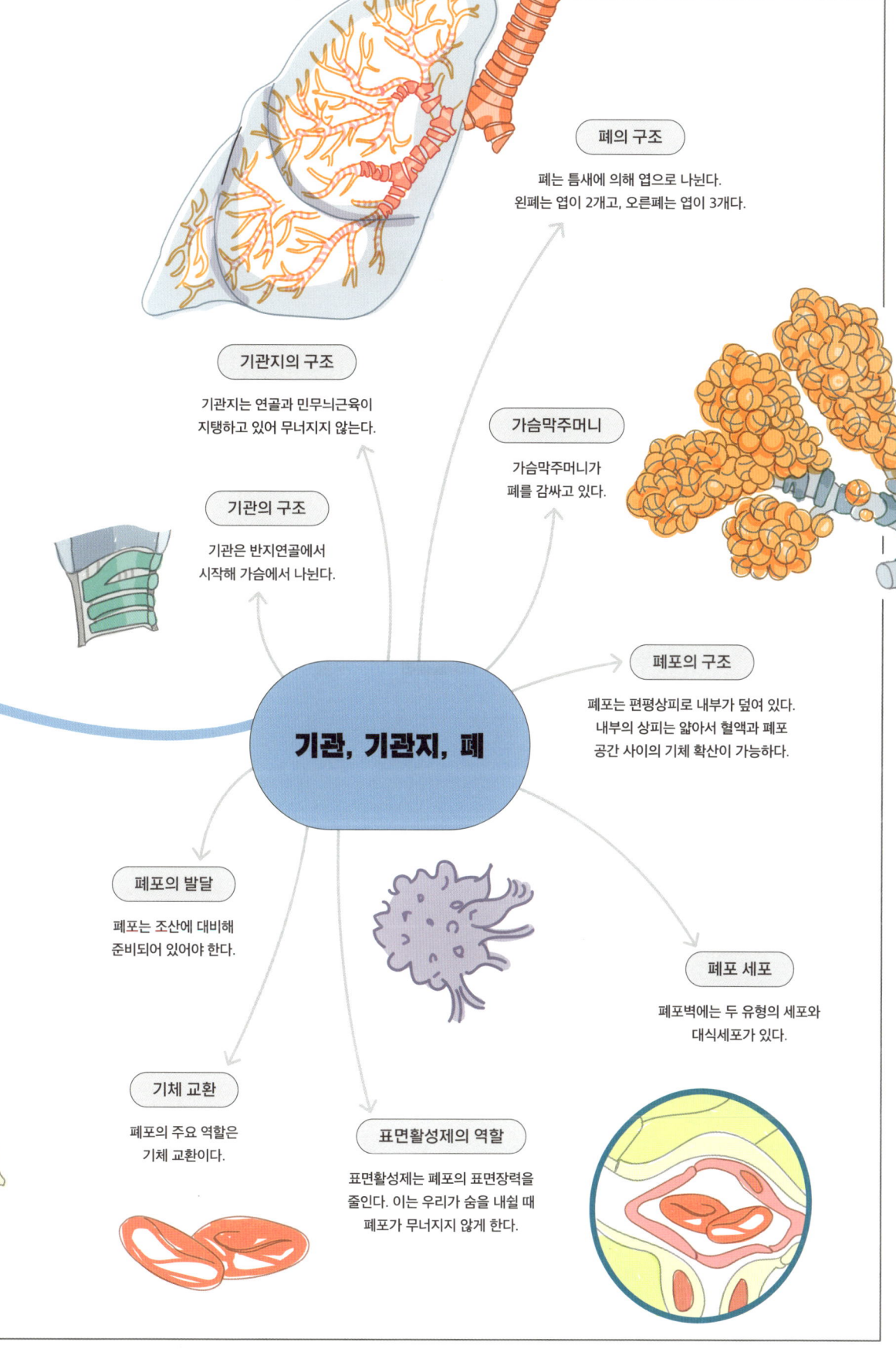

9장

소화계

소화계는 섭취한 음식으로부터 영양소를 뽑아낼 뿐만 아니라 음식과 함께 섭취한 침입자로부터 몸을 보호합니다.
소화계에는 소화관과 침샘, 간, 이자의 외분비 부위 같은 관련 외분비샘이 있습니다. 소화관은 자연스러운 존재인 장내미생물을 보호할 수 있는 환경도 제공합니다.
장내미생물은 여러 비타민과 최대 10%의 영양소를 제공합니다.
소화관은 외부 환경에서 섭취한 병원체에 노출되어 있습니다.
따라서 소화관벽에는 면역 세포가 풍부합니다(림프소포).
소화에 쓰이는 일부 화학물질(쓸개즙염 등)은 간에서 재활용됩니다.

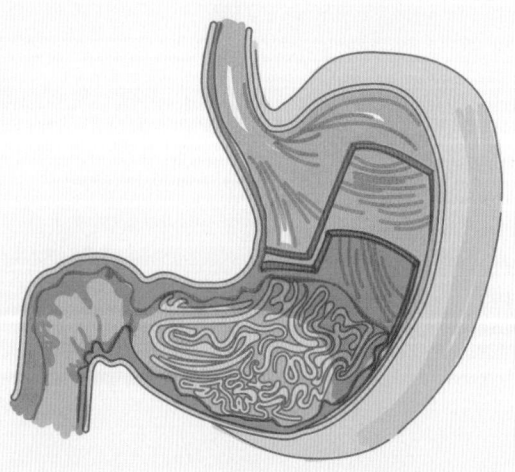

소화관

소화관에는 네 가지 기능이 있습니다. 섭취, 소화, 흡수, 배설과 배변입니다.

소화관은 음식물을 삼켜 입안과 입인두에서 아래로 밀어냅니다. 그리고 규칙적인 꿈틀운동을 통해 **식도**에서 큰창자까지 보냅니다. 당, 아미노산, 지방산과 같은 작은 분자는 간문맥을 통해 간으로 갑니다. 커다란 지방 분자는 창자의 림프관(**암죽관**)을 통해 간을 우회합니다.

위창자관의 기능

음식물

인두

식도

입으로 음식물을 섭취한다.

소화는 기계적, 화학적, 효소적인 과정을 포함한다. 주로 위와 작은창자 위쪽에서 이루어진다.

위는 음식물을 휘저으며 위산 및 효소와 섞는다.

큰 지방 분자는 암죽관으로 흡수된다.

화학적, 효소적 소화는 음식물을 분자로 분해하여 흡수할 수 있게 한다.

음식물 흡수는 주로 작은창자에서 이루어진다.

큰창자

대변

작은 분자는 창자모세혈관계로 흡수되어 간으로 이동한다.

큰창자에서 대변이 형성된 뒤 항문을 통해 배설한다.

항문

침샘

침샘에서 분비하는 침은 씹은 음식물을 덩어리로 만들고, 액체를 빨 때 새지 않게 막아주며, 미각수용기에서 감지할 수 있도록 맛 성분을 녹이고, 녹말 소화 효소가 있습니다.

침샘에는 큰침샘과 작은침샘이 있습니다. **큰침샘**은 귀밑, 아래턱밑, 혀밑에 있습니다. 눈으로도 보이며, 입안으로 침을 분비합니다. **작은침샘**은 미세하며 입속 점막과 그 아래의 결합조직에 퍼져 있습니다.

혀밑샘

혀밑샘은 혀 아래에 있으며, 아래턱뼈 안의 **혀밑샘오목**과 닿아 있습니다. 혀밑샘에는 입안 바닥으로 직접 통하거나 **턱밑샘관**으로 이어지는 8~20개의 혀밑샘관이 있습니다.

〔 큰침샘과 작은침샘 〕

- 혀
- 귀밑샘관
- 이
- 유두 근처의 두 번째 위어금니
- 혀밑샘관 구멍
- 혀주름띠
- 귀밑샘
- 턱밑샘관은 혀밑유두에서 입안으로 통한다.
- 턱밑샘의 깊은 부위
- 턱목뿔근
- 턱밑샘의 얕은 부위
- 턱밑샘
- 턱밑샘관

귀밑샘

귀밑샘은 바깥귀 앞아래쪽에 있습니다. **귀밑샘관**은 귀밑샘에서 나온 침을 입안으로 나릅니다. 두 번째 위어금니 치아머리 근처의 **유두**에서 끝납니다. 이 융기부는 혀끝으로 쉽게 만져볼 수 있습니다. 얼굴신경과 얼굴신경의 마지막 가지는 귀밑샘을 통과합니다.

턱밑샘

턱밑샘은 입의 바닥을 이루는 **턱목뿔근**에 의해 얕은 부위와 깊은 부위로 나뉩니다. **턱밑샘관**은 침을 입으로 운반합니다. 길이는 약 5㎝로, **혀주름띠** 바닥에 있는 **혀밑유두**에서 입안으로 열려 있습니다. 턱밑샘의 얕은 부위는 턱뼈각 앞쪽 2~3㎝ 지점에서 만질 수 있습니다.

식도와 위

식도는 음식물을 위로 운반하는 근육질 관입니다. **위**는 화학적, 물리적, 효소를 이용한 단백질 소화가 시작되는 공간을 제공합니다. 또한, 산성 환경이므로 들어온 미생물이 죽습니다.

식도의 구조

식도의 길이는 약 25㎝이며, 후두인두에서 들문까지 이어집니다. 반지연골의 아래쪽 끝과 같은 높이에서 시작해 10번 등뼈와 같은 높이에 있는 가로막을 지나갑니다.
식도를 압박하는 몇 가지 구조(아래인두수축근, 대동맥활, 왼쪽 일차기관지, 가로막) 때문에 음식물의 이동이 느려질 수 있습니다.

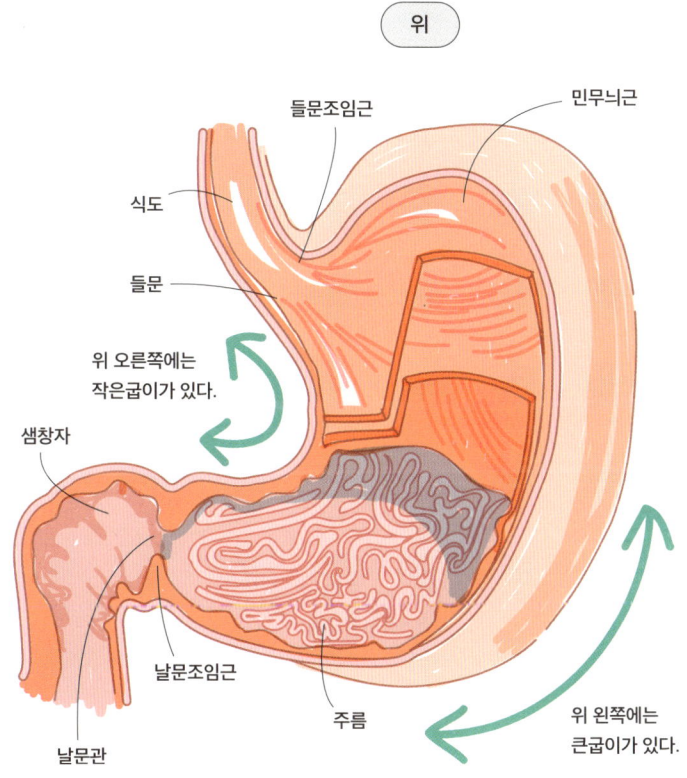

위의 구조

위는 왼위쪽 배에 있는 근육질 주머니입니다. 식도는 **들문**에서 위와 이어지며, 위는 밖으로 나가는 통로인 **날문관**을 통해 **샘창자** 앞부분으로 음식물을 보냅니다. **들문조임근**은 식도와 위 입구가 만나는 곳에 있습니다.
위에는 표면이 2개(앞과 뒤), 굽이가 2개(큰굽이와 작은굽이), 구멍이 2개(들문과 날문) 있습니다. 날문은 둥근 민무늬근육으로 이루어진 **날문조임근**에 눌러싸여 있습니다. 비어 있을 때 위장의 안쪽 면은 **주름**져 있습니다.

위의 기능

위는 기계적, 화학적, 효소를 이용한 방법으로 음식물을 처리합니다. **기계적 소화**는 위벽을 이루는 세 겹의 민무늬근육(빗근, 세로근, 원형근)이 음식물을 휘젓는 것입니다.
화학적 소화는 위 상피의 벽세포가 만든 염산으로 합니다. **효소 소화**는 위 상피의 으뜸세포 또는 효소원세포가 만든 펩신으로 합니다.

작은창자와 큰창자

작은창자는 가장 중요한 영양소(당, 아미노산, 핵산, 지방)를 흡수하는 곳입니다.
대장은 주로 물과 광물질을 흡수하고 대변을 만듭니다.

작은창자의 구조

작은창자는 샘창자와 빈창자, 돌창자로 이루어져 있습니다. 작은창자, 특히 샘창자와 빈창자의 점막은 원형으로 주름 잡혀 있어 **돌림주름**이라고 불립니다.
각 주름에는 손가락처럼 생긴 **융모**가 있고, 각 상피세포 표면에는 작은 미세융모가 있습니다.
융모와 돌림주름은 표면적을 넓혀 흡수를 돕습니다. 세 구조 모두 표면적을 넓혀 흡수가 더 잘되게 합니다.

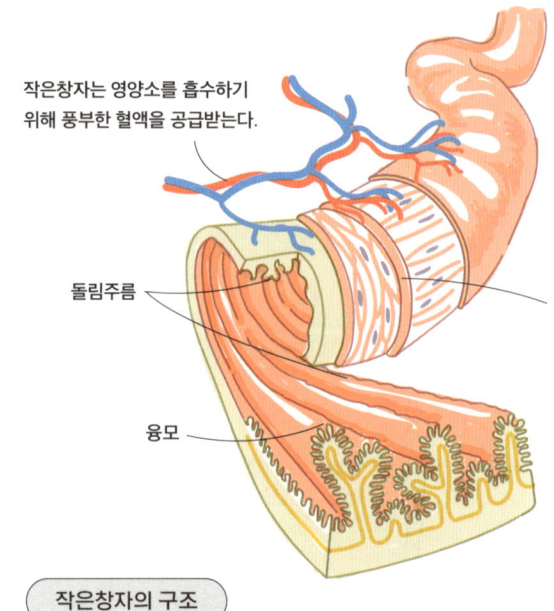

작은창자의 구조

샘창자에는 네 부분이 있습니다. 윗부분, 내림부분, 수평부분, 오름부분입니다. 샘창자 두 번째 부분의 안쪽 벽에서는 2개의 유두를 볼 수 있습니다.
큰샘창자유두는 날문에서 8~10cm 떨어진 곳에 있으며, 끝에 쓸개이자관팽대(바터팽대) 구멍이 있습니다. 이 팽대는 **쓸개관**과 **주이자관**에서 이어집니다.

작은샘창자유두는 날문에서 6~8cm 떨어진 곳에 있으며, 끝에 부이자관 구멍이 있습니다.
빈창자와 돌창자는 합쳐서 길이가 5~8m입니다. **창자간막**이라 불리는 배막(복막)주름에 의해 배벽 뒤쪽에 매달려 있습니다. 창자간막 안에는 창자로 가는 혈액과 림프, 신경이 지나갑니다.
기름진 음식을 먹으면 **쓸개**가 샘창자에 쓸개즙을 분비합니다.

큰창자의 구조

큰창자는 작은창자를 네모 모양으로 둘러싸고 있습니다. 성인의 큰창자는 길이가 약 1.5m이며, 돌창자 끝(**돌막창자판막**)에서 항문까지 이어집니다. 부위별로 보면 **막창자, 오름창자, 가로창자, 내림창자, 구불창자, 항문곧창자관**이 있습니다.

큰창자는 다음과 같은 점에서 작은창자와 구분할 수 있습니다.
- 큰창자의 세로민무늬근은 3개의 띠로 배열되어 있습니다(**잘록창자띠**).
- 대장 벽은 띠에 의해 주름이 잡혀 주머니가 형성되어 있습니다(**잘록창자팽대**).
- 큰창자는 전체적으로 표면에 **복막주렁**(지방이 들어 있는 돌출부)이 흩어져 있습니다.

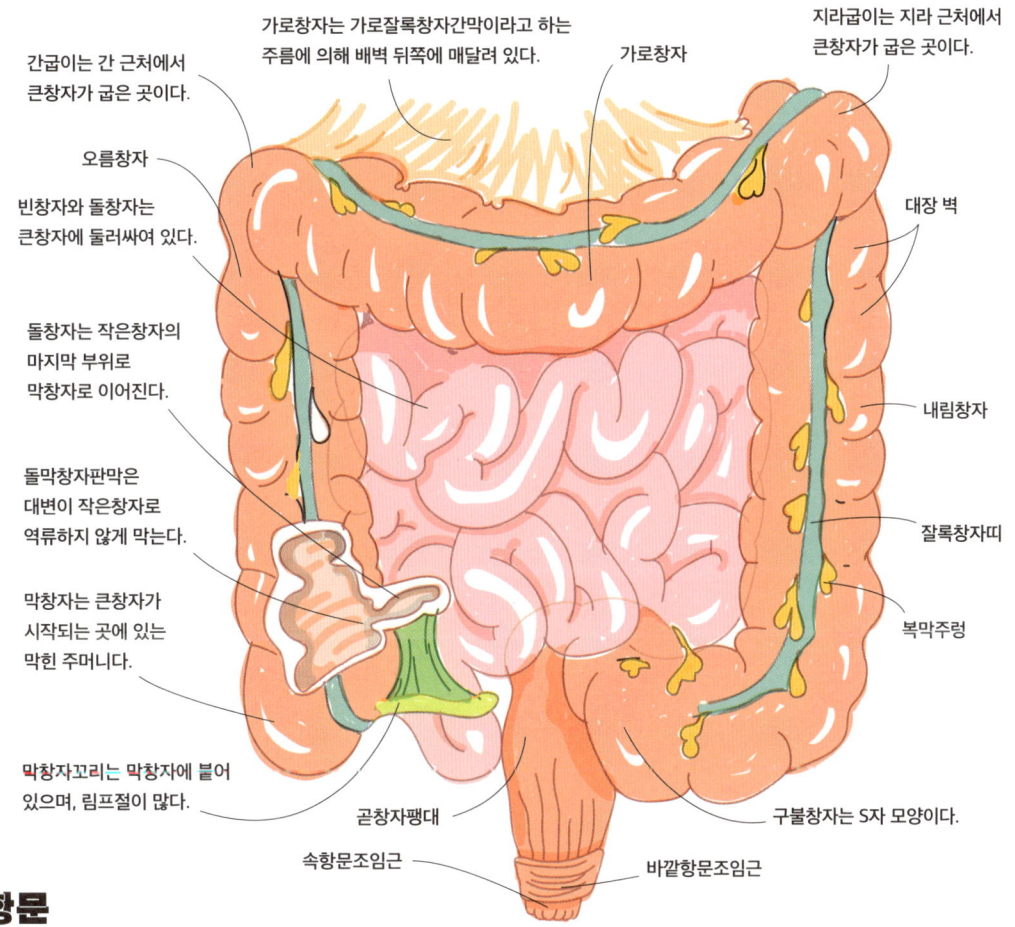

큰창자의 구조

항문

항문은 소화관의 종착지입니다. 속항문조임근(불수의민무늬근)과 바깥항문조임근(수의뼈대근육)으로 둘러싸여 있습니다.
곧창자팽대는 짧은 시간 동안 대변을 보관할 수 있도록 확장된 영역입니다. 대변이 항문 위 곧창자팽대에 도착하면 뻗침수용기가 배설 신호를 보냅니다.
바깥항문조임근은 대변을 바깥세상으로 밀어낼 수 있는 수의근입니다. 속항문조임근은 조여 대변을 여러 덩어리로 나누는 민무늬근육입니다.
속항문조임근은 대변을 별개의 덩어리로 나누어 압축하는 역할을 하는 민무늬근입니다.

간, 쓸개, 외분비이자

간은 글리코겐을 저장하고, 혈장단백질을 생산하고, 요소와 쓸개즙을 생산하는 등 많은 역할을 합니다.
쓸개는 쓸개즙을 저장했다가 필요할 때 내보냅니다. **외분비이자**는 효소와 중화제를 만듭니다.

간의 구조

간은 오른쪽 갈비뼈 아래 배의 위오른쪽 사분면에 있습니다. 낫인대로 나뉜 두 엽으로 이루어져 있지요.

간을 현미경으로 보면 육각형 기둥(**간소엽**)이 모여 있는 구조입니다.

각각의 소엽은 **간문맥**의 혈관으로부터 창자에서 오는 혈액과 간동맥의 세동맥으로부터 산소가 풍부한 혈액을 받습니다. 이들은 간의 **동굴모세혈관**으로 갈라져 **간세포**로 이루어진 판 사이를 흐릅니다. 간 동굴모세혈관은 중심정맥에 합류하고, 이 혈액은 간정맥과 아래대정맥으로 흘러갑니다. 간세포는 쓸개즙을 생산하며, 쓸개즙은 **쓸개모세관**을 통해 **쓸개관** 가지로 흐릅니다.

간의 작용

간소엽

간세포는 간 동굴모세혈관에 가까운 곳에 모여서 판을 이룬다.

간소엽의 중심정맥은 간정맥을 통해 혈액을 간 바깥으로 보낸다.

쓸개모세관은 쓸개즙을 모아 쓸개관으로 보내고, 이어서 샘창자의 두 번째 부분으로 보낸다.

쓸개관 가지는 쓸개즙을 모아 주쓸개관으로 보낸다.

간 동굴모세혈관은 간문맥과 간동맥 가지에서 온 혈액을 나른다.

세동맥은 산소가 풍부한 혈액을 간동맥에서 간세포로 보낸다.

간문맥은 창자모세혈관계에서 오는 혈액을 나른다.

간의 기능

간에는 다음과 같은 내분비 및
대사 기능이 있습니다.
- 단백질 합성(알부민,
  트롬보포이에틴, 안지오텐시노젠)
- 글리코젠의 형태로 탄수화물 저장
- 지방 대사
- 광물질과 비타민 저장
- 응고인자(피브리노젠, 제2인자,
  제7인자, 제9인자, 제10인자)
- 창자에서 오는 혈액을
  해독(음식물 속의 알코올, 약물,
  세균과 균류의 독성 물질)

간세포는 샘창자로 쓸개즙을
분비하고 지방을 유화하여
소화를 돕기도 합니다.

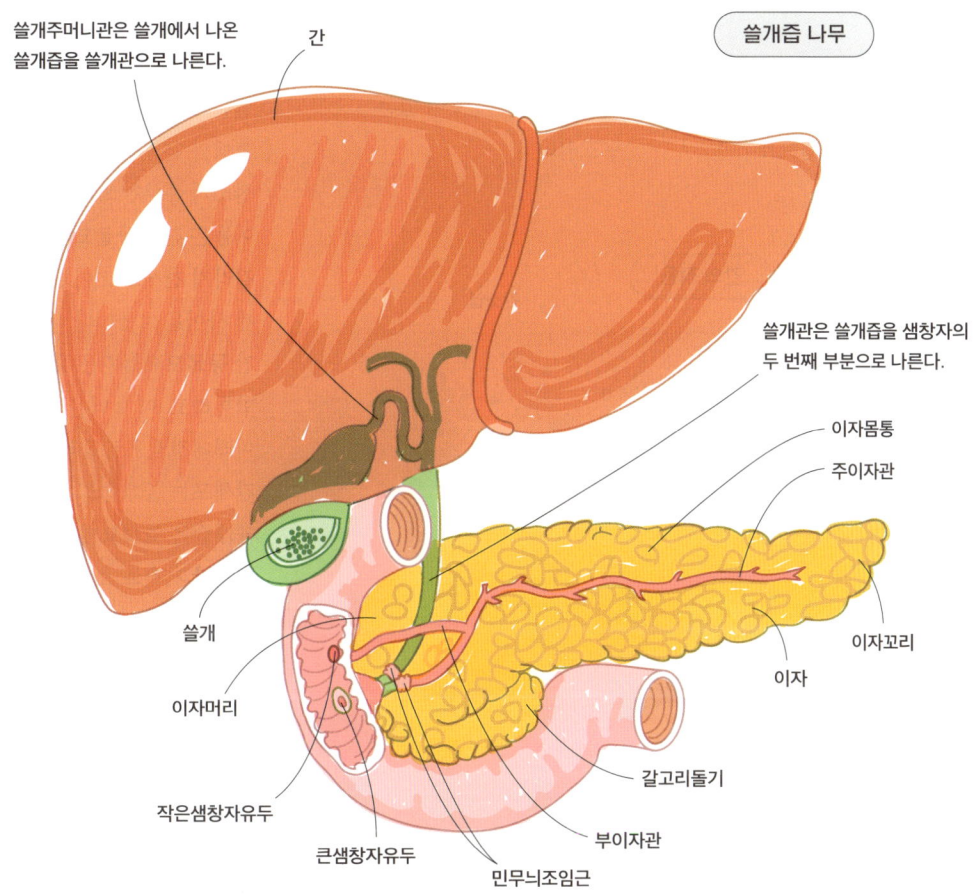

외분비이자

외분비이자는 머리와 목, 몸통, 꼬리로 이루어져 있습니다.
머리의 왼아래쪽에 돌출된 부분은 갈고리돌기입니다.
이자머리는 이자관이 연결된 샘창자에 둘러싸여 있습니다.
이자에는 주이자관과 부이자관이 있습니다. **주이자관**은 쓸개관과
합류해 쓸개이자관팽대를 형성합니다. 쓸개이자관팽대는
큰샘창자유두에서 샘창자로 들어갑니다. 조임근이 흐름을 조절하지요.
부이자관은 **작은샘창자유두**를 통해 샘창자로 들어갑니다.

쓸개관

간에서 나온 쓸개즙염은 **쓸개**에
저장했다가 음식의 지방을 유화할
필요가 생기면 배출합니다.
왼간관과 오른간관은 합쳐져
온간관이 되며, 온간관은 쓸개에서
나오는 쓸개주머니관과 합류하여
쓸개관을 형성합니다.

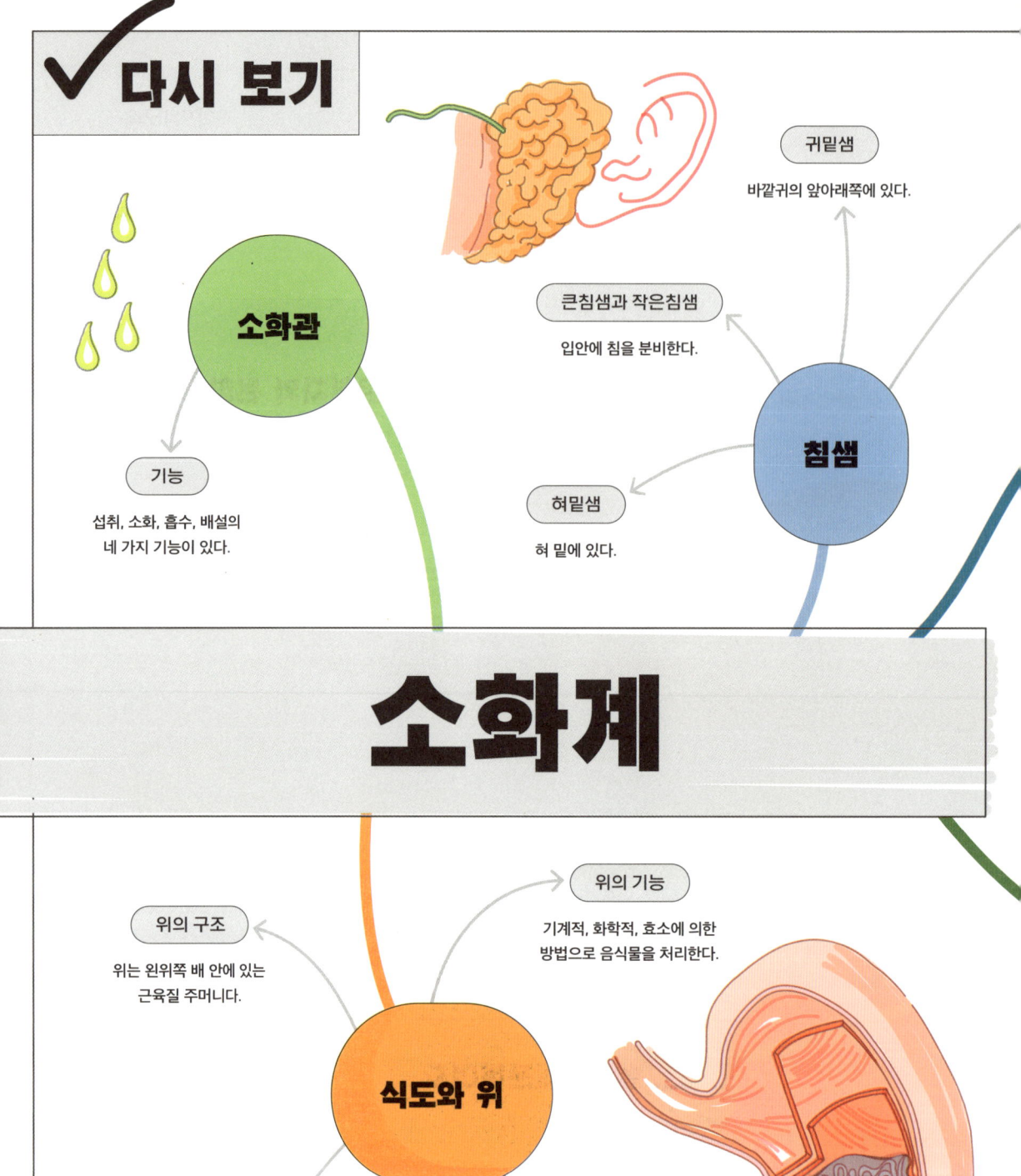

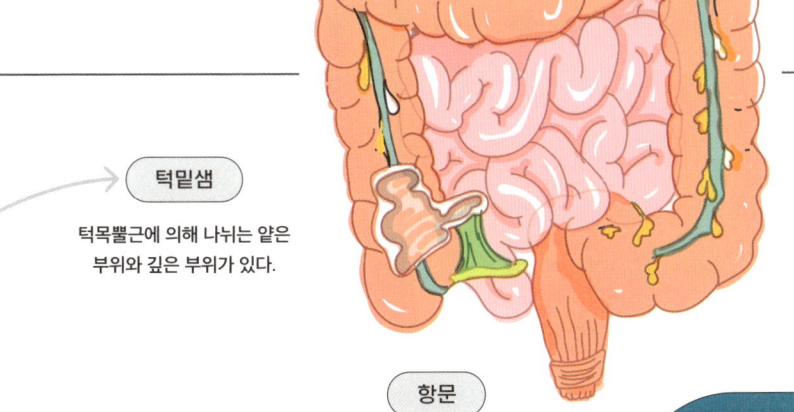

턱밑샘
턱목뿔근에 의해 나뉘는 얕은 부위와 깊은 부위가 있다.

큰창자의 구조
막창자, 막창자꼬리, 오름창자, 가로창자, 내림창자, 구불창자, 항문곧창자관이 있다.

항문
속항문조임근과 바깥항문조임근에 둘러싸여 있다.

작은창자와 큰창자

작은창자의 구조
샘창자와 빈창자, 돌창자로 이루어져 있다.

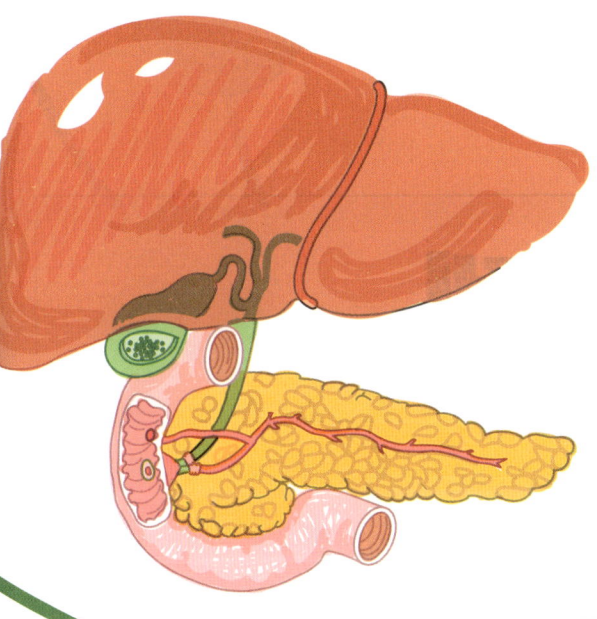

외분비이자
머리와 목, 몸통, 꼬리로 이루어져 있다.

간의 구조
간은 갈비뼈 아래 배의 오른위 사분면에 있다.

간, 쓸개, 외분비이자

쓸개관
쓸개즙염은 쓸개에 저장되어 있다가 지방을 유화하기 위해 분비된다.

간의 기능
간은 내분비, 외분비 기능을 한다.

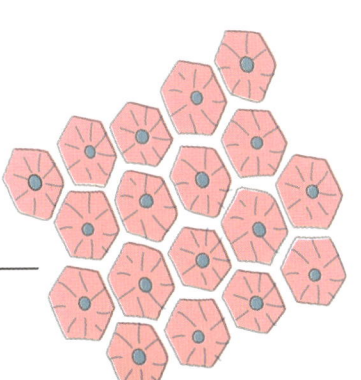

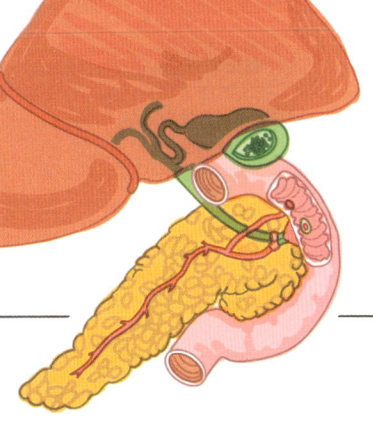

10장

비뇨계

비뇨계는 오줌과 다른 노폐물을 몸 밖으로 내보냅니다.
요로는 뒤쪽배벽의 콩팥 2개와 요관 2개, 중간의 방광,
중간의 요도로 이루어져 있습니다.
콩팥은 혈장을 거르고 체액 대부분을 혈류로 돌려보냅니다.
콩팥의 무게는 노년기가 되어갈수록 성인기의 30%로 줄어듭니다.
그리고 콩팥 기능은 절반으로 떨어집니다.
오줌은 요관을 통해 방광으로 갔다가 요도를 따라 외부로 나갑니다.

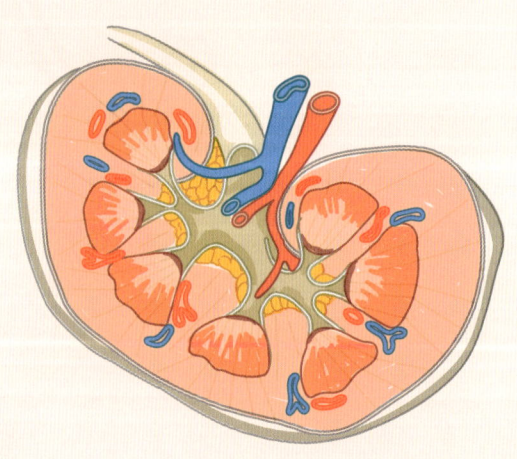

요로

콩팥의 주요 역할은 혈액에서 질소 폐기물을 걸러내는 것이지만, 그 외에도 다양한 일을 합니다.

요로의 기능

요로의 기능은 다음과 같습니다.

- 질소 폐기물, 약물, 빌리루빈, 크레아티닌, 요산, 독성 물질 제거
- 혈액의 이온 조성(나트륨, 칼륨, 염소) 조절
- 혈액의 pH(산성도) 조절
- 혈액의 부피 조절
- 혈압 조절
- 혈액 삼투압 농도 조절(부피당 녹아 있는 입자의 양)
- 칼슘 대사를 위한 호르몬 생산
- 적혈구 생산을 위한 호르몬 생산
- 혈당 조절

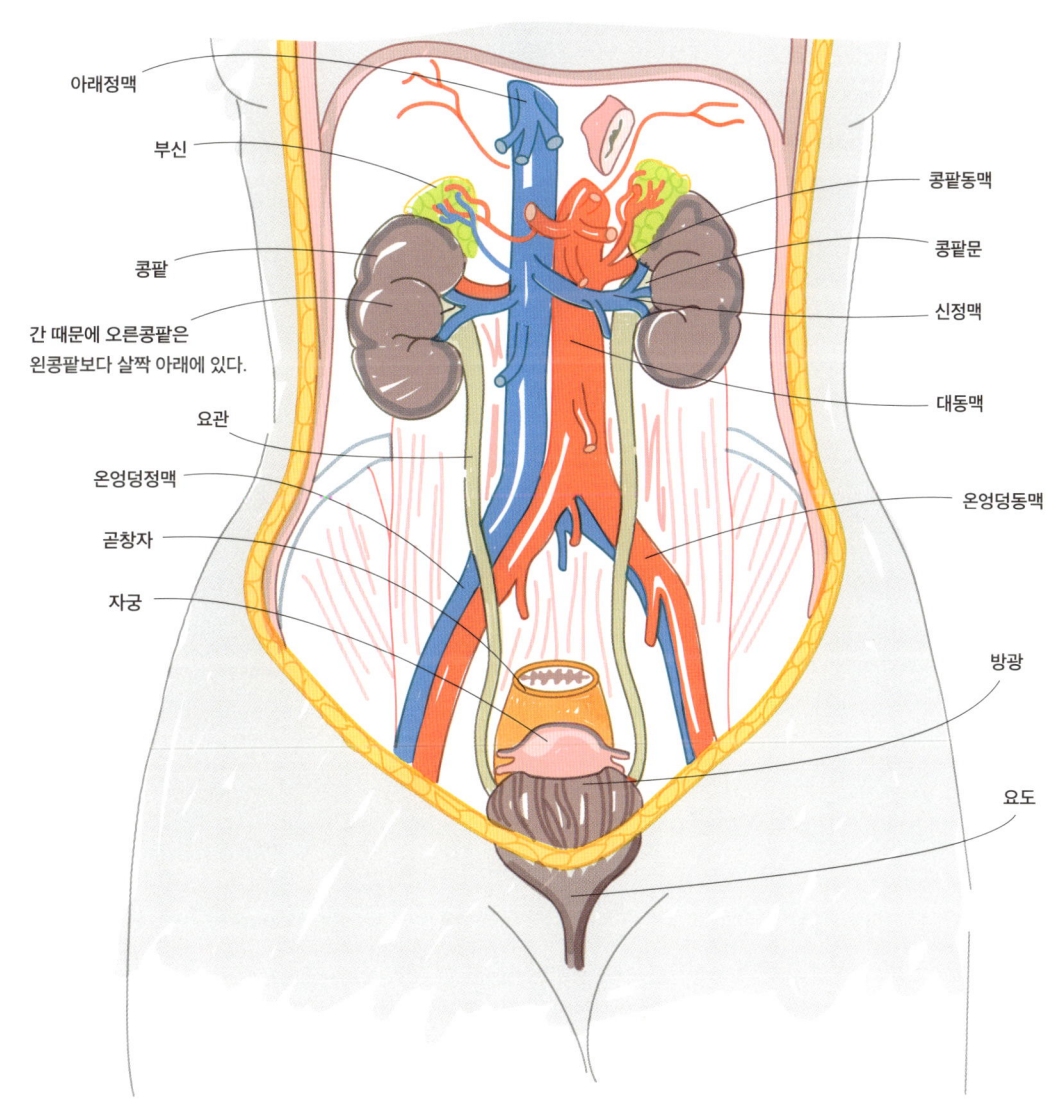

오줌을 만들고 배출하는 체계

콩팥

콩팥은 배막안 뒤쪽배벽에 있습니다. 혈액을 풍부히 공급받으며(심장에서 나오는 혈액의 25%), 혈액에서 매일 12~20g의 오줌을 제거합니다.

콩팥의 구조

각 콩팥은 **섬유피막**으로 둘러싸여 있습니다. 각 콩팥의 안쪽은 겉질과 속질로 나뉩니다.

요관: 콩팥깔때기에서 오줌을 받아 콩팥문을 떠나 방광으로 내려갑니다.

속질: 콩팥피라미드와 콩팥유두, 콩팥단위 고리(헨레 고리)가 있습니다.

겉질: 콩팥소체와 토리쪽곱슬세관, 먼쪽곱슬세관이 있습니다.

큰콩팥잔: 작은콩팥잔에서 오줌을 받습니다.

작은콩팥잔: 콩팥유두에서 오줌을 받습니다.

콩팥깔때기: 큰콩팥잔에서 오줌을 받습니다.

콩팥기둥: 속질로 뻗어 있는 겉질 조직

신장의 기능

콩팥의 기능 단위는 콩팥단위입니다. 한쪽 콩팥에 약 100만 개가 있습니다. 콩팥의 세 가지 기능은 다음과 같습니다.

1. 혈장을 **거르고** 물질을 녹입니다(콩팥소체의 토리에서).

2. 물과 녹은 물질 중 유용한 것을 **세관 재흡수**(콩팥세관에서)

3. 폐기물과 약물, 독성 물질을 **세관 분비**(콩팥세관으로)

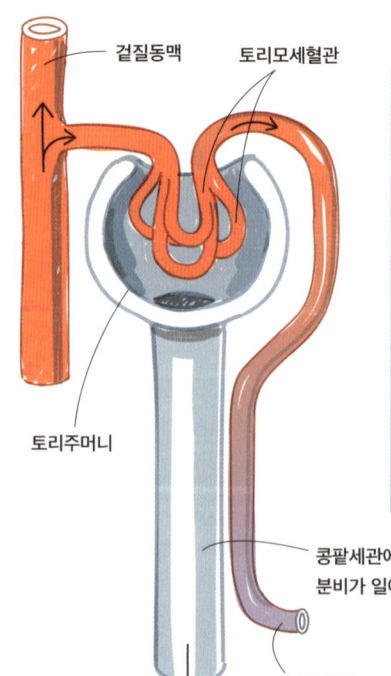

토리거른액

하루의 토리거른액은 여성의 경우 150ℓ, 남성의 경우 180ℓ입니다. 세관 재흡수로 거른액의 99%는 혈류로 돌아갑니다. 따라서 불과 1%(1~2ℓ)만이 오줌으로 배출됩니다.

토리와 세관

각 **콩팥소체**는 **주머니공간**과 **발세포**로 덮인 모세혈관 뭉치가 있는 **토리주머니(보우먼주머니)**로 이루어져 있습니다.
혈장은 발세포의 발돌기 사이에서 걸러져 주머니공간으로 갔다가 토리쪽곱슬세관으로 갑니다.
토리거른액은 (순서대로) 토리쪽곱슬세관, 콩팥단위 고리, 먼쪽곱슬세관, 집합관, 유두관을 통과해 콩팥유두 끄트머리에서 나타납니다.

> 콩팥과 콩팥세관

- 콩팥의 겉질
- 콩팥의 속질
- 콩팥
- 요관

먼쪽곱슬세관: 약물을 분비합니다. 항이뇨 호르몬이 작용할 때 물이 통과할 수 있습니다.

들토리세동맥: 혈액을 토리모세혈관으로 나릅니다.

- 토리모세혈관
- 토리주머니
- 주머니공간
- 겉질
- 속질

집합관과 유두관: 나트륨을 흡수하고, 칼륨을 배출하며, 오줌을 모읍니다.
항이뇨 호르몬이 작용할 때 물이 통과할 수 있습니다.
알도스테론은 나트륨과 염소 재흡수율을 높입니다.

토리쪽곱슬세관: 물과 당, 아미노산, 작은 단백질과 펩타이드, 나트륨, 칼륨, 칼슘, 염소, 중탄산염, 인산염 같은 유용한 물질을 재흡수하는 데 가장 큰 역할을 합니다.

콩팥단위 고리(헨레 고리): 속질의 콩팥피라미드에서 농도 기울기가 올라가게 해줍니다. 거른 물의 15%를 흡수합니다.

콩팥유두와 작은콩팥잔 방향

요관, 방광, 요도

오줌은 배벽 뒤쪽에 있는 한 쌍의 요관을 따라 내려와 골반에 있는 근육질 방광에 저장됩니다.
그러다가 중간선에 있는 요도를 따라 외부 환경으로 배출되지요.

요관

요관은 콩팥깔때기에서 방광으로 오줌을 나르는 한 쌍의 관입니다. 큰허리근 앞쪽에 있다가 엉치엉덩관절을 지나 골반으로 들어갑니다.

방광

요관은 위쪽의 삼각 모서리를 통해 방광으로 들어갑니다.
방광은 근육으로 이루어진 주머니로, 부피가 1ℓ까지 팽창할 수 있고 내용물을 완전히 비울 수도 있습니다.
남성 여성 모두 **방광벽**은 수축해 오줌을 배출할 수 있는 민무늬근육(**배뇨근**)으로 되어 있습니다. 벽의 안쪽은 극심하게 늘어났다가 줄어들 수 있는 특성이 있는 상피세포로 덮여 있습니다.
요도는 방광목에서 시작됩니다.

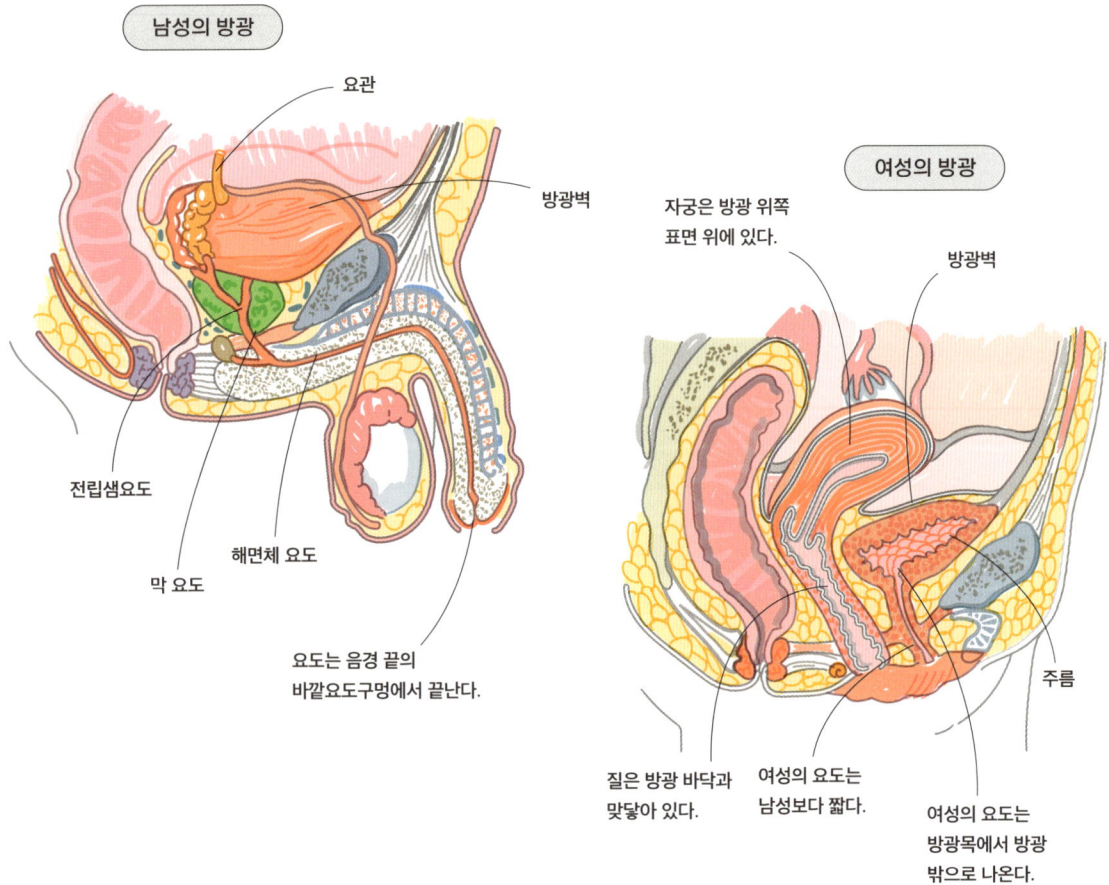

요도

요도는 **속요도구멍**에서 **바깥요도구멍**까지 이어집니다. 불수의근인 속요도조임근은 속요도구멍을 둘러싸고 있습니다.
양성 모두 요도는 근육질의 **비뇨생식가로막**에 있는 수의근인 **바깥요도조임근**을 통과합니다. 요도의 길이는 남성과 여성이 매우 다릅니다.
여성의 요도는 불과 4㎝ 정도로 방광목에서 소음순 사이의 공간까지 이어집니다. 근육질 비뇨생식가로막에 있는 수의근인 바깥요도조임근을 통과합니다. 여성은 요도가 짧기 때문에 요로 감염에 취약합니다.

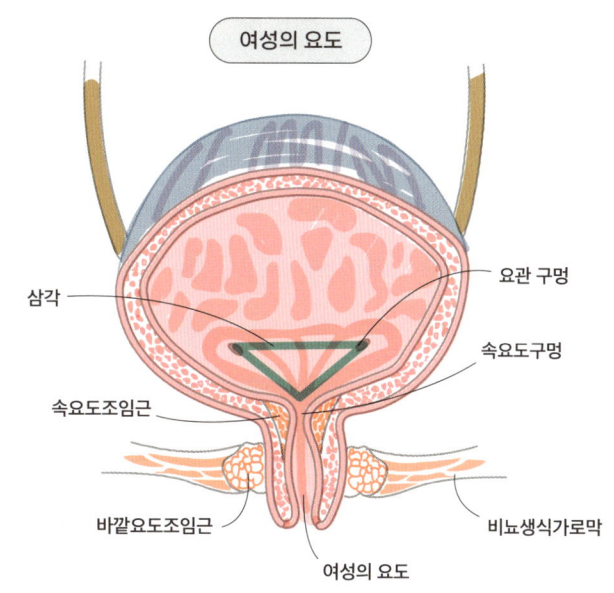

남성의 요도는 길이가 최대 20㎝이며, 세 부분으로 나뉩니다.

전립샘요도는 전립샘 중심을 통과합니다.

막요도는 **비뇨생식가로막**에 있는 수의근인 바깥요도조임근을 통과합니다.

해면체요도는 음경망울과 요도해면체로 이루어진 발기 조직을 통과합니다.

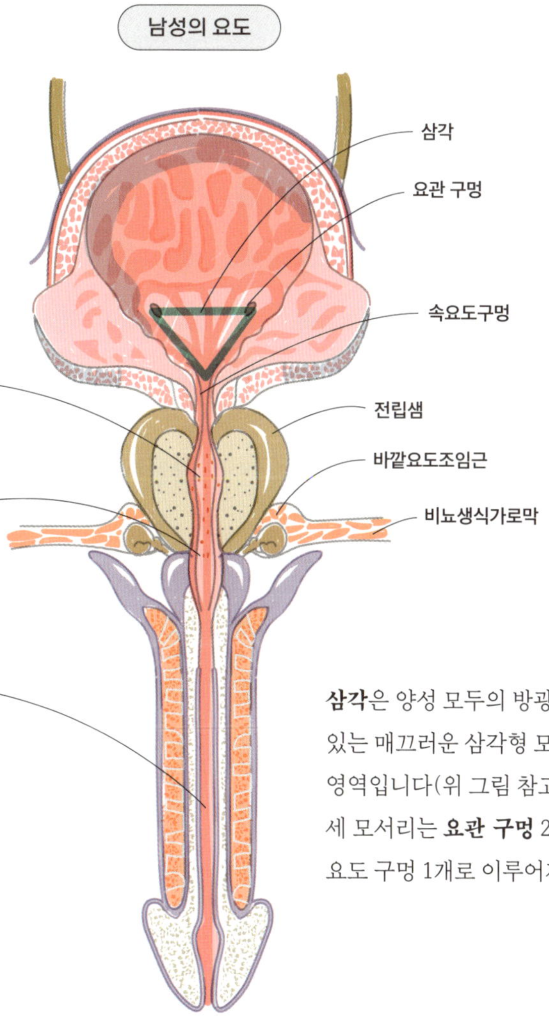

삼각은 양성 모두의 방광 안쪽에 있는 매끄러운 삼각형 모양의 영역입니다(위 그림 참고).
세 모서리는 **요관 구멍** 2개와 요도 구멍 1개로 이루어져 있습니다.

✓ 다시 보기

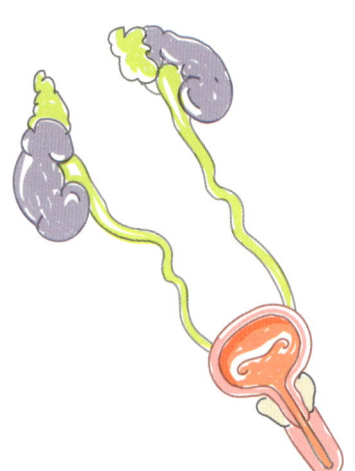

요로의 기능
혈액을 거르고, 산-염기 균형을 맞추고, 혈압을 조절하고, 칼슘 대사와 적혈구 생산을 위한 호르몬을 만드는 등 기능이 많다.

요로

비뇨계

콩팥의 기능
세 가지 기능이 있다.
거름, 재흡수, 분비

콩팥

콩팥의 구조
내부는 겉질과 속질로 나뉘어 있다.

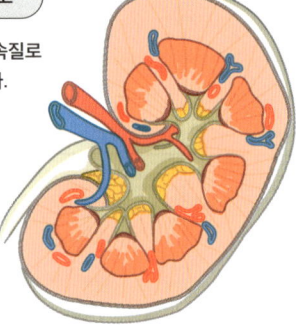

토리의 구조
각각의 콩팥주머니는 주머니공간과 토리모세혈관이 잇는 토리주머니로 이루어져 있다.

콩팥세관의 구조
토리거른액은 토리쪽곱슬세관, 콩팥단위 고리, 먼쪽곱슬세관, 집합관, 유두관을 통과한다.

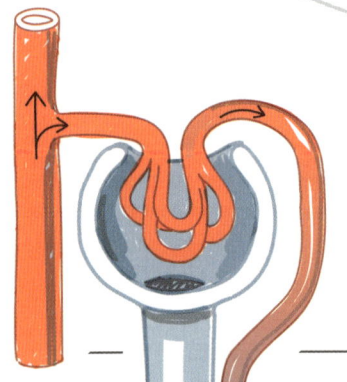

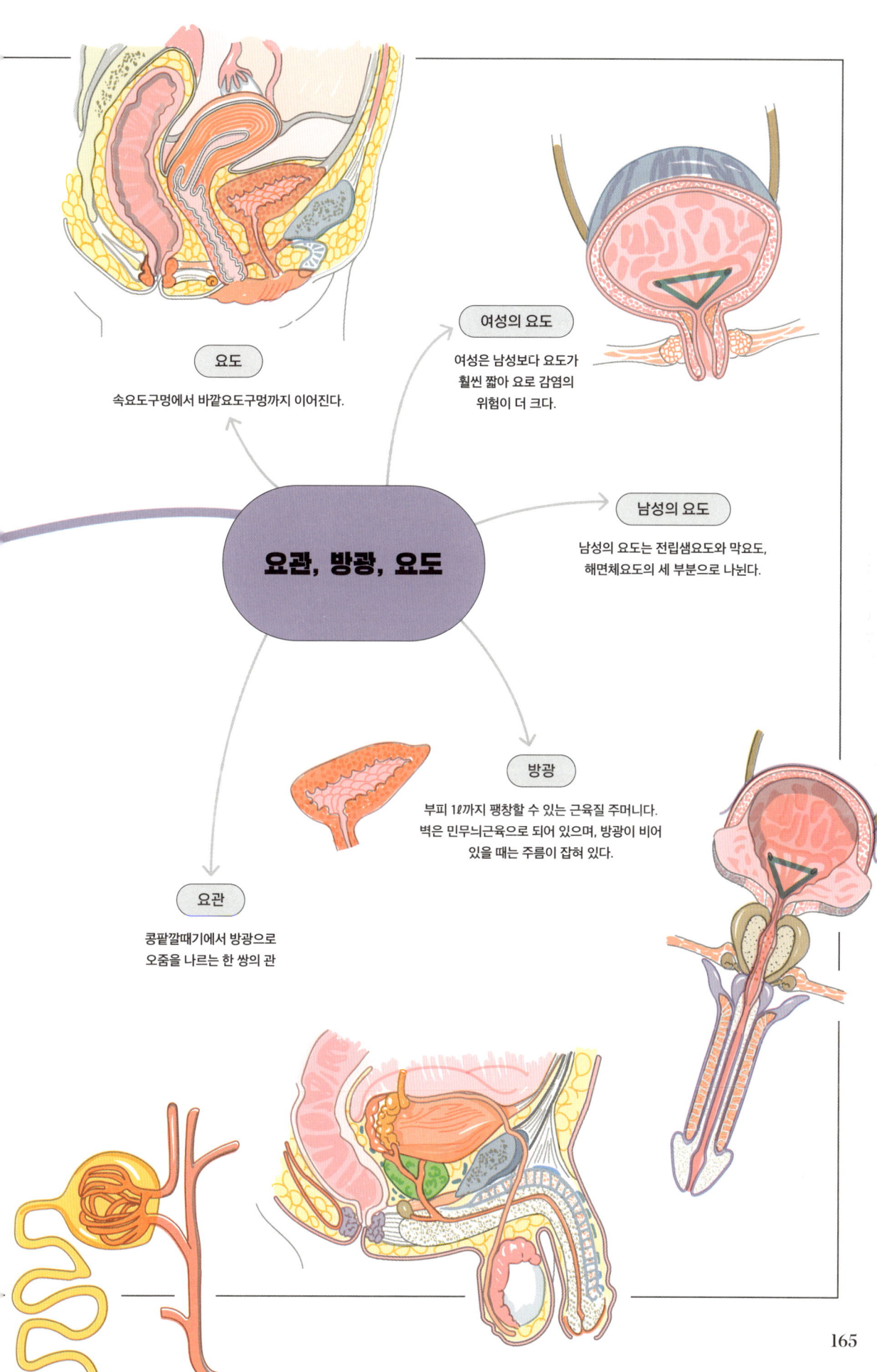

11장

생식계

생식은 수정이라는 과정을 통해 성세포(배우자)가 결합해야
이루어집니다. 생식샘(고환과 난소)은 배우자를 생산하고,
유방이나 음모와 겨드랑이 털, 남성의 수염, 변성기, 근육 증가 같은
이차성징을 일으키는 몇몇 스테로이드 성호르몬을 생산합니다.
생식샘에서 나오는 호르몬인 에스트로젠, 프로게스테론,
테스토스테론 역시 성 기능을 조절합니다.
남성과 여성 모두 생식관에는 배우자와 배아를 나르는 세관 구조,
배우자와 수태물을 지원하는 부속 분비샘 구조가 있습니다.

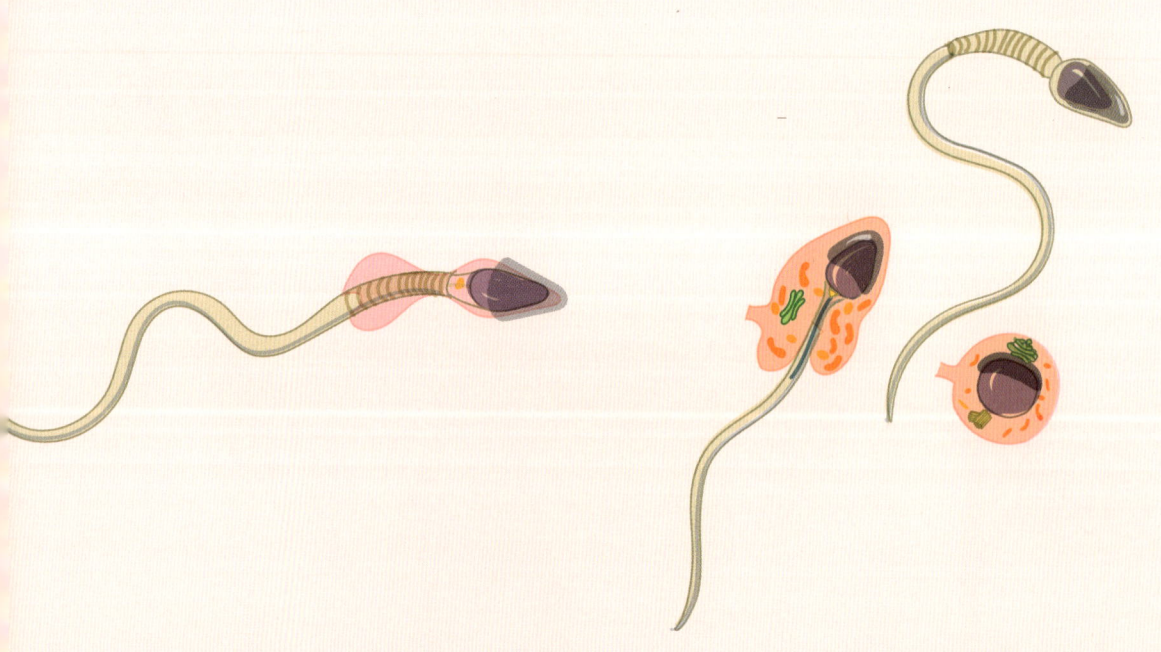

초기 성세포

우리는 태어나기도 전부터 자손을 만들기 위한 세포를 준비해 놓고 있습니다.
한 여성이 생산하는 난자의 수(여성의 성세포)는 태어나기 전에 정해져 있습니다.

훗날 배우자를 만드는 원시종자세포는 배아 발달 단계 초기부터 다른 세포와 격리되어 있습니다. 이 세포는 임신 5주차에 원시콩팥 옆에 생기는 생식샘능선에 자리 잡습니다. 그래서 처음에는 남성과 여성의 생식샘 모두 배벽의 위쪽 뒤에 있습니다.

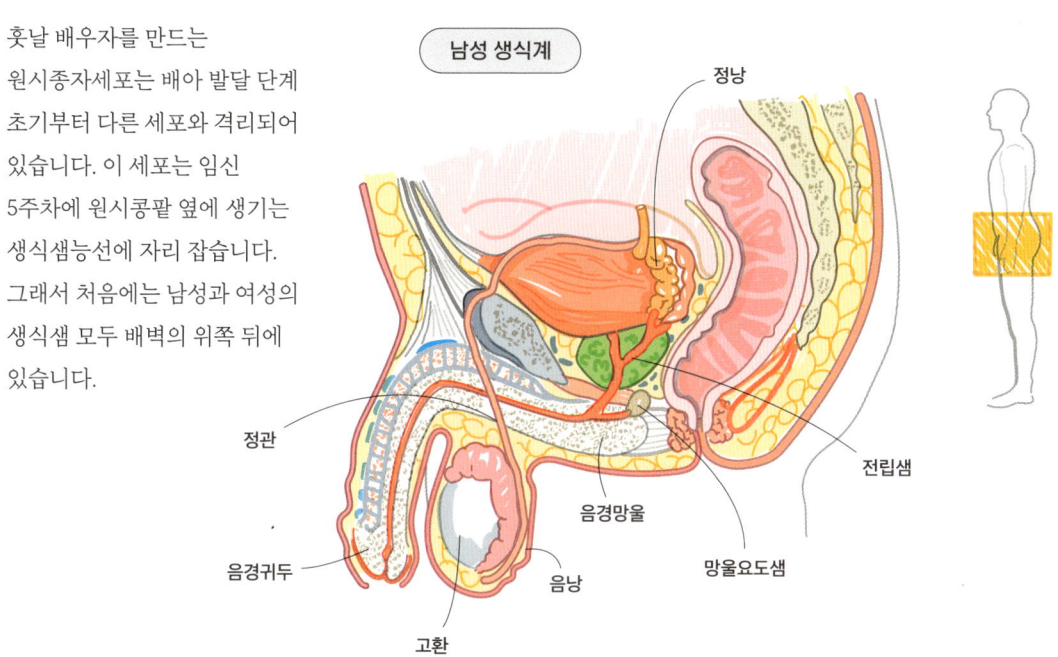

남성 생식계

남성은 X염색체와 Y염색체가 있지만, 여성은 X염색체가 2개 있습니다. 남성의 발달은 Y염색체에 있는 **SRY**(성결정영역) 유전자에 의해 시작됩니다. 남성의 생식샘(**고환**)은 보통 임신 말기에 음낭으로 내려옵니다. 하지만 여성의 생식샘(**난소**)은 가쪽 골반벽까지만 내려옵니다.

자궁 안에서 발달 8주까지는 남성과 여성의 바깥생식기관이 비슷합니다. 10주 때부터 생식결절이 남성의 경우 **음경**으로, 여성의 경우 **음핵**으로 발달합니다.

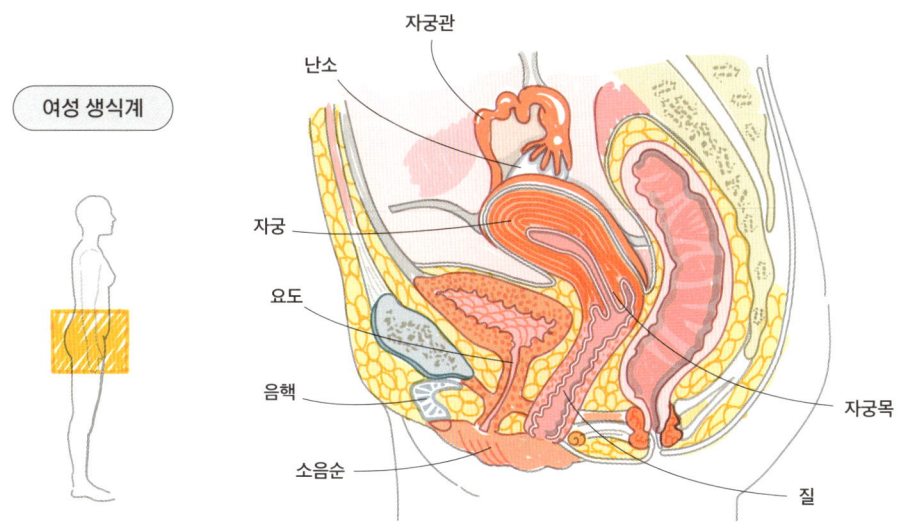

여성 생식계

남성 생식계

남성 생식계에는 정자를 생산하는 고환, 정자를 운반하는 관, 정액을 생산하는 부속 생식샘,
정액을 여성의 생식관에 주입하는 음경이 있습니다.

고환과 부고환

고환과 부고환은 온도를 낮추기 위해 배 아래에 매달려 있는 음낭 속에 있습니다.

덩굴정맥얼기: 고환동맥의 혈액이 고환에 도착하기 전에 식힙니다.

부고환머리 세관

고환날세관: 고환그물에서 정자가 성숙하는 곳인 부고환머리의 세관으로 정자를 운반합니다.

백색막: 고환을 둘러싼 치밀한 섬유 주머니. 여기서 나와 고환 안으로 이어진 사이막은 고환을 여러 엽으로 나눕니다.

고환집막: 고환의 일부와 부고환을 덮고 있는 두 겹의 주머니. 안의 공간에는 얇은 액체 막이 있습니다.

정관: 부고환에서 방광 바닥 영역으로 정자를 나릅니다. 고환 바로 위에서 정관을 자르면(정관절제) 정자가 밖으로 배출되지 못하게 할 수 있습니다.

고환그물: 정자가 고환날세관을 지나기 직전에 통과하는 세관의 그물망입니다.

정세관: 구불거리는 정세관(엽당 최대 4개)이 뒤쪽 위에서 만나 곧은정세관이 된 뒤 다시 고환그물을 이룹니다.

부고환관: 부고환머리와 몸통, 꼬리를 통과한 뒤 정관이 됩니다.

정관

정관의 길이는 약 45cm이며, 부고환 꼬리에서 방광 바닥 영역으로 정자를 나릅니다. 그곳에서 각 정관은 팽창해 팽대가 됩니다. 각 정관은 고환과 부고환을 위한 혈관과 신경도 들어 있는 정삭에서 위로 올라갑니다. 정관은 샅굴을 통해 배로 들어갑니다. 각 정관은 정낭관에 합류해 전립샘요도로 통하는 사정관을 형성합니다.

음경

음경은 성적으로 흥분하면 피가 모여 단단해지는 발기 기관입니다. 세 종류의 발기체로 이루어져 있으며, 골반에 붙어 있는 뿌리와 자유롭게 매달려 있는 몸통으로 나뉩니다.

음경뿌리에 있는 한 쌍의 **음경다리**는 음경 속으로 길게 뻗어 **음경해면체**가 됩니다.

부속샘

전립샘은 **전립샘요도**를 둘러싸고 있으며, 요도로 전립샘액을 배출합니다. 전립샘액에는 다음과 같은 성분이 있습니다.
- 정자의 에너지원으로 쓰이는 시트르산(구연산)
- 정낭에서 응고하는 단백질을 분해하는 단백질 분해효소
- 세균을 파괴하는 항생물질인 정액장액

정낭은 방광 바닥의 뒤쪽에 있습니다. 분비액은 염기성이며, 다음과 같은 성분이 있습니다.
- 정자의 에너지에 쓰이는 과당
- 정자의 운동성을 높이고 정자 운반을 보조하는 프로스타글란딘
- 사정 후에 정액을 응고시켜 정자를 자궁목에 붙잡아 놓는 응고 단백질

망울요도샘은 해면체 요도의 망울안오목에 액을 분비합니다. 성적으로 흥분하면 염기성 점액을 분비합니다. 이 점액은 요도를 깨끗이 청소하고 성교 시 윤활 작용을 합니다.

음경뿌리에 하나 있는 **음경망울**은 음경 속으로 뻗어 **요도해면체**가 됩니다. **해면체요도**는 음경망울 가운데를 통과합니다.

요도해면체는 먼쪽으로 길게 뻗어 **귀두**가 되며, 포경 수술을 하지 않은 남성은 귀두가 **음경꺼풀**(포피)로 덮여 있습니다.

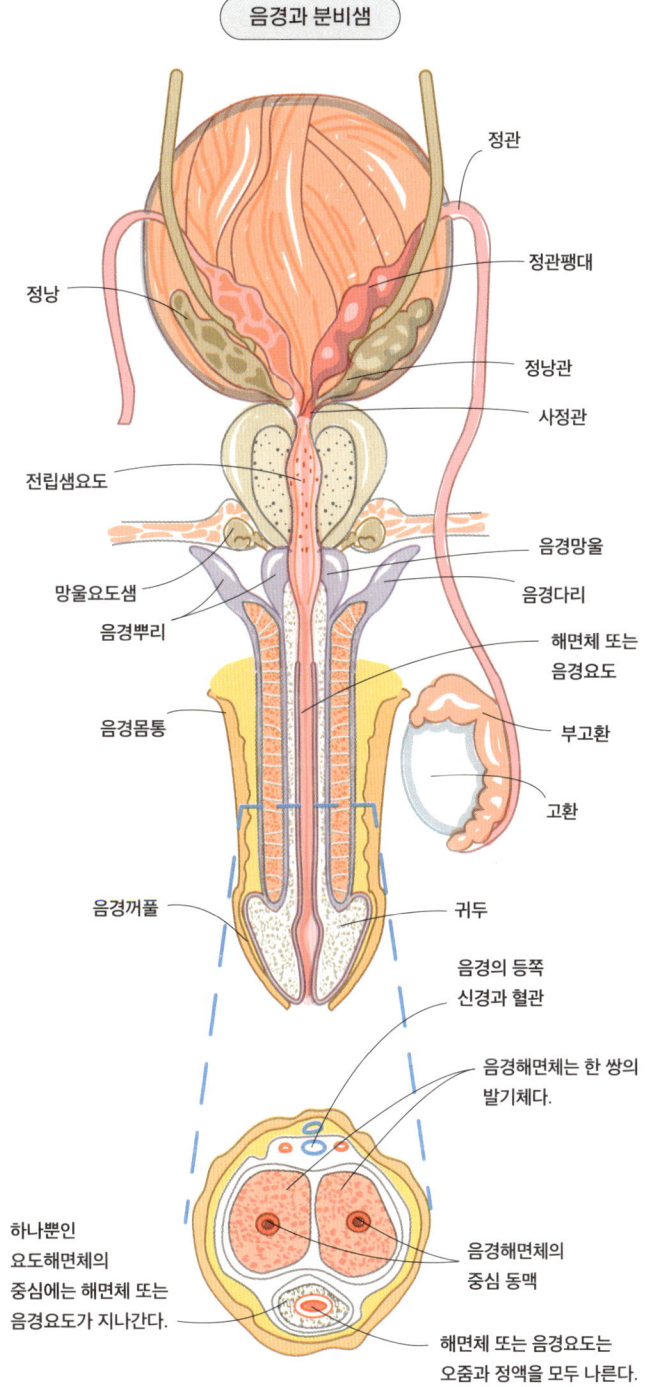

음경과 분비샘

고환과 정자 발생

고환에서는 정자를 생산할 뿐 아니라 **사이질세포(라이디히 세포)**에 의해 안드로젠과 테스토스테론도 만듭니다. 정자 생산에 최적인 고환의 온도는 34~35도이며, 고환은 몸 아래에 매달려 있습니다.

고환 한 쌍이 음낭에 담겨 매달려 있는 건 최적의 온도를 유지하기 위해서입니다. 추운 날씨에는 음낭의 민무늬근육인 음낭근이나 정삭에 붙어 있는 뼈대근육인 고환올림근이 음낭을 끌어올려 따뜻한 배에 가까워지게 합니다. 더울 때는 두 근육 모두 이완해 고환이 몸통에서 나오는 열에서 더 멀어지게 합니다.

배에서 고환으로 가는 혈액 역시 온도가 내려가야 합니다. 고환동맥의 따뜻한 혈액은 주변의 덩굴정맥얼기를 이루는 고환정맥을 타고 돌아가는 혈액에 열을 전달하고 식습니다.

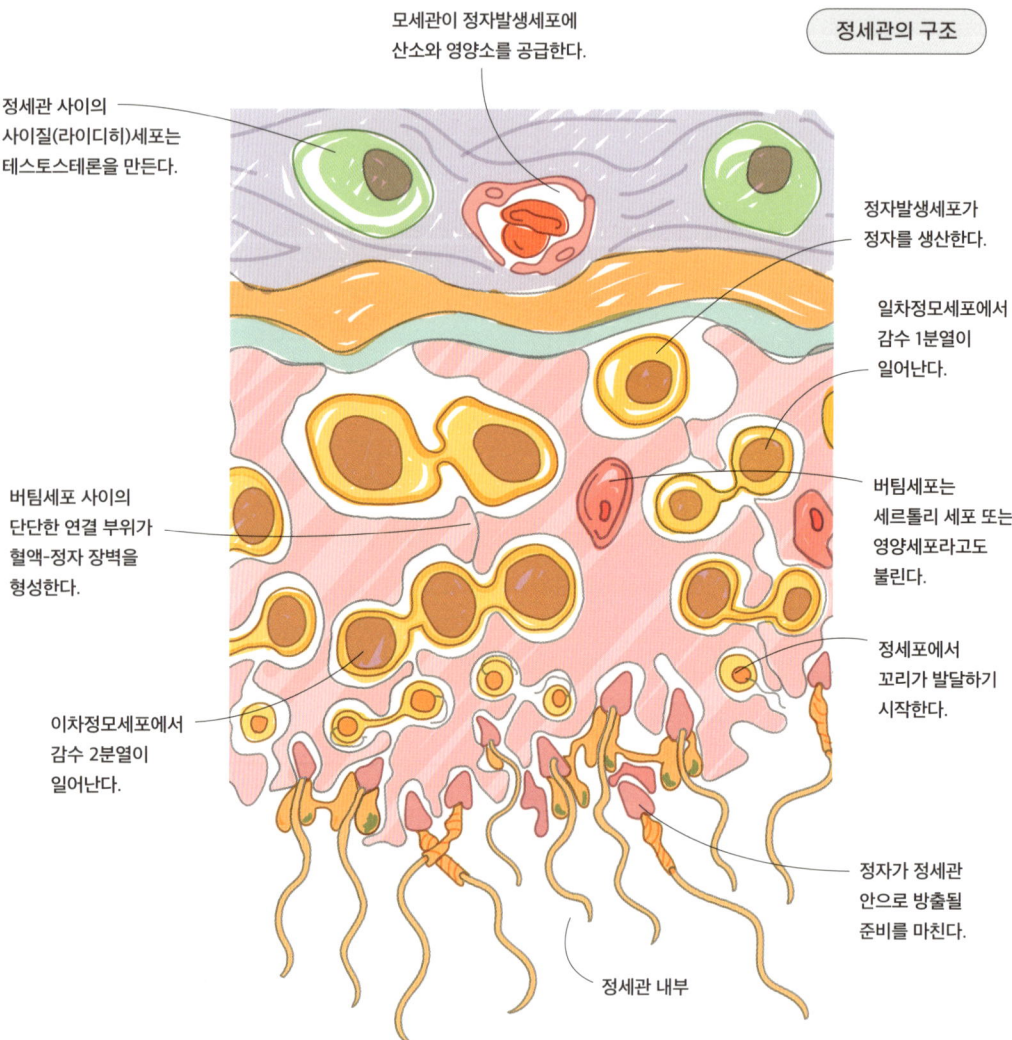

정자발생은 정세관이 정자를 생산하는 과정을 말합니다. 배우자를 생산하고 정자가 형성되려면 감수분열이 필요합니다.

고환의 미세 구조

정원세포는 원시종자세포에서 발달하지만, 사춘기 이전에는 휴면 상태에 있습니다. 사춘기가 되면 정원세포는 순서대로 일차정모세포와 이차정모세포, 정세포, 정자가 태어나게 합니다.

여성 생식계

여성의 생식계에는 난소(배우자 생산) 2개, 자궁관, 자궁, 질, 바깥생식기관이 있습니다.
여성의 생식관은 자궁관 배안 구멍을 통해 배 안쪽과 통합니다.

난소

두 난소는 가쪽 골반벽 옆에 있으며, 위쪽 배에서 내려오는 **난소걸이인대** 안의 혈관으로부터 혈액을
공급받습니다. 난소는 **난소인대**로 자궁 양쪽에 붙어 있습니다. 난소걸이인대 안에는 난소동맥, 난소정맥, 신경,
림프관얼기가 지납니다.

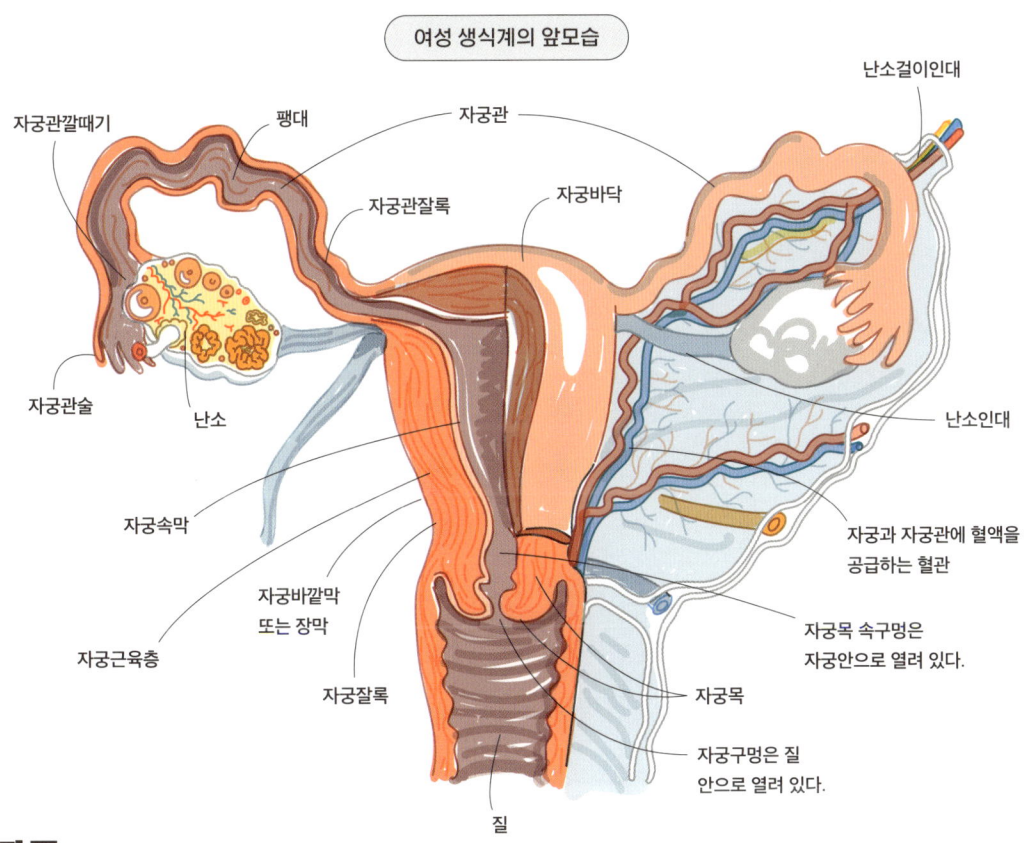

여성 생식계의 앞모습

자궁

자궁은 임신(태아 발달)과 분만(출생) 기관입니다. 안쪽의 **자궁속막**, 민무늬근육으로 이루어진
자궁근육층, 바깥쪽의 **자궁바깥막** 또는 **장막**의 세 겹으로 이루어져 있습니다. 자궁근육층의 민무늬근육은
세 방향으로(세로, 사선, 원) 배열되어 있어 분만 중에 자궁 전체가 일정하게 체계적으로 수축할 수 있습니다.
자궁은 자궁관 부착 지점 위의 **자궁바닥**, 몸통, **질**을 향해 열려 있는 자궁목으로 이루어진 복숭아 모양의 기관입니다.
자궁잘록은 자궁몸통이 자궁목과 만나는 좁은 영역입니다.

자궁안

자궁목은 자궁몸통 안으로 열린 구멍(**속구멍**)과 질속공간으로 열린 구멍(**자궁구멍**)이 있습니다. 자궁목 구멍의 점막에는 점막주름이 있어서 평소에는 닫힌 채 미생물의 침입을 막습니다. 하지만 배란기와 월경 중에는 열려서 정액이 들어가거나 혈액과 벗겨진 자궁속막이 빠져나올 수 있습니다.

자궁안은 자궁관 안, 자궁목 구멍과 연결되어 있습니다. 그래서 정자가 질에서 자궁관을 거쳐 난소까지 올라갈 수 있지요.

자궁관

한 쌍의 **자궁관**을 통해 정자는 위로 올라가고 난자는 아래로 내려옵니다.

자궁관에는 네 부위가 있습니다. 자궁 부분과 **자궁관잘록**, **자궁관팽대**(보통 이곳에서 수정이 이루어집니다), 원뿔 모양의 **자궁관깔때기**입니다.

자궁관깔때기의 테에 있는 손가락 같은 돌출부는 **자궁관술**이라고 부르며, 난소와 정자와 난자가 지나갈 수 있는 **자궁관배안구멍**이라는 통로를 둘러싸고 있습니다(171쪽 참고).

질

질은 정액을 옮겨 받기 위해 발기된 음경을 받아들이는 근육질 관입니다. 또한 산도 역할을 하기도 합니다.

질은 출산 중에 지름 10㎝까지 늘어날 수 있으며, 이후에 다시 원래 크기로 돌아갑니다.

비어 있을 때 질속공간(질관)은 앞벽과 뒷벽이 나란히 있는 H자 모양입니다.

자궁목은 위쪽 질의 앞벽을 향해 열려 있어, 자궁목의 **질부위**를 이룹니다. **질천장**은 자궁목 질부위를 둘러싸는 오목한 부분입니다. 질 아래쪽 구멍은 **질안뜰**이라고 불리며, 두 **소음순** 사이에 있습니다.

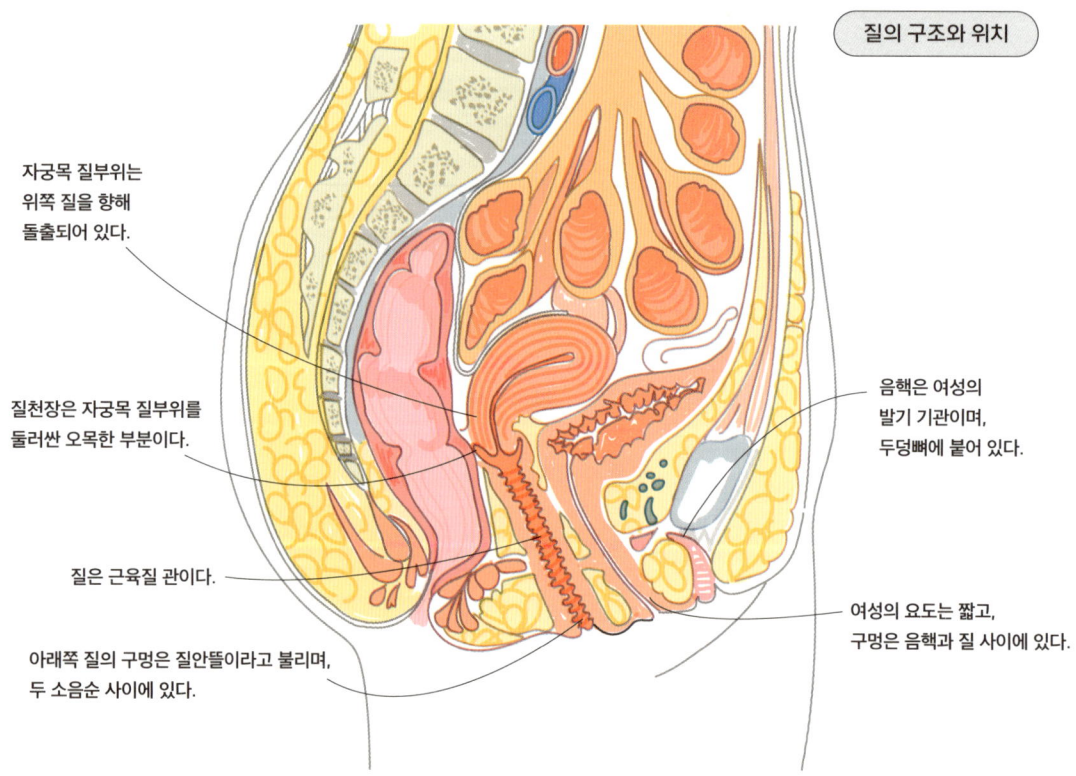

질의 구조와 위치

자궁목 질부위는 위쪽 질을 향해 돌출되어 있다.

질천장은 자궁목 질부위를 둘러싼 오목한 부분이다.

질은 근육질 관이다.

아래쪽 질의 구멍은 질안뜰이라고 불리며, 두 소음순 사이에 있다.

음핵은 여성의 발기 기관이며, 두덩뼈에 붙어 있다.

여성의 요도는 짧고, 구멍은 음핵과 질 사이에 있다.

난소와 난자 발생

난소는 난자 발생이라는 과정을 통해 난자를 만들 뿐만 아니라 이차성징과 월경과 임신 중에 생기는 반복적인 변화를 위한 에스트로젠과 프로게스테론도 생산합니다.

난소는 가쪽 골반벽, 요관과 바깥엉덩정맥 사이에 있습니다.

자궁관은 난소 위쪽으로 구부러지며 지나가고, 자궁관술은 난소 표면을 감싼 채 이차난모세포를 받을 준비를 하고 있습니다. 난소는 안쪽에 **백색막**이라고 불리는 섬유층이 있는 **종자상피**로 덮여 있고, **겉질**과 **속질**로 나뉩니다. 겉질에는 결합조직에 둘러싸인 **난포**(다양한 발달 단계에 있는 난모세포와 주변의 세포들)가 있습니다. 주변의 세포가 단층을 형성하면, 그것을 **난포세포**(소포세포)라고 부릅니다. 속질은 결합조직과 혈관 가지로 이루어져 있습니다.

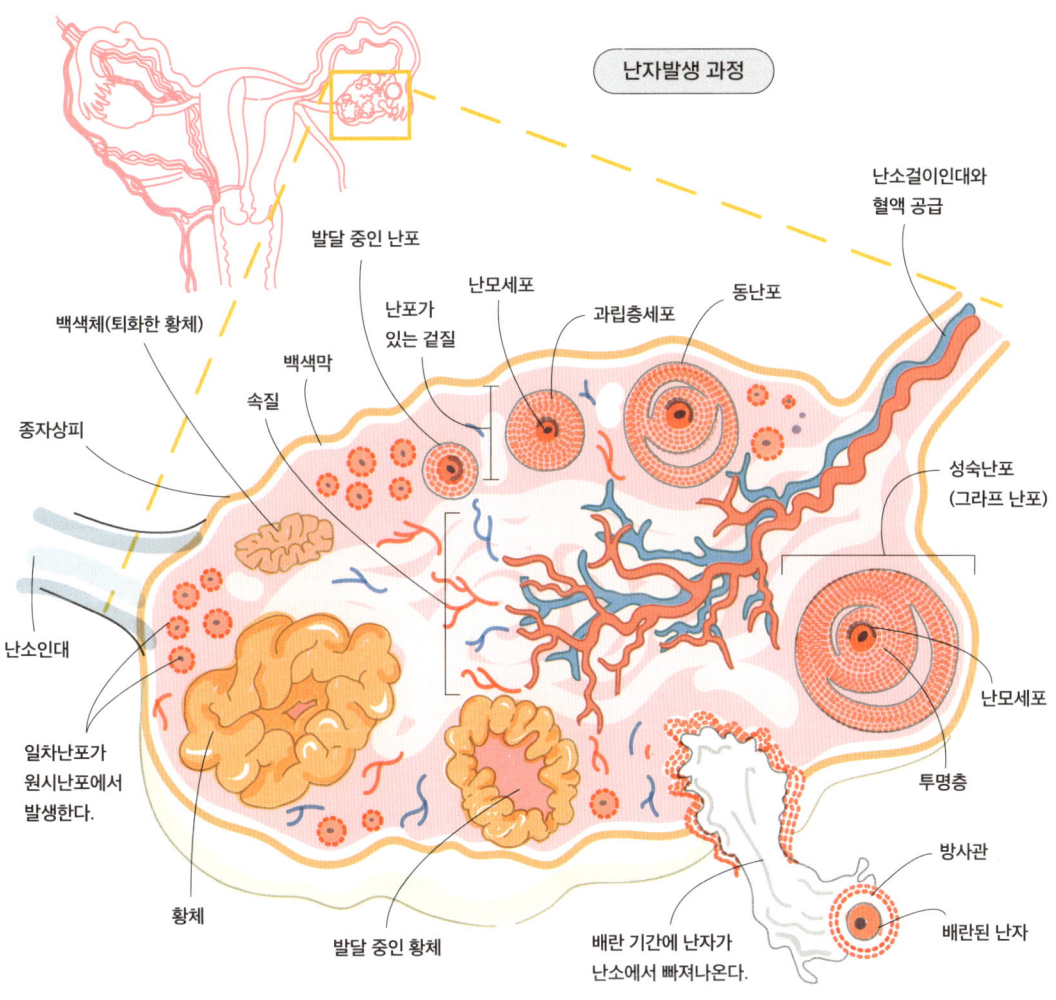

난자 발생은 난소에서 배우자를 만드는 과정입니다. 난자 발생의 초기 과정은 태아 시절에 난소에서 종자세포(생식세포)가 난원세포로 분화하면서 시작됩니다. 난원세포는 대부분 퇴화하지만, 일부는 **일차난모세포**로 발달합니다. 일차난모세포는 태아 시절에 감수 1분열 전기에 진입하지만, 더 발달하지는 않습니다. 각 일차난모세포와 이를 둘러싼 난포세포들을 **원시난포**라고 부릅니다.

난포

사춘기 이후 월경이 끝나기 전까지 매달 뇌하수체앞엽에서 나오는 난포자극호르몬(FSH)과 황체형성호르몬(LH)에 노출되면 원시난포가 자극을 받아 일차난포(**과립층세포**에 둘러싸인 **난모세포**)로 발달합니다.

일차난포가 **이차난포**로 발달하면서 과립층세포가 난포액을 축적해 동난포를 형성합니다.

과립층세포의 가장 안쪽 층인 **방사관**은 난모세포의 투명층과 붙어 있습니다.

매달 1개 또는 2개의 이차난포가 **성숙난포**로 변하면서 감수 1분열이 끝나고 감수 2분열이 시작되면서 중기에 들어섭니다.

배란기에는 성숙난포가 파열하며 이차난모세포를 **복막안**으로 방출합니다.

배란이 끝나면 남은 난포는 황체로 발달합니다. 만약 임신이 되지 않으면 황체가 퇴화하여 2주 뒤에는 백색체가 됩니다.

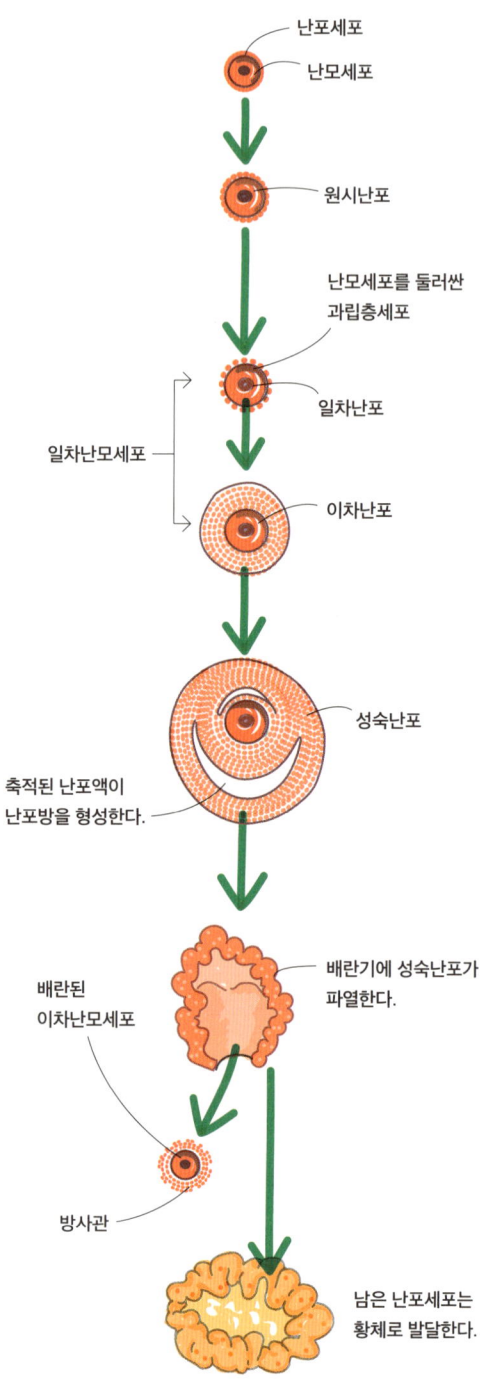

난소에서 이루어지는 난포의 발달

임신 중의 난소와 완경 이후

임신이 되면 황체가 퇴화하지 않습니다. 황체는 프로게스테론과 에스트로젠, 릴랙신, 인히빈을 생산해 초기 임신을 돕고 분만을 준비합니다. 완경(폐경)이 오게 되면 난소는 호르몬 자극에 잘 반응하지 않으며 에스트로젠을 덜 생산합니다. 난소는 위축되게 됩니다.

출산

분만 중에는 자궁벽의 민무늬근육이 규칙적으로 수축하며 태아와 태반을 밀어냅니다.

자궁관이 붙은 곳 근처의 수축조율세포가 뇌하수체뒤엽에서 나오는 호르몬인 옥시토신의 영향을 받아 일정한 박자로 **수축**을 일으킵니다.

태반은 **태아**에게 산소와 영양소를 공급할 뿐 아니라 중요한 내분비 기관이기도 합니다. 사실 태반은 배아에서 발달합니다. 분만 제3기 말에 밖으로 빠져나옵니다.

자궁근육층의 민무늬근육은 분만 제1기에 규칙적으로 수축합니다. 그러면 자궁목이 팽창해 제2기에 태아가 밖으로 나올 수 있습니다.

산도는 분만 때 태아가 빠져나오는 통로입니다. 자궁몸통의 축에서 질의 축으로 이어집니다.

산도 안의 태아
- 태반
- 자궁근육층의 민무늬근육
- 태아
- 산도의 축

바깥생식기관

여성의 바깥생식기관은 **샅**(넓적다리 사이 공간)에 있습니다. 여성의 샅은 살로 이루어진 한 쌍의 **대음순**이 대부분을 차지하고 있습니다. 그 중간에는 대음순틈새가 있습니다.
대음순이 만나는 곳 앞쪽의 두덩뼈와 두덩결합 위쪽 가운데에는 지방으로 볼록 튀어나온 부위가 있습니다. 이를 **불두덩**이라고 부릅니다. 대음순과 불두덩에는 색소가 있으며, 사춘기 이후에는 음모로 덮입니다.

여성의 바깥생식기관
- 대음순
- 음핵꺼풀
- 불두덩
- 음핵귀두
- 소음순
- 바깥요도구멍
- 큰질어귀샘관 구멍
- 질구멍
- 항문

대음순을 벌려 대음순틈새가 열린 상태인 여성의 바깥생식기관 모습

다시 보기

정자 발생
정세관이 정자를 생산하는 과정이다.

정관
부고환 꼬리에서 방광 바닥 영역으로 정자를 나른다.

고환과 부고환
고환은 온도를 낮추기 위해 음낭에 담겨 매달려 있다. 부고환은 정자 성숙에 중요하다.

남성 생식계

생식계

완경 이후의 난소
완경 이후 난소는 호르몬 자극에 대한 반응이 떨어진다.

질의 구조
질은 발기한 음경을 받아들이고 산도 역할을 하는 근육질 관이다.

산도
태아가 태어나는 통로다.

바깥생식기관
넓적다리 사이의 공간인 샅에 있다.

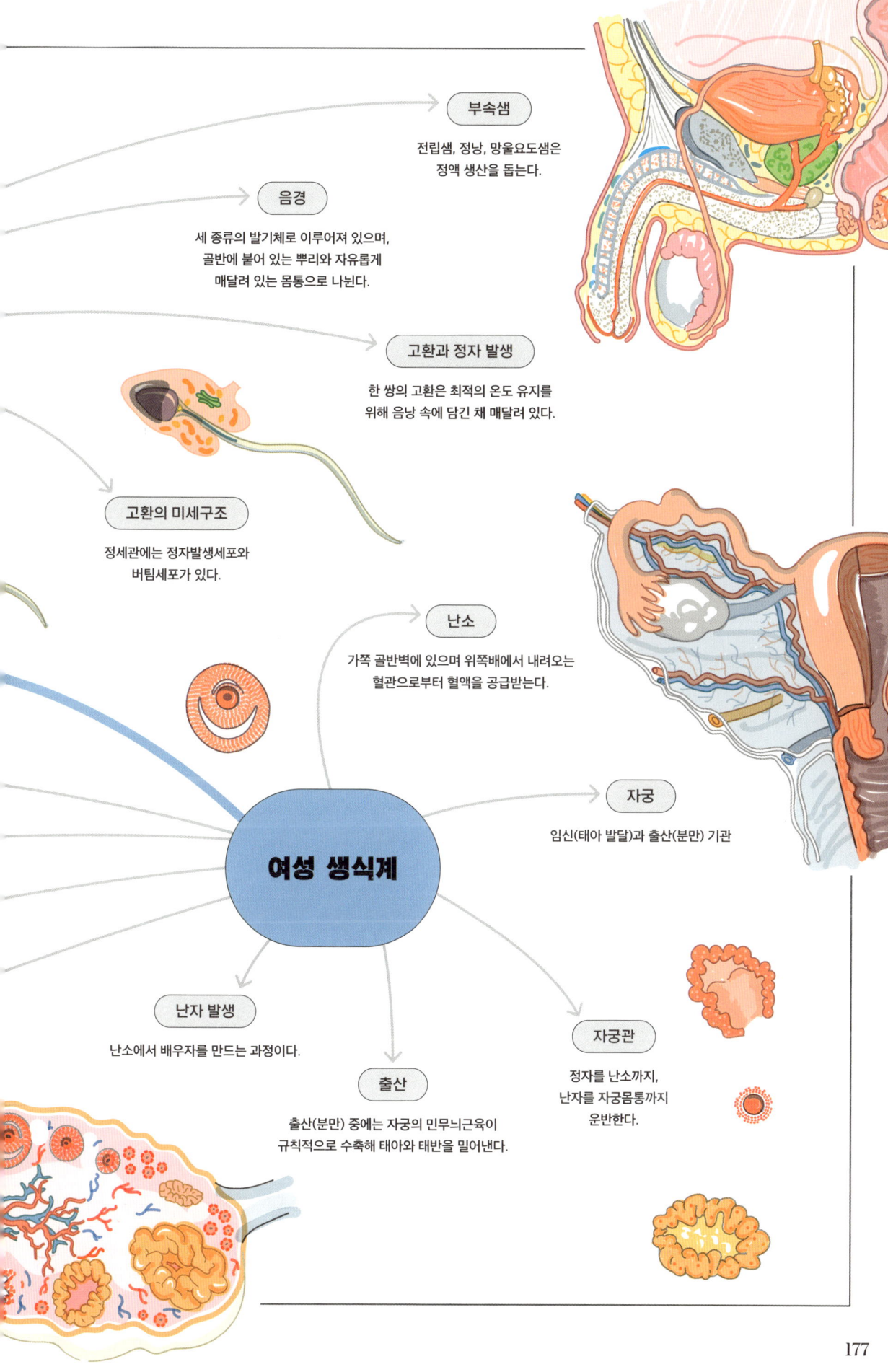

12장

내분비계

내분비샘은 호르몬을 혈류나 몸안에 분비합니다. 상피 표면에 분비하는 외분비샘과는 반대입니다. 호르몬은 펩타이드(인슐린처럼)일 수도 있고, 에스트로젠이나 프로게스테론처럼 스테로이드일 수도 있습니다. 펩타이드 호르몬은 세포 표면에 있는 수용기 분자에 달라붙어 세포질의 변화를 일으킵니다. 세포로 운반된 스테로이드는 세포질에 있는 샤페론 분자와 달라붙은 뒤 세포핵으로 들어가 세포의 활동을 바꿉니다.

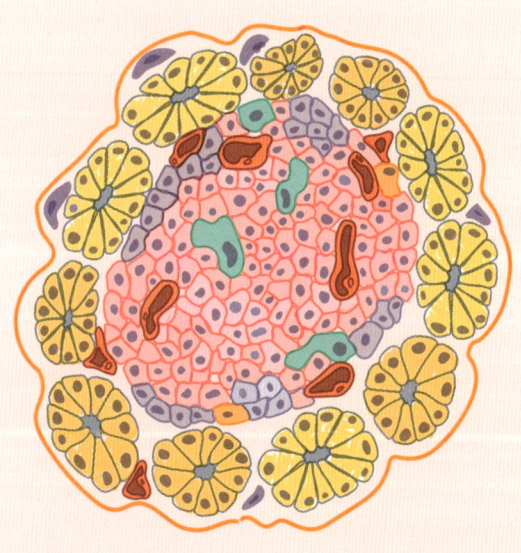

내분비샘

내분비샘은 머리와 목, 몸통 여기저기에 쌍을 이루거나 중심에 홀로 있는 구조입니다. 혈액을 풍부하게 공급 받습니다.

되먹임 제어 체계

내분비계는 음성되먹임 고리에 의해 조절됩니다. 어떤 분비샘에서 호르몬을 생산하면, 그 호르몬의 혈중 농도가 높아지거나 몸 상태에 변화가 생기면서 그 호르몬을 만들라는 자극이 사라집니다.

내분비샘의 자극제

내분비샘은 다음에 의해 자극을 받을 수 있습니다.
- 체액(순환계). 예를 들어, 혈중 칼슘 농도가 떨어지면 부갑상샘 호르몬 분비를 자극합니다.
- 신경의 제어. 예를 들어, 시상하부 뉴런의 축삭은 뇌하수체뒤엽으로부터 호르몬을 분비합니다.
- 호르몬. 예를 들어, 뇌하수체앞엽에서 나오는 갑상샘자극호르몬은 갑상샘의 갑상샘호르몬 생산을 늘립니다.

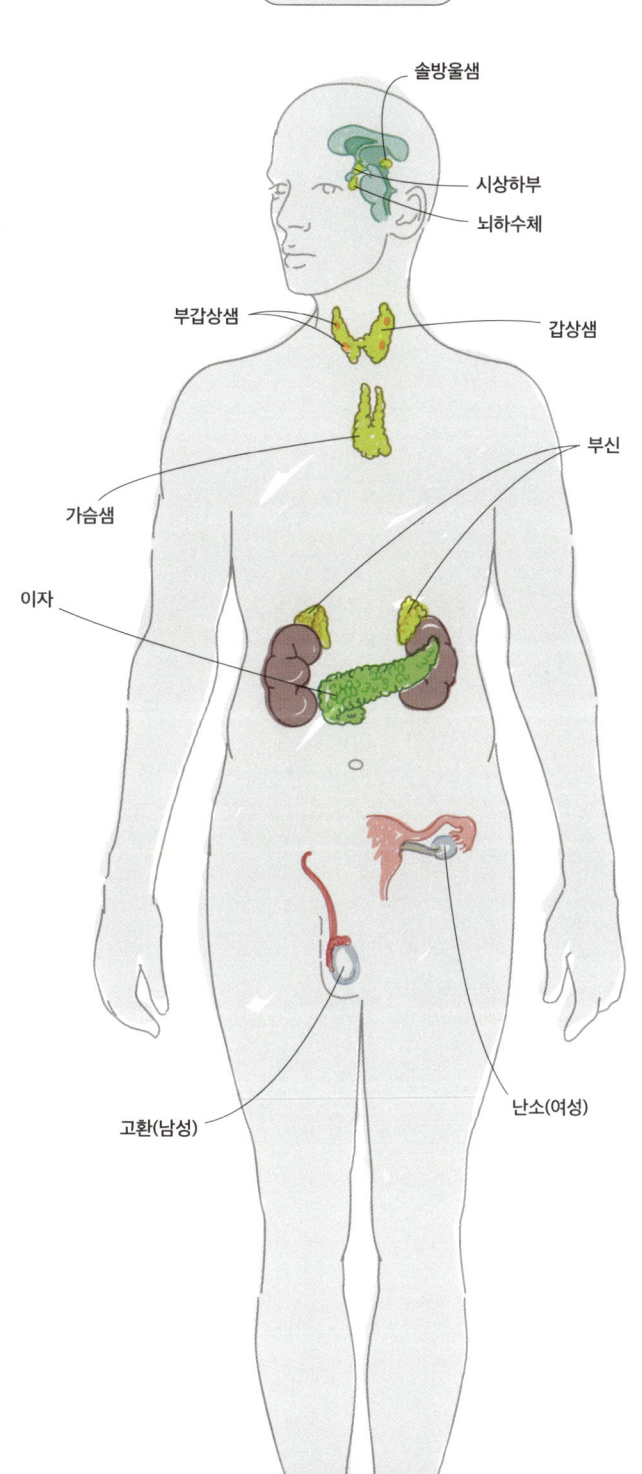

내분비샘의 위치
- 솔방울샘
- 시상하부
- 뇌하수체
- 부갑상샘
- 갑상샘
- 가슴샘
- 부신
- 이자
- 고환(남성)
- 난소(여성)

뇌하수체앞엽과 호르몬

뇌하수체는 원시 입안(라트케 주머니) 천장의 불룩한 부분과 뇌에서 튀어나온 부분(신경뇌하수체)에서 발달합니다. 따라서 상피와 신경 양쪽에 기원을 두고 있습니다.

뇌하수체의 위치와 해부도

뇌하수체는 뇌의 **시상하부** 바로 아래쪽, 나비뼈의 뇌하수체 오목 안에 있습니다. 뇌하수체는 **뇌하수체줄기** 또는 **깔때기** 부위를 통해 시상하부와 연결되어 있으며, 혈액 공급을 풍부하게 받습니다.

뇌하수체는 앞엽과 뒤엽으로 나뉩니다. 앞엽은 전체 질량의 75%를 차지합니다. **뇌하수체앞엽**은 다시 불룩한 먼쪽부분과 관 같은 **융기부분**(깔때기 부위를 둘러싸고 있습니다)으로 나뉩니다.

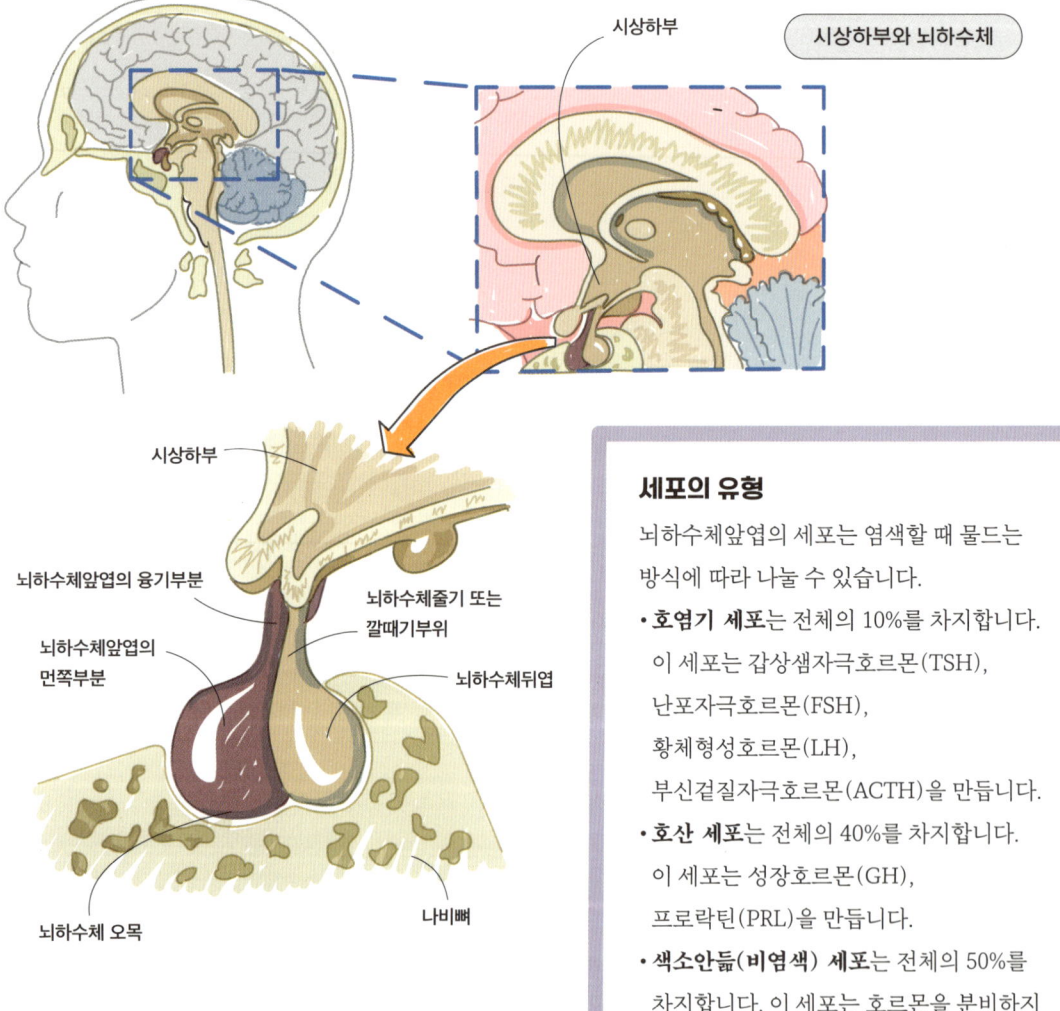

세포의 유형

뇌하수체앞엽의 세포는 염색할 때 물드는 방식에 따라 나눌 수 있습니다.

- **호염기 세포**는 전체의 10%를 차지합니다. 이 세포는 갑상샘자극호르몬(TSH), 난포자극호르몬(FSH), 황체형성호르몬(LH), 부신겉질자극호르몬(ACTH)을 만듭니다.
- **호산 세포**는 전체의 40%를 차지합니다. 이 세포는 성장호르몬(GH), 프로락틴(PRL)을 만듭니다.
- **색소안듦(비염색) 세포**는 전체의 50%를 차지합니다. 이 세포는 호르몬을 분비하지 않습니다. 이미 호르몬을 분비해 버린 호염기 또는 호산 세포일 수 있습니다.

시상하부의 제어

뇌하수체앞엽은 **뇌하수체문맥계**를 통해 시상하부에서 뇌하수체앞엽으로 전달하는 방출 또는 억제 호르몬이나 인자로 조절됩니다.

시상하부의 **신경분비세포**는 축삭종말에서 나오는 방출 또는 억제 호르몬을 깔때기부위를 지나 뇌하수체앞엽으로 가는 문맥계 모세혈관 속으로 내보냅니다.

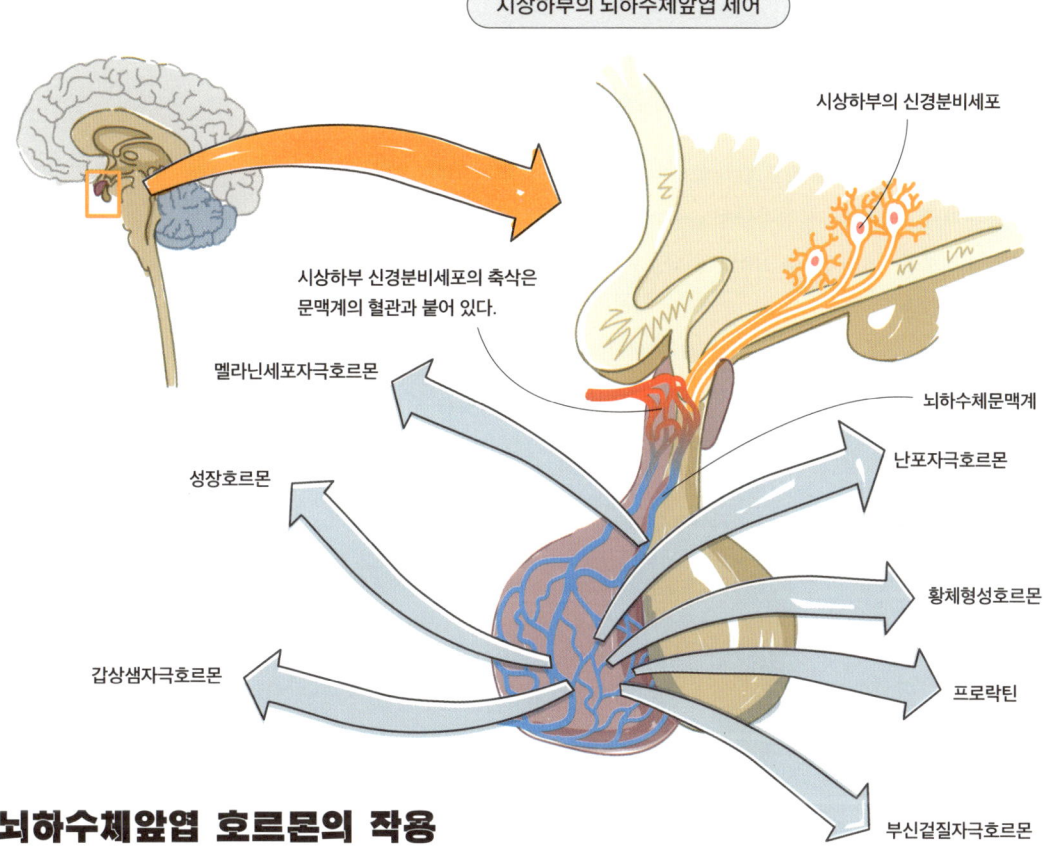

시상하부의 뇌하수체앞엽 제어

뇌하수체앞엽 호르몬의 작용

성장호르몬(소마토트로핀)은 조직을 자극해 인슐린 비슷한 성장인자(IGF)를 만들게 합니다. 이것은 몸의 성장을 자극하고 대사를 조절합니다.

갑상샘자극호르몬은 갑상샘의 호르몬 분비를 제어합니다.

여성의 경우 **난포자극호르몬**은 난포의 발달을 자극하고 난소가 에스트로젠을 분비하도록 유도합니다. 남성의 경우 난포자극호르몬은 정자 생산을 자극합니다.

황체형성호르몬은 여성에게서 난소의 에스트로젠과 프로게스테론 분비와 황체 형성을 자극합니다. 남성에게서는 고환의 사이질세포를 자극해 테스토스테론을 생산합니다.

프로락틴은 유방이 젖을 생산하게 합니다.

부신겉질자극호르몬은 부신겉질에서 글루코코르티코이드를 분비하도록 자극합니다.

멜라닌세포자극호르몬은 뇌하수체앞엽과 뒤엽 사이(중간부분)에서 만들어집니다. 사람에게 하는 정확한 역할은 불분명하지만, 피부를 검게 만들 수 있습니다.

뇌하수체뒤엽과 호르몬

뇌하수체뒤엽(신경뇌하수체)은 배아의 시상하부에서 돌출된 부분에 기원을 두고 있으며, 뇌의 뉴런 집단과 축삭으로 연결되어 있습니다.

뇌하수체뒤엽의 구조

뇌하수체뒤엽은 신경에 기원을 두고 있어 뇌하수체의 신경부분이라고도 불립니다. 스스로 호르몬을 합성하지는 않지만, 시상하부의 뉴런에서 내려오는 호르몬 분비 축삭을 가지고 있습니다.

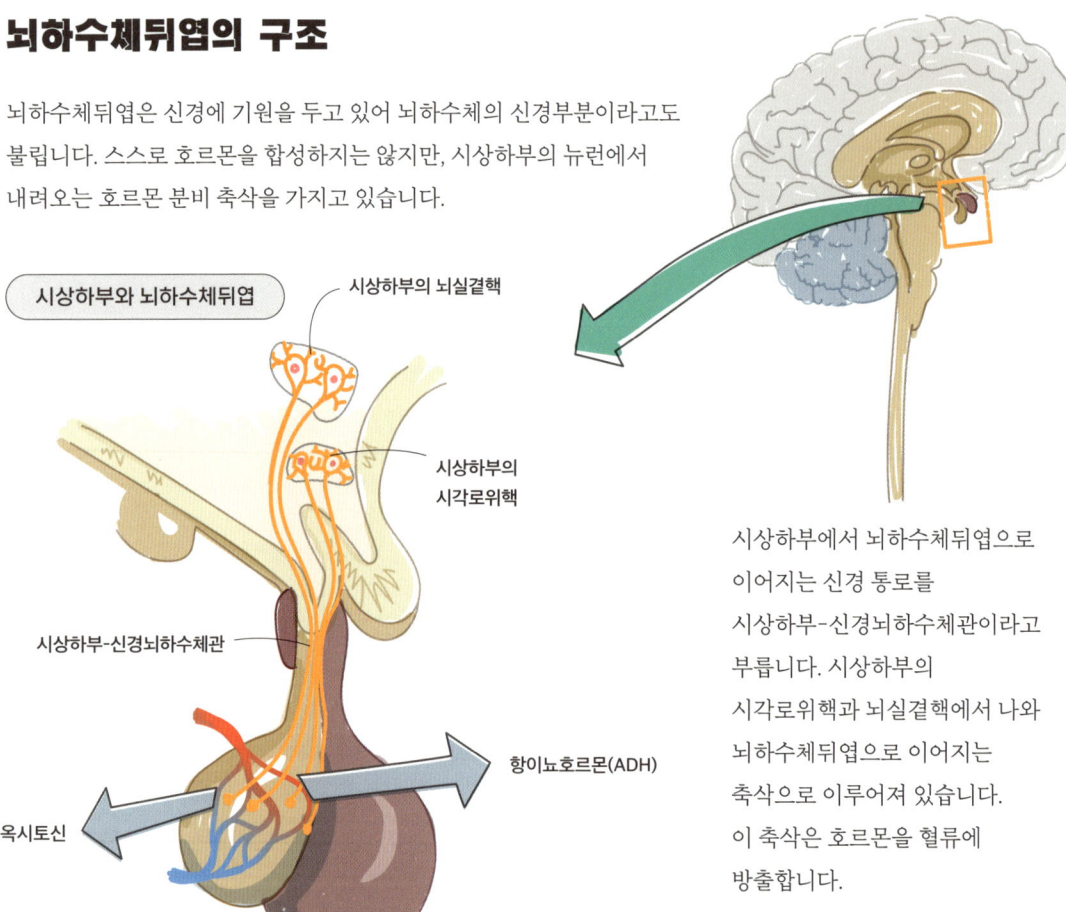

시상하부에서 뇌하수체뒤엽으로 이어지는 신경 통로를 시상하부-신경뇌하수체관이라고 부릅니다. 시상하부의 시각로위핵과 뇌실곁핵에서 나와 뇌하수체뒤엽으로 이어지는 축삭으로 이루어져 있습니다. 이 축삭은 호르몬을 혈류에 방출합니다.

뇌하수체뒤엽 호르몬의 기능

옥시토신은 임신과 수유 중인 여성에게 영향을 끼칩니다.
- 분만 중 자궁 민무늬근육의 수축을 강화합니다.
- 젖샘의 젖 분비를 자극합니다(사유반사). 임신하지 않은 여성과 남성에게 옥시토신은 짝과의 유대감과 어린아이를 돌보는 감정을 강화할 수 있습니다.

항이뇨호르몬은 콩팥에 작용해 토리거른액에서 혈액으로 물을 더 많이 재흡수하게 만들어 물을 보존합니다. 항이뇨호르몬이 없으면 오줌의 부피가 하루에 20ℓ까지 늘어납니다.

갑상샘과 부갑상샘

갑상샘은 목 아래쪽, 기관연골 주위에 있는 두엽 구조입니다. 중간에 있는 갑상샘잘록은 두 엽을 연결하고 있습니다.

갑상샘

갑상샘의 대부분은 갑상샘소포로 이루어져 있습니다. 갑상샘소포세포는 소포의 벽 대부분을 구성하며, 뇌하수체앞엽에서 나오는 갑상샘자극호르몬이 갑상샘소포세포를 조절합니다. 각 소포의 중심에는 **콜로이드**라고 불리는 단백질(갑상샘글로불린)이 있습니다.

소포곁세포(또는 C세포)는 소포 사이에 또는 소포벽에 박혀 있습니다. 혈액의 칼슘 농도가 높아지면 반응해 칼시토닌을 만듭니다.

칼시토닌은 뼈파괴세포에 의한 뼈 재흡수를 억제하고 뼈가 칼슘과 인산염 흡수를 촉진합니다.

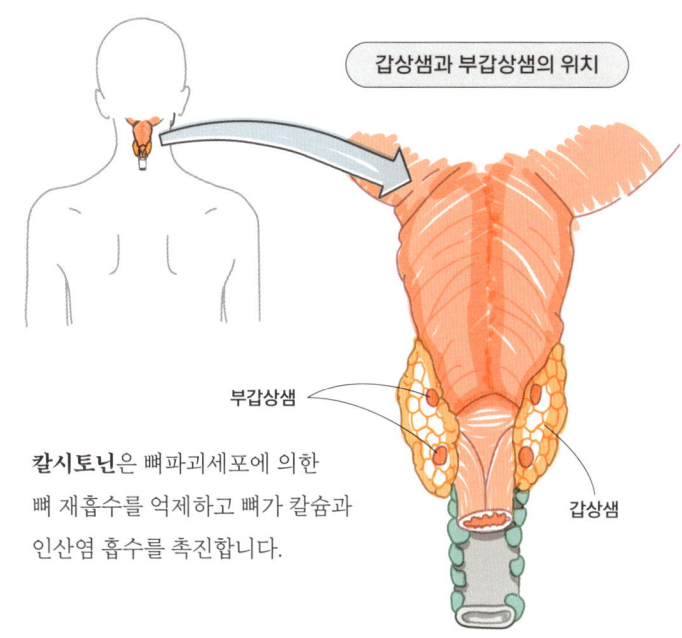

갑상샘과 부갑상샘의 위치

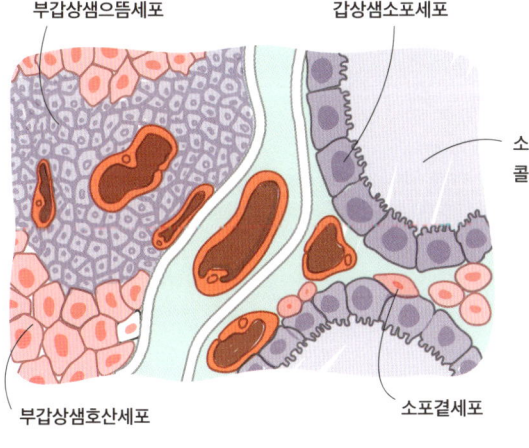

갑상샘과 부갑상샘의 세포

부갑상샘

부갑상샘은 갑상샘엽의 뒤쪽 표면에 박혀 있는 4개의 완두콩만 한 분비샘입니다. 부갑상샘에는 두 가지 유형의 세포가 있습니다. 부갑상샘호르몬(PTH)을 생산하는 **으뜸세포**와 역할이 불분명한 **호산세포**입니다. **부갑상샘호르몬**은 혈중 칼슘과 마그네슘 농도를 높이고, 인산염 농도를 낮춥니다. 뼈파괴세포의 뼈 재흡수와 콩팥의 칼슘 재흡수를 늘립니다.

갑상샘호르몬의 기능

갑상샘소포세포는 갑상샘자극호르몬의 영향을 받아 아이오딘이 결합한 두 가지 유형의 호르몬을 생산합니다. **티록신**(T4)에는 아이오딘 원자 4개가 있습니다. **트라이아이오도티로닌**(T3)에는 아이오딘 원자 3개가 있습니다. 두 호르몬은 다음을 조절합니다.

- 세포와 기초대사의 산소 사용
- 세포 대사
- 성장과 발달

내분비이자

내분비이자는 100만~200만 개의 랑게르한스섬으로 이루어져 있습니다. 랑게르한스섬은 외분비이자 안에 박혀 있는 둥근 세포 덩어리입니다.

이자섬

이자섬(랑게르한스섬)은 문맥계를 통해 주변의 외분비이자와 혈관으로 연결되어 있는 둥근 세포 덩어리입니다. 이 연결을 통해 섬호르몬은 외분비이자의 기능을 조절합니다. 호르몬을 분비하는 세포에는 알파, 베타, 델타, F의 네 종류가 있습니다.

콩팥

이자

이자섬

알파세포는 섬세포의 약 15%를 차지하며 섬 주변부를 둘러싸고 있다.

베타세포는 섬세포의 약 80%를 차지하며 섬 중심에 있다.

델타세포는 섬세포의 약 5%를 차지하며 섬 곳곳에 흩어져 있다.

외분비 이자 조직

F세포는 섬 주변에 드물게 남아 있는 세포다.

알파세포는 저혈당에 반응해 글루카곤을 분비합니다. 글루카곤은 간이 글리코겐을 포도당으로 분해하는 속도를 높이고 간의 포도당 생산(포도당신생합성)을 촉진해 혈당을 높입니다.

베타세포는 혈당이 올라가면 반응해 인슐린을 분비합니다. 인슐린은 세포의 포도당 흡수 속도를 높이고 간에서 글리코겐으로 변환하도록 자극하며 간의 포도당 생산을 줄여 혈당을 낮춥니다.

델타세포는 가스트린과 소마토스타틴을 만듭니다. 가스트린은 위산 분비를 자극합니다. 소마토스타틴은 인슐린과 글루카곤의 분비를 억제하고 소화관의 영양소 흡수를 늦춥니다.

F세포는 이자폴리펩타이드를 만듭니다. 이 호르몬은 주변 외분비이자에 직접적인 영향을 주어 효소 분비를 억제합니다. 또한, 쓸개 수축과 델타세포의 소마토스타틴 분비를 억제합니다.

부신겉질과 속질

부신(콩팥위샘)은 뒤쪽 배벽 옆의 각 콩팥 위에 있습니다. 각 부신은 겉질과 속질이 있습니다.

부신겉질과 속질은 배아 때부터 기원이 다릅니다. **겉질**은 뒤쪽 배벽에서 기원했고, **속질**은 말려서 관이 되는 신경판의 가장자리에서 나타나는 신경능선세포에서 기원했습니다(82쪽 참고).

부신겉질의 구조

부신겉질은 세 층으로 이루어져 있습니다.

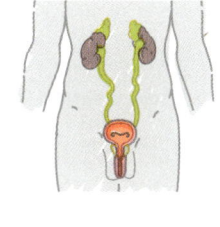

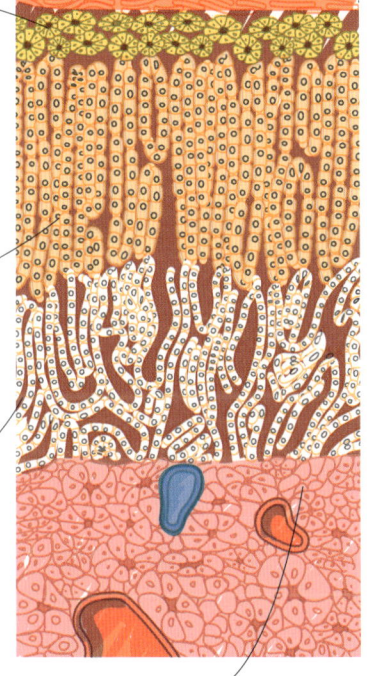

토리층: 공과 활 모양의 세포 덩어리로 이루어진 가장 바깥쪽 층. 부신 주머니 바로 아래에 있으며, 겉질의 10~15%를 차지합니다.

다발층: 길고 곧은 세포의 끈으로 이루어진 중간층입니다. 겉질의 75%를 차지합니다.

그물층: 세포의 끝이 엮여 있는 안쪽 층입니다. 겉질의 5~10%를 차지합니다.

부신속질의 친크롬세포

부신겉질에서는 다음과 같은 호르몬이 나옵니다.

- **광물부신겉질호르몬**(알도스테론 등)은 토리층에서 만들어집니다. 알도스테론은 콩팥의 나트륨 재흡수와 칼륨과 수소 이온의 배출을 자극합니다.

- **글루코코르티코이드**(주로 코르티솔)는 뇌하수체앞엽에서 나오는 부신겉질자극호르몬의 영향으로 다발층에서 만들어집니다. 코르티솔은 간의 포도당 생산을 자극하고 항염증 효과가 있으며 세포와 체액면역을 억제합니다.

- **안드로젠**(남성화 호르몬)은 그물층에서 만들어집니다. 주요 호르몬은 디히드로에피안드로스테론(DHEA)과 안드로스텐디온입니다. 둘 모두 테스토스테론과 에스트로젠으로 바뀔 수 있으며 사춘기 때 여성의 음모 성장을 자극합니다.

부신속질 호르몬

부신에는 변형 교감뉴런인 **친크롬세포**가 있습니다. 친크롬세포는 카테콜아민 에피네프린(아드레날린)과 노르에피네프린(노르아드레날린), 약간의 도파민을 만듭니다. 카테콜아민은 교감뉴런의 자극이 있은 뒤 혈류에 분비됩니다. 뼈대근육으로 가는 혈액의 양을 늘리고 심박수와 수축력을 높입니다.

생식샘과 생식 호르몬

생식샘은 성 기능을 조절하는 스테로이드 호르몬을 생산할 뿐만 아니라 이차성징을 일으키기도 합니다.

사춘기의 성장

인간은 성적으로 성숙하는 청소년기에 성장 급증을 겪는다는 점에서 영장류 중에서도 독특합니다. 이 성장 급증 시기에는 사지의 긴뼈가 자라면서 급속히 키가 커집니다. 성장 급증을 조절하는 건 성장호르몬, 갑상샘호르몬, 성호르몬입니다. 다른 영장류는 이보다 더 완만하게 성장합니다. 특이한 인간의 성장 급증은 직립 보행과 사지의 뼈를 빨리 늘려야 하는 필요와 관련이 있을지도 모릅니다.

여성의 생식 주기

생식 가능한 시기에 여성은 주기적인 호르몬의 변화를 겪습니다. 난소와 자궁에 변화가 일어나지요. 각 주기는 약 28일간 이어지며, 이차난모세포의 방출을 준비하고, 자궁속막에 배아가 착상할 가능성에 대비합니다. 주기는 세 단계로 나뉩니다. 난소 주기와 자궁 주기(옆 표 참고) 모두 각각의 단계 이름이 있습니다(난포 발달 단계에 관해서는 173~174쪽 참고).

	난소 주기	자궁 주기
1~5일	난포기	월경기
6~14일	난포기	증식기
14일	배란	-
15~28일	황체기	분비기

월경기에는 자궁 상피와 혈액이 흘러나옵니다.
증식기에는 자궁속막샘과 혈관이 성장하며 자궁속막의 두께가 두 배가 됩니다.
분비기에는 자궁속막샘이 글리코젠을 분비하기 시작하며 배아의 착상을 준비합니다.

시상하부에서 나오는 생식샘자극호르몬분비호르몬(GnRH)은 여성의 생식 주기를 제어합니다. 뇌하수체앞엽의 난포자극호르몬과 황체형성호르몬 분비를 자극합니다.

난포자극호르몬은 난소에서 난포의 성장과 성장하는 난포의 에스트로젠 분비를 일으킵니다. 황체형성호르몬은 난포 발달과 에스트로젠 분비를 더욱 자극합니다. 또한, 주기 중간(14일)에 배란을 일으키고 황체의 형성을 촉진하며, 황체는 다시 에스트로젠과 프로게스테론, 릴랙신, 인히빈을 생산합니다.

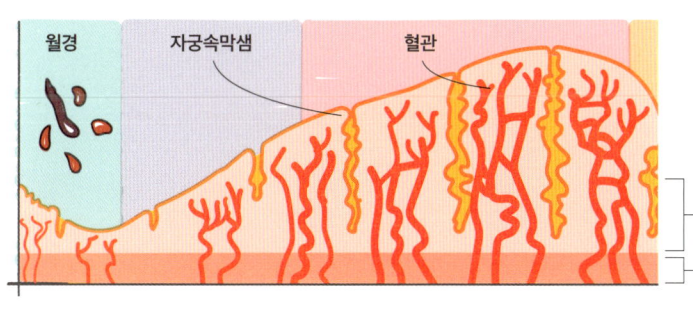

> **월경 주기**

월경 주기는 뇌하수체 호르몬(난포자극호르몬과 황체형성호르몬)과 난소 호르몬(에스트로젠과 프로게스테론), 난포의 발달, 자궁속막의 구조와 기능과 관련이 있습니다.

이차성징

사춘기는 이차성징이 나타나기 시작하는 시기입니다. 자는 동안 난포자극호르몬과 황체형성호르몬 분비를 유도하는 시상하부의 생식샘자극호르몬과 분비호르몬을 통해 시작됩니다. 이차성징은 안드로젠과 에스트로젠에 의해 일어나며, 다음과 같은 현상이 생깁니다. 남성은 성대인대가 길어지면서 목소리가 굵어지고, 근육량이 늘어나고, 수염과 겨드랑이 털, 음모가 자라고, 음경이 길어지며, 고환이 성장합니다. 여성은 가슴과 넓적다리, 엉덩이에 지방이 쌓이고, 음모와 겨드랑이 털이 자라며, 월경을 처음으로 시작합니다(초경).

✓ 다시 보기

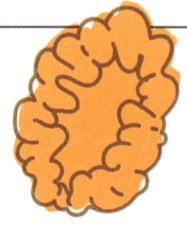

되먹임 제어 체계
내분비계는 음성되먹임 고리에 의해 조절된다.

내분비샘의 자극
내분비샘은 체액, 신경 제어, 호르몬에 의해 자극을 받는다.

여성의 생식 주기
시상하부의 생식샘자극호르몬분비호르몬(GnRH)은 여성의 생식 주기를 제어한다.

내분비샘

생식샘과 생식 호르몬

사춘기
사춘기는 자는 동안 난포자극호르몬과 황체형성호르몬 분비를 유도하는 시상하부의 생식샘자극호르몬과 분비호르몬의 분비로 시작된다.

내분비계

뇌하수체앞엽의 호르몬
성장호르몬, 갑상샘자극호르몬, 난포자극호르몬, 황체형성호르몬, 부신겉질자극호르몬 등이 있다.

뇌하수체앞엽의 세포 유형
호염기 세포, 호산 세포, 색소안듦(비염색) 세포가 있다.

뇌하수체앞엽과 호르몬

시상하부의 제어
뇌하수체앞엽은 시상하부에서 분비하는 분비 또는 억제 호르몬에 의해 조절된다.

뇌하수체의 위치
나비뼈의 뇌하수체 오목 안에 있다.

뇌하수체뒤엽과 호르몬

사춘기의 성장
인간은 성적으로 성숙하는 청소년기에 성장 급증을 경험한다.

뇌하수체뒤엽 호르몬
축삭에서 옥시토신과 항이뇨호르몬(ADH, 바소프레신)이 나온다.

뇌하수체뒤엽
뇌하수체 신경부분이라고도 불린다.

갑상샘과 부갑상샘

갑상샘
주로 갑상샘소포로 이루어져 있다.

부갑상샘
갑상샘뒤엽에 박혀 있는 4개의 완두콩만 한 분비샘

내분비이자

알파세포와 베타세포
알파세포는 글루카곤을 분비한다.
베타세포는 인슐린을 분비한다.

델타세포와 F세포
델타세포는 가스트린과 소마토스타틴을 만든다.
F세포는 이자폴리펩타이드를 만든다.

이자섬의 구조
이자의 부피 1~2%를 차지한다.

부신겉질과 속질

부신속질의 호르몬
변형 교감뉴런인 친크롬세포

부신겉질의 호르몬
광물부신겉질호르몬, 글루코코르티코이드, 안드로젠 등이 있다.

부신겉질의 구조
토리층과 다발층, 그물층의 세 층으로 이루어진다.

지은이

켄 애시웰 Ken Ashwell

호주 뉴사우스웨일스 의과대학 해부학 교수.
의료 현장에서 일하다가 연구와 강의로
돌아가 1984년부터 해부학을 가르쳐왔다.
뇌 발달 과정 연구로 박사 학위를 취득했고,
뇌 발달과 진화를 연구하고 있으며,
110여 편의 논문을 발표했다. 지은 책으로는
『인체 해부학 대백과』가 있다.

옮긴이

고호관

서울대학교 과학사 및 과학철학 협동 과정에서
과학사로 석사를 마치고 《동아사이언스》에서
과학 기자로 일했다. SF와 과학 분야의 글을
쓰거나 번역한다. 지은 책으로 SF 앤솔러지
『아직은 끝이 아니야』(공저)와 『우주로 가는 문,
달』 『술술 읽는 물리 소설책 1~2』 『누가 수학 좀
대신 해 줬으면!』 등이 있으며, 『하늘은 무섭지
않아』로 제2회 한낙원과학소설상을 받았다.
옮긴 책으로 『수학자가 알려주는 전염의 원리』
『인류의 운명을 바꾼 약의 탐험가들』 『뻔하지만
뻔하지 않은 과학지식 101』 『인류를 식량
위기에서 구할 음식의 모험가들』 등이 있다.

태어난 김에 의학 공부
한번 보면 결코 잊을 수 없는 필수 해부 개념

펴낸날 초판 1쇄 2025년 12월 19일

지은이 켄 애시웰

옮긴이 고호관

펴낸이 이주애, 홍영완

편집장 최혜리

편집1팀 박효주, 김혜원, 송현근

편집 홍은비, 강민우, 안형욱, 최서영

윌북주니어 도건홍, 한수정, 이은일

디자인 박소현, 윤소정, 박정원

홍보마케팅 김태윤, 김준영, 백지혜, 박영채

콘텐츠 양혜영, 이태은, 조유진

해외기획 정수림

경영지원 박소현

펴낸곳 (주)윌북 **출판등록** 제2006-000017호

주소 서울특별시 마포구 동교로19길 28(서교동 448-9)

홈페이지 willbookspub.com **전화** 02-323-3777 **팩스** 02-323-3778

블로그 blog.naver.com/willbooks **트위터** @onwillbooks **인스타그램** @willbooks_pub

ISBN 979-11-5581-866-4 (03400)

- 책값은 뒤표지에 있습니다.
- 잘못 만들어진 책은 구매하신 서점에서 바꿔드립니다.
- 이 책의 내용은 저작권자의 허락 없이 AI 트레이닝에 사용할 수 없습니다.